JIHE KUAIDI

几何快递

● 王建荣　著

哈爾濱工業大學出版社
HARBIN INSTITUTE OF TECHNOLOGY PRESS

内容简介

本书大部分内容为叶中豪、潘成华、严君啸、杨运新、萧振纲等几何名师的几何原创题，题目新颖、有深度、耐人寻味，代表了当代初等几何的发展趋势，十分有益于中学生提高对几何的兴趣，叶中豪先生的几何题结构清晰简单、线条美妙、内涵丰富，深受广大几何爱好者喜爱。书中作者运用了各种奇妙的手段、精湛的思路、合理的辅助线等思维方法解题，有助于广大读者借鉴和学习。

本书适合于初高中学生及教师学习使用，也适用于数学爱好者参考阅读。

图书在版编目(CIP)数据

几何快递/王建荣著. —哈尔滨:哈尔滨工业大学出版社，2024.5

ISBN 978-7-5767-1323-7

Ⅰ.①几… Ⅱ.①王… Ⅲ.①几何课-中学-教学参考资料 Ⅳ.①G634.633

中国国家版本馆 CIP 数据核字(2024)第 073615 号

JIHE KUAIDI

策划编辑　刘培杰　张永芹
责任编辑　李广鑫
封面设计　孙茵艾
出版发行　哈尔滨工业大学出版社
社　　址　哈尔滨市南岗区复华四道街 10 号　邮编 150006
传　　真　0451－86414749
网　　址　http://hitpress.hit.edu.cn
印　　刷　哈尔滨久利印刷有限公司
开　　本　787 mm×1 092 mm　1/16　印张 11.5　字数 246 千字
版　　次　2024 年 5 月第 1 版　2024 年 5 月第 1 次印刷
书　　号　ISBN 978-7-5767-1323-7
定　　价　48.00 元

目　　录

几何研究集一

1. 如图,已知 D 是 $\triangle ABC$ 内一点,且 $\angle ABD=\angle ACD$, $DF\perp AB$ 于 F, $DE\perp AC$ 于 E, P 是 EF 上任意一点, M 是 BC 的中点, BP, ME 交于 Q,求证: $DP\perp AQ$.

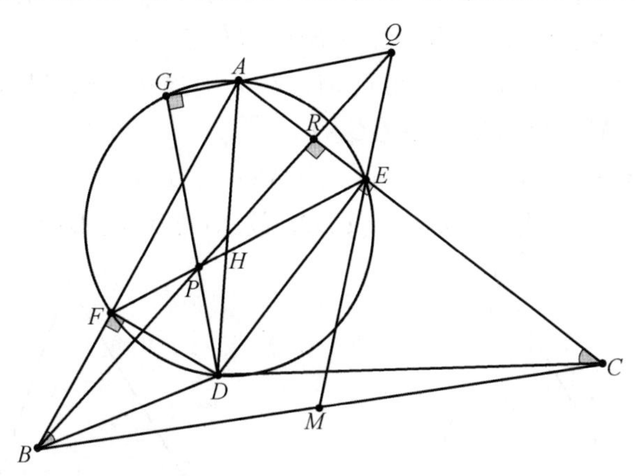

1 题图

证明 由梅涅劳斯(梅氏)定理可知

$$\frac{RQ}{QB}\cdot\frac{BM}{MC}\cdot\frac{CE}{ER}=1\Rightarrow\frac{RQ}{ER}=\frac{QB}{CE}$$

$$\begin{aligned}\frac{RQ}{ER}&=\frac{\sin\angle AEQ}{\sin\angle BQE}=\frac{AQ\cdot\sin\angle QAE}{QE\cdot\sin\angle BQE}=\frac{AQ\cdot\sin\angle QAE}{PE\cdot\sin\angle QPE}=\\&\frac{AQ\cdot\sin\angle QAE\cdot\sin\angle DPE}{DE\cdot\sin\angle QPE\cdot\sin\angle GDE}=\\&\frac{BQ\cdot\sin\angle ABQ\cdot\sin\angle QAE\cdot\sin\angle DPE}{DE\cdot\sin\angle QPE\cdot\sin\angle GDE\cdot\sin\angle QAB}=\\&\frac{BQ\cdot FP\cdot\sin\angle BPF\cdot\sin\angle QAE\cdot\sin\angle DPE}{DE\cdot BF\cdot\sin\angle QPE\cdot\sin\angle GDE\cdot\sin\angle QAB}=\\&\frac{BQ\cdot FP\cdot\sin\angle QAE\cdot\sin\angle DPE}{DE\cdot BF\cdot\sin\angle GDE\cdot\sin\angle QAB}\end{aligned}\tag{1}$$

由

$$\triangle BDF\backsim\triangle CDE\Rightarrow\frac{FD}{DE}=\frac{BF}{CE}\Rightarrow\frac{QB}{CE}=\frac{QB\cdot FD\cdot\sin\angle EPD}{DE\cdot BF\cdot\sin\angle FPD}=\frac{QB\cdot FP\cdot\sin\angle EPD}{DE\cdot BF\cdot\sin\angle FDG}\tag{2}$$

由(1)和(2)可得

$$\frac{\sin\angle QAE\cdot\sin\angle DPE}{\sin\angle GDE\cdot\sin\angle QAB}=\frac{\sin\angle EPD}{\sin\angle FDG}\Rightarrow$$

$$\frac{\sin\angle QAE}{\sin\angle QAB}=\frac{\sin\angle GDE}{\sin\angle FDG}\Rightarrow\frac{\sin\angle QAE}{\sin\angle GAB}=\frac{\sin\angle GDE}{\sin\angle FDG}\Rightarrow$$

$$\cos(\angle QAE-\angle FDG)-\cos(\angle QAE+\angle FDG)=$$
$$\cos(\angle GDE-\angle GAB)-\cos(\angle GDE+\angle GAB)$$

由
$$\angle QAE+\angle GAB=\angle GDE+\angle FDG\Rightarrow$$
$$\cos(\angle QAE+\angle FDG)=\cos(\angle GDE+\angle GAB)$$

因此

$$\angle QAE+\angle FDG=\angle GDE+\angle GAB\Rightarrow\angle FDG=\angle GAB\Rightarrow DP\perp AQ$$

2. 如图 1,在$\triangle ABC$中,G为BC中点,E,F分别为AB,AC上的点,且$GE=GF$,分别作$DE\perp AB,DF\perp AC$,交点为D,求证:$\triangle DEB\backsim\triangle DFC$.

证明 如图 2,分别取DB,DC的中点M,N,分别连接EM,MG,FN,NG.则$EM=MD=NG,FN=ND=MG$,故$\triangle EMG\cong\triangle GNF$.

因为四边形$MGND$为平行四边形,所以$\angle DMG=\angle DNG$.

故$\angle EMD=\angle FND$,因此$\angle EDM=\angle FDN$,故$\triangle DEB\backsim\triangle DFC$.

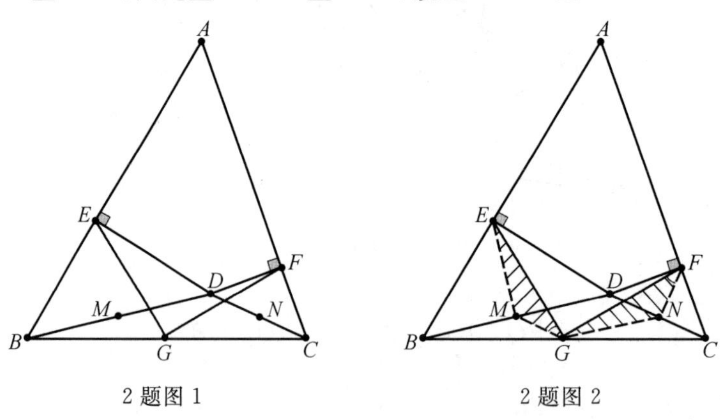

2 题图 1　　2 题图 2

3. 如图 1,圆内接四边形$ABCD$,AB,DC交于点E,AD,BC交于点F,AC,BD交于点T,连接ET并延长分别交圆于R,P,求证:FP是该圆的切线.

证明 假设FP与该圆不相切,则与圆还有一交点为S,如图 2 所示.

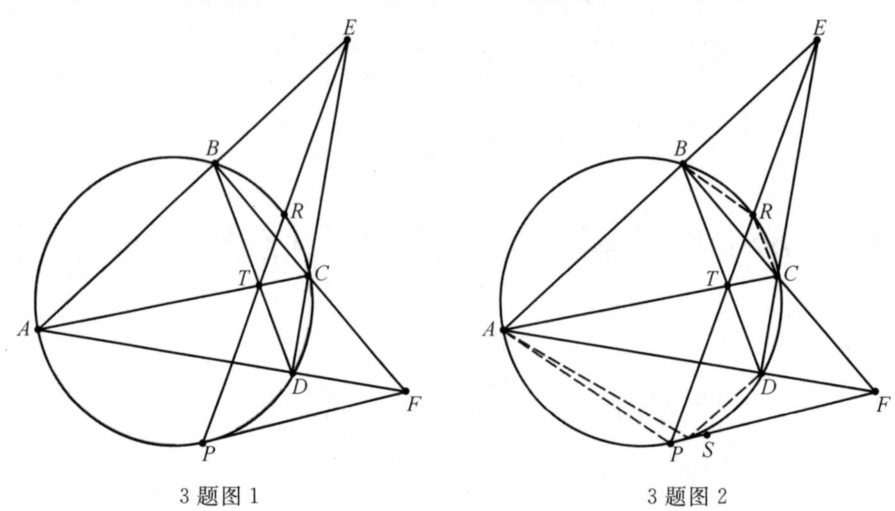

3 题图 1　　3 题图 2

连接 AP,AS,SD,CR,RB，由$\triangle EBR\backsim\triangle EPA$，$\triangle FDS\backsim\triangle FPA$，有

$$\frac{BR}{PA}=\frac{EB}{EP},\frac{PA}{DS}=\frac{FP}{FD}$$

两式相乘得

$$\frac{BR}{DS}=\frac{EB}{EP}\cdot\frac{FP}{FD}\tag{1}$$

由$\triangle ECR\backsim\triangle EPD$，$\triangle FAS\backsim\triangle FPD$，有$\frac{CR}{PD}=\frac{EC}{EP},\frac{PD}{AS}=\frac{FP}{FA}$，两式相乘得

$$\frac{CR}{AS}=\frac{EC}{EP}\cdot\frac{FP}{FA}\tag{2}$$

(1)除以(2)得

$$\frac{BR}{DS}\cdot\frac{AS}{CR}=\frac{EB}{EC}\cdot\frac{FA}{FD}$$

上式两边同乘以$\frac{DC}{AB}$得

$$\frac{BR}{RC}\cdot\frac{CD}{DS}\cdot\frac{SA}{AB}=\frac{EB}{BA}\cdot\frac{AF}{FD}\cdot\frac{DC}{CE}$$

由梅氏定理可知

$$\frac{EB}{BA}\cdot\frac{AF}{FD}\cdot\frac{DC}{CE}=1$$

故

$$\frac{BR}{RC}\cdot\frac{CD}{DS}\cdot\frac{SA}{AB}=1$$

由角元形式的锡瓦定理得 BD,RS,AC 共点，推出 R,T,S 共线，因此 P,S 重合，即 FP 是该圆的切线.

4. 如图 1，圆内接四边形 $ABCD$，直线 AD,BC 交于 P，AE 为圆 O 的直径，直线 EC,PO 交于 F，求证：$BD\perp DF$.

证明 如图 2，连接 BO 并延长，交圆 O 于 M，延长 EF，交 AP 于 I，连接 MD 并延长，交 EI,BP 于 F,J，由帕斯卡定理：(AE,BM)，(EC,MD)，(CB,DA)可知 O,F,P 共线

$$\angle BDM=90^\circ\Rightarrow BD\perp DF$$

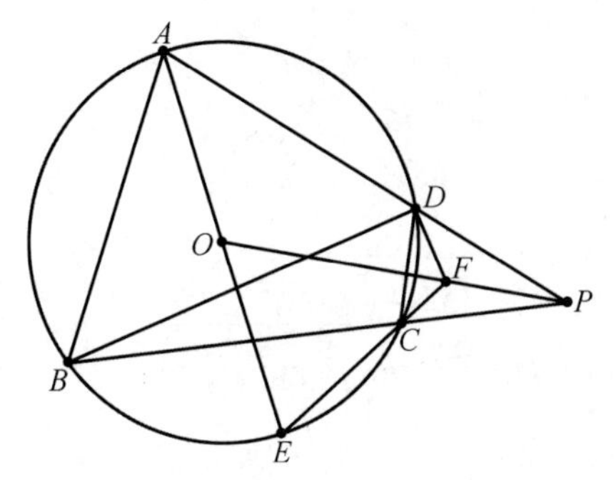

4 题图 1

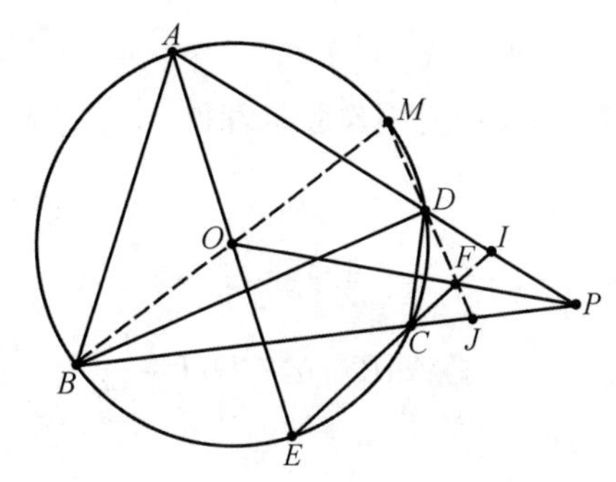

4 题图 2

5. 如图 1，已知 $Rt\triangle ABD\backsim Rt\triangle ADC$，$M$ 是 BC 的中点，AD 与 BC 交于 E，自 C 作 AM 的垂线，交 AD 于 F，交 AM 于 H，求证：$DE=EF$.

证明 如图 2，分别作 $Rt\triangle ABD$ 和 $\triangle Rt\triangle ADC$ 的外接圆 K，圆 S，连接 KD，由 $\angle ABD=\angle ADC\Rightarrow DC$ 和圆 K 相切，即 $KD\perp CD\Rightarrow KD/\!/AC$. 由 M 是 BC 的中点 $\Rightarrow M$ 在 KD 上，延长 AM 交圆 S 于 R，连接 DR 并延长，交 BC 于 P，连接 HD，PF，显然 M,D,C,H 四点共圆，故 $\angle AMC=\angle HDC$，由

$$\angle EMA=\angle MAC=\angle HCD\Rightarrow\triangle AMC\backsim\triangle CDH$$

设 $AB=x$，$BD=y$，$AD=z$，由

$$Rt\triangle ABD\backsim Rt\triangle ADC\Rightarrow DC=\frac{yz}{x},AC=\frac{z^2}{x}$$

$$\cos\angle BDC=-\sin\angle ADC$$

由余弦定理得

$$BC^2=y^2+\frac{y^2z^2}{x^2}+\frac{2y^2z}{x}\cdot\sin\angle ADC=\frac{x^2y^2+3y^2z^2}{x^2}\Rightarrow MC^2=BM^2=\frac{x^2y^2+3y^2z^2}{x^2}$$

由

$$AB^2+AC^2=2(BM^2+AM^2)\Rightarrow AM^2=\frac{y^4+4z^4}{4x^2}$$

由

$$MC^2-MH^2=AC^2-(AM-MH)^2\Rightarrow MH=\frac{y^4+2y^2z^2}{2x\sqrt{y^4+4z^4}}$$

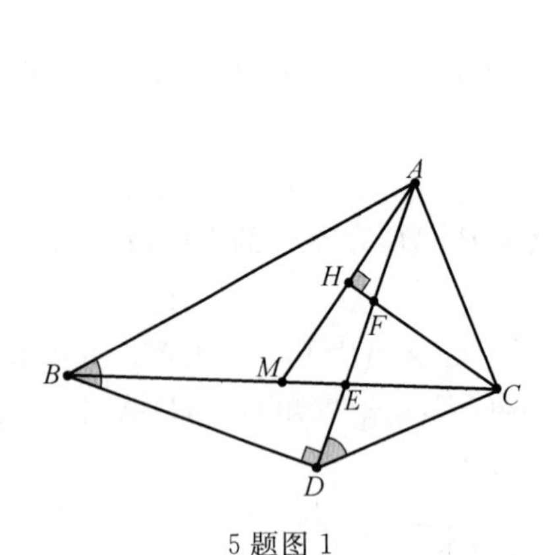

5 题图 1

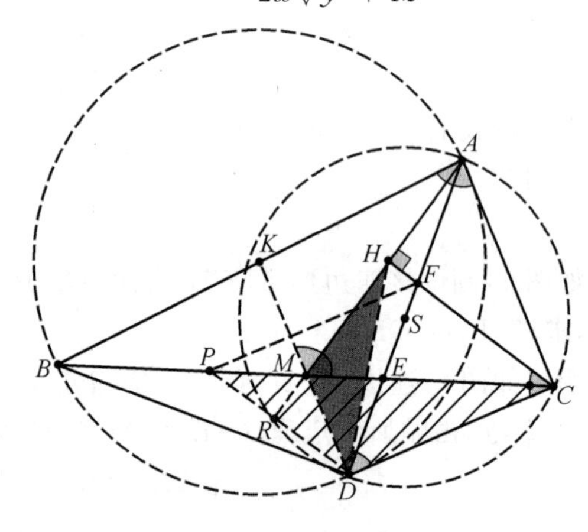

5 题图 2

对 $Rt\triangle MDC$ 应用勾股定理得

$$DM=\frac{y^2}{2x}$$

由

$$\triangle AMC\backsim\triangle CDH\Rightarrow\frac{DH}{MC}=\frac{DC}{MA}\Rightarrow DH=\frac{yz}{x}\cdot\sqrt{\frac{y^4+4y^2z^2}{y^4+4z^4}}$$

由 $DP/\!/CH$ 得

$$\angle MDH=\angle HCP=\angle CPD,\angle MHD=\angle PCD\Rightarrow\triangle HMD\backsim\triangle CDP$$

$$\frac{DH}{PC}=\frac{MH}{DC}\Rightarrow PC=\frac{2y^2z^2\sqrt{y^4+4y^2z^2}}{x\cdot(y^4+2y^2z^2)}$$

由 AE 是$\triangle BAC$ 的角平分线$\Rightarrow\frac{AB}{BC-EC}=\frac{AC}{EC}\Rightarrow EC=\frac{y^2z^2\sqrt{y^4+4y^2z^2}}{x\cdot(y^4+2y^2z^2)}$.

故 $PE=EC\Rightarrow DE=EF$.

6. H,I 分别是$\triangle ABC$ 中 AB,AC 延长线上两点,$\angle BAC$ 的平分线与 HI 交于 D,DC 交$\triangle ABC$ 的外接圆 O 于点 E;连接 EH,BD,分别与圆 O 相交于 G,F,求证:F,G,I 三点共线.

证明 如图,连接 FI,交 ED 于 R,再连接 RG,若 I,R,G 三点共线,连接 FG 并延长,交 DC 于 R,再连接 RI,分别延长 DF,CA 交于 W,再连接 AE,AF,FC,AG,EF,GC.

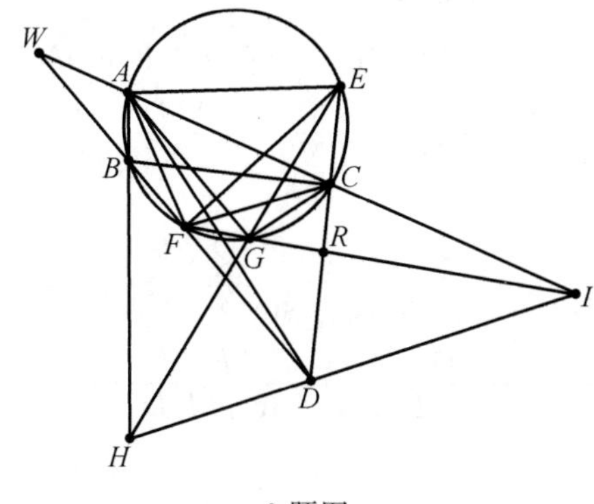

6 题图

因为 AD 为$\triangle ABW$ 的外角平分线:$\frac{AB}{AW}=\frac{BD}{DW}$,所以

$$1=\frac{BD}{DW}\cdot\frac{AW}{AB}=\frac{BD}{DW}\cdot\frac{WF}{FC}=\frac{BD}{DW}\cdot\frac{\sin\angle WCF}{\sin\angle FWC}=\frac{BD}{DC}\cdot\frac{\sin\angle WCF}{\sin\angle ACE}=\frac{BD}{DC}\cdot\frac{AF}{AE}\quad(1)$$

由

$$GH=\frac{AH\cdot\sin\angle HAG}{\sin\angle AGH},RE=\frac{GE\cdot\sin\angle EGR}{\sin\angle FRD},DR=\frac{DF\cdot\sin\angle DFR}{\sin\angle FRD}$$

所以

$$\begin{aligned}\frac{EG}{GH}\cdot\frac{HI}{ID}\cdot\frac{DR}{RE}&=\frac{DF}{AH}\cdot\frac{HI}{ID}\cdot\frac{\sin\angle AGH}{\sin\angle EGR}\cdot\frac{\sin\angle DFR}{\sin\angle HAG}=\frac{DF}{AH}\cdot\frac{HI}{ID}\cdot\frac{\sin\angle ACE}{\sin\angle FAE}=\\&\frac{DF}{AH}\cdot\frac{HI}{ID}\cdot\frac{AE}{EF}=\frac{DF}{HD}\cdot\frac{HI}{AI}\cdot\frac{AE}{EF}=\\&\frac{DF}{BD}\cdot\frac{AE}{EF}\cdot\frac{\sin\angle HAI}{\sin\angle HBD}=\frac{AE}{BD}\cdot\frac{DF}{EF}\cdot\frac{\sin\angle CFD}{\sin\angle AEF}=\\&\frac{AE}{BD}\cdot\frac{CD}{AF}\cdot\frac{\sin\angle FCD}{\sin\angle FAE}=\frac{AE}{BD}\cdot\frac{CD}{AF}=1\end{aligned}\quad(2)$$

由梅氏定理知 G,R,I 三点共线,因此 F,G,I 三点共线.

7. 如图 1,圆 O_1 与圆 O_2 内切于点 T,M,N 是圆 O_1 上不同于 T 的两个点,圆 O_2 的两条弦 AB,CD 分别过点 M,N,求证:若三条线段 AC,BD,MN 交于同一点 K,则 TK 平分$\angle MTN$.(2015 年中国西部数学邀请赛)

证明 如图 2,分别延长 TM,TN,交圆 O_2 于 E,F,连接 EF.

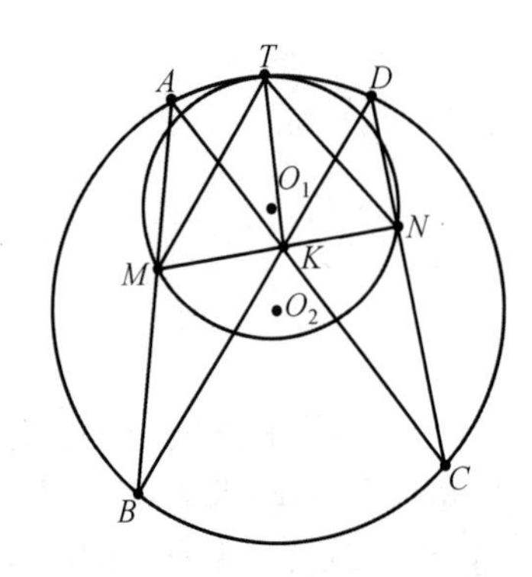

7 题图 1

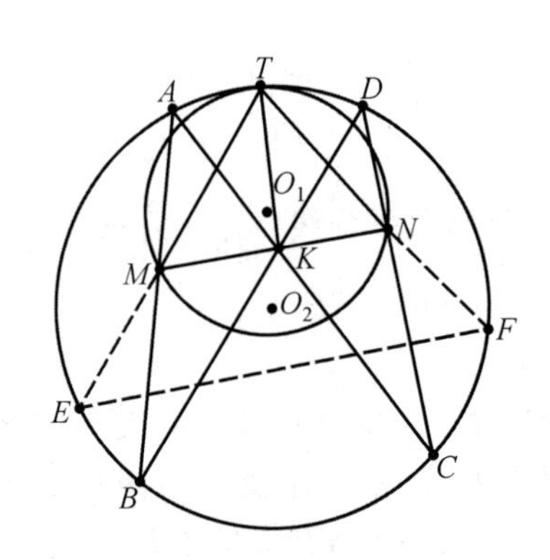

7 题图 2

由圆 O_1 与圆 O_2 内切⇒$MN /\!/ EF$,则

$$TM \cdot ME = AM \cdot MB, \quad TN \cdot NF = DN \cdot NC$$

$$\frac{TM}{TN} = \frac{EM}{FN} \Rightarrow \left(\frac{TM}{TN}\right)^2 = \frac{AM \cdot MB}{DN \cdot NC}$$

因为

$$\frac{MB}{\sin \angle MKB} = \frac{MK}{\sin \angle MBK}, \frac{NC}{\sin \angle NKC} = \frac{KN}{\sin \angle KCN}, \frac{AM}{\sin \angle AKM} = \frac{MK}{\sin \angle MAK}$$

$$\frac{DN}{\sin \angle DKN} = \frac{KN}{\sin \angle KDN}$$

所以

$$\left(\frac{MK}{KN}\right)^2 = \frac{AM \cdot MB}{DN \cdot NC}$$

因此 TK 平分$\angle MTN$.

8. 两圆相交的一个性质:

如图 1,两圆交于 A,B 两点,过 A 任意作一条直线,分别交两圆于 C,D,E,F 分别是线段 CD 同一侧两圆上的两个点,则$\angle CEB + \angle DFB = 180°$.

证明 如图 1,分别连接 CB,DB 并延长,交两圆于 K,H,连接 AB,CH,DK,显然

$$\angle CHB + \angle DKB = \angle DAB + \angle CAB = 180° = \angle CEB + \angle DFB$$

已知:如图 2,两圆交于 A,B 两点,CD 为它们的一条外公切线,切点分别为 C,D,过 A 任意作一条直线,分别交两圆于 E,F,EC 交 FD 于 G,求证:GB 平分$\angle EBF$.(2015 年全国高中数学联赛河北预赛(高三))

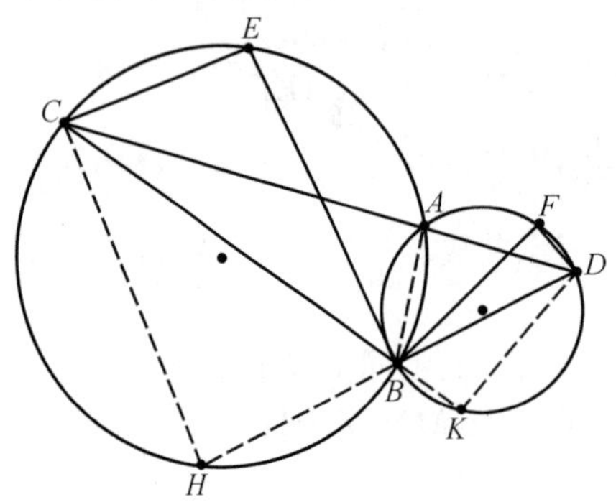

8 题图 1

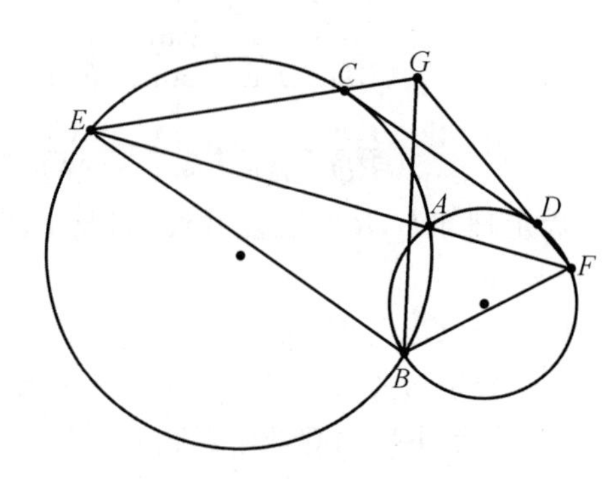

8 题图 2

证明 如图 3,分别连接 CB,DB,由性质可知

$$\angle ECB+\angle FDB=180^\circ$$

则 B,D,G,C 四点共圆,$\angle BCD=\angle BGD$,由弦切角知$\angle CDB=\angle GFB$.

故$\triangle CBD\backsim\triangle GBF$,故$\angle CBD=\angle GBF$,同理可得$\angle CBD=\angle GBE$,因此 GB 平分$\angle EBF$.

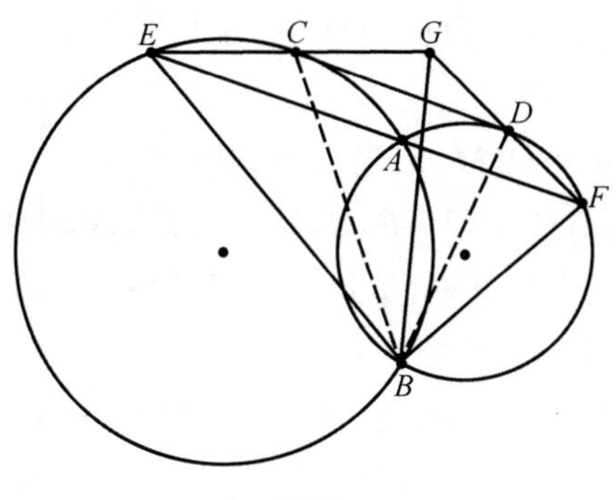

8 题图 3

9. 如图 1,在等腰$\triangle ABC$ 中,$AB=AC$,K 为其内心,D 为$\triangle ABC$ 内一点,使得 K,B,C,D 四点共圆,过点 C 作 BD 的平行线,与 AD 的延长线交于点 E,求证:$CD^2=BD\cdot CE$.(2015 年全国高中数学联赛一试,加试 B 卷)

证明 如图 2,连接 AO,BK,BO,由

$$\angle BKO=\angle BAK+\angle ABK=\angle KBO$$

而$\angle ABK=\angle KBC$,故

$$\angle BKO+\angle KBC=\angle KBO+\angle ABK=90^\circ$$

因此 AB,AC 是圆 O 的两条切线,分别延长 AE,CE,交圆 O 于 F,G,连接 FC,BF,BG,显然 $DC=BG$,故$\angle DCE=\angle CFB$,所以$\triangle DCE\backsim\triangle BFC$,$\dfrac{DC}{EC}=\dfrac{BF}{FC}$.

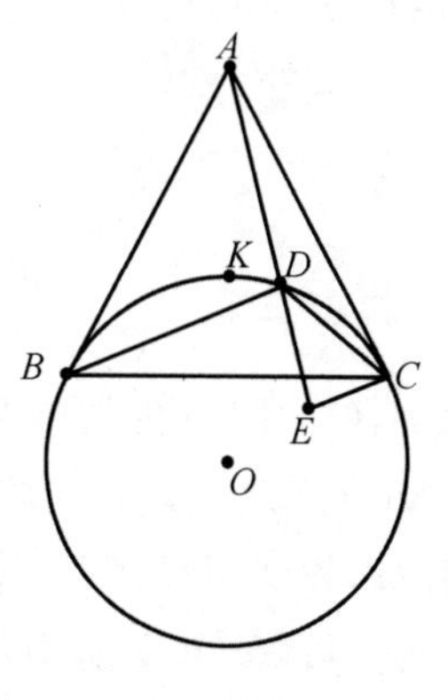

9 题图 1

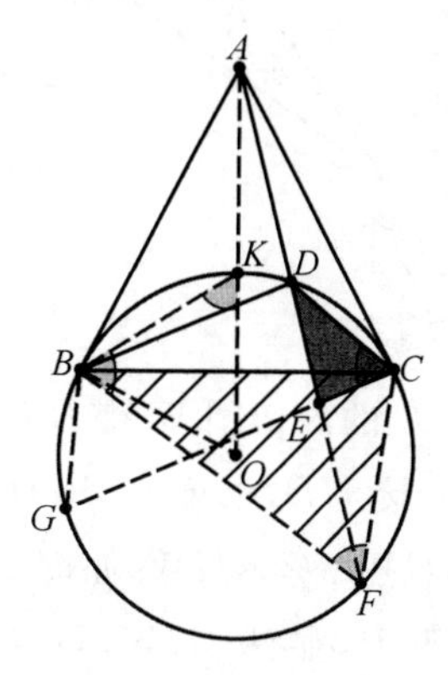

9 题图 2

由割线定理知$\dfrac{BD}{BF}=\dfrac{AB}{AF}=\dfrac{DC}{CF}$,因此 $CD^2=BD\cdot CE$.

10. 如图 1,圆 H 内切圆 O 于 D. B,C 为圆 O 上两点,过 B,C 分别作圆 H 的切线交于点 A,G 为 $\triangle ABC$ 的内心,求证:$\angle BDG=\angle CDG$.

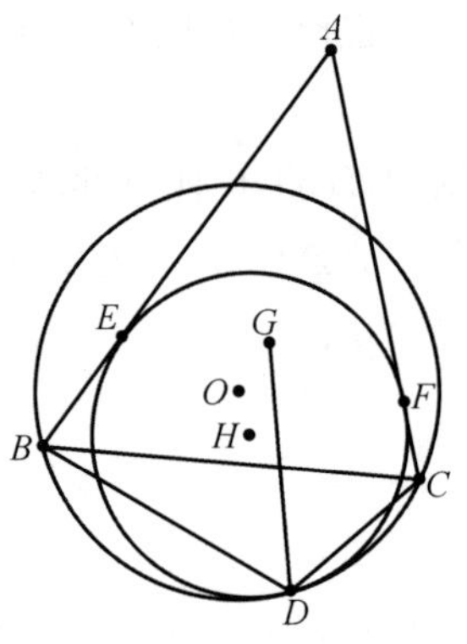

10 题图 1

证明 如图 2,过点 D 作圆 H 的切线,分别交 AB,AC 的延长线于 I,J,连接 IH,JH,BG,CG,分别交 DE,DF 于 K,L,M,N,连接 EF,MN,LK,GE,GF,如图 2,由 $HI\perp ED$,$JH\perp FD\Rightarrow D$,L,H,K 四点共圆,再由角平分线理论得

$$\angle IHJ=\angle BGC\Rightarrow D,M,G,N \text{ 四点共圆}$$

分别作 $PM\perp ED$,$PN\perp FD$,显然 D,M,P,G,N 五点共圆,因此这些圆都和 IJ 相切于 D,由弦切角 $\angle DFJ=\angle FDJ=\angle FED=\angle NMD=\angle DGC\Rightarrow D$,$C$,$F$,$G$ 四点共圆.

同理可知 D,B,E,G 四点共圆,因此 $\angle BDG=\angle AEG$,$\angle AFG=\angle CDG$,由

$$\angle AEG=\angle AFG\Rightarrow\angle BDG=\angle CDG$$

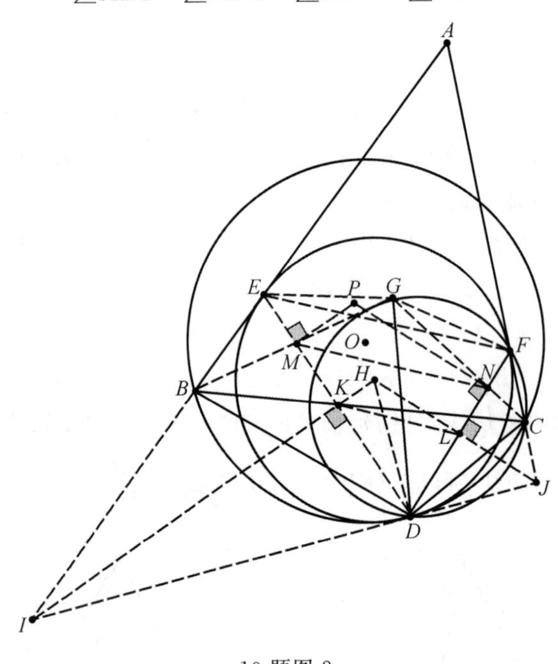

10 题图 2

11. 如图 1,$\triangle ABC$ 的内切圆 W 交 BC 于 D,过 B,C 的圆 O 内切圆 W 于 G,连接 AG 并延长,交圆 O 于 H,连接 HD,求证:$\angle BHD=\angle CHA$.(文武光华几何题)

证明 先证 $\angle DHW=\angle AHW$.如图 2,连接 WH,WD,WG,GD,过点 G 作圆 W 的切线,交 BC 的延长线于 P,显然 G,W,D,P 四点共圆,以 A 为反演中心,以 $AB_1\cdot AB=AC_1\cdot AC=R^2$ 为反演幂 $X\leftrightarrow X_n$,因此 $AW_1\perp E_1F_1$,由 G,W,W_1,G_1 四点共圆 $\Rightarrow G$,W,W_1,P 四点共圆 $\Rightarrow G$,W,D,G_1 四点共圆,因此 $\angle DHW=\angle AHW$.最后由 10 题结论得证.

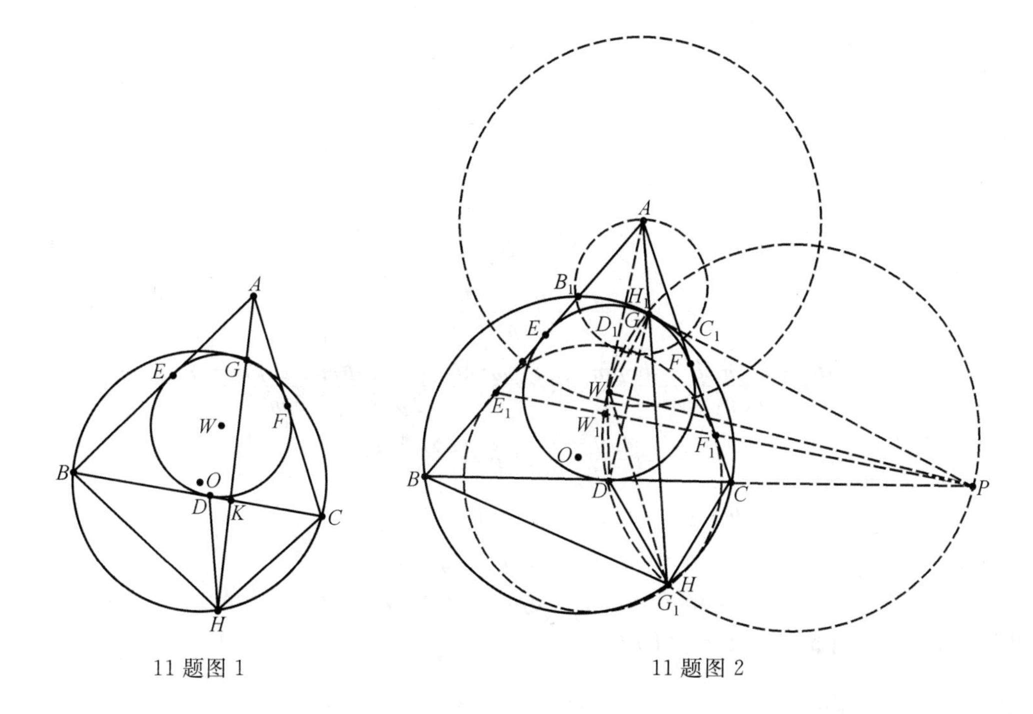

11 题图 1　　11 题图 2

12. 如图,在$\triangle ABC$的内切圆圆M上取一点D(非切点),O为切点,OD的垂直平分线ME和AD的延长线交于E,求证:$\angle AEC=\angle BEO$.

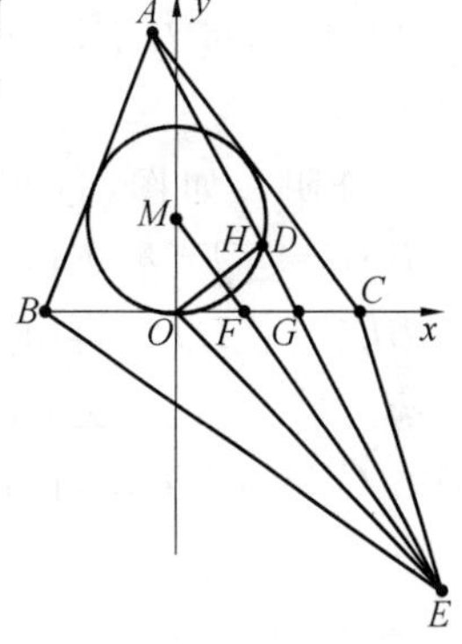

12 题图

证明　设

$$\angle OEM=\angle DEM=\theta,\angle OEB=\alpha,\angle AEC=\beta$$

由角平分线知$\frac{OF}{GF}=\frac{OE}{GE}$;面积比为

$$\frac{BF}{CF}=\frac{BE\cdot\sin(\alpha+\theta)}{CE\cdot\sin(\beta+\theta)}$$

$$\frac{OE\cdot BE\cdot\sin\alpha}{GE\cdot CE\cdot\sin\beta}=\frac{BO}{CG}\Rightarrow\frac{OF\cdot BF}{GF\cdot CF}=\frac{OE\cdot BE\cdot\sin(\alpha+\theta)}{GE\cdot CE\cdot\sin(\beta+\theta)}$$

若$\frac{OF\cdot BF}{GF\cdot CF}=\frac{BO}{CG}$,则$\alpha=\beta$,得证.

建立以BC所在直线为x轴,切点O为原点的平面直角坐标系,并设$B(-b,0)$,$C(c,0)$.

圆心为$M(0,r)$,$b,c,r>0$,其圆方程为

$$x^2+(y-r)^2=r^2$$

则求出$A\left(\frac{r^2(b-c)}{bc-r^2},\frac{2bcr}{bc-r^2}\right)$.再设定$D(p,t)$,$p,t>0$,则

$$p^2+(t-r)^2=r^2\Rightarrow r=\frac{p^2+t^2}{2t}$$

故过ME的直线方程为$x=\frac{p(r-y)}{2r-t}$,过AD的直线方程

$$\frac{y-t}{x-p}=\frac{\dfrac{2bcr}{bc-r^2}-t}{\dfrac{r^2(b-c)}{bc-r^2}-p}$$

设 $p^2+t^2=m$,消去 r 后

$$OF=\frac{m}{2p}$$

$$OG=\frac{m(4pbc-mb+mc)}{4bcp^2+m^2}$$

故 $$GC=\frac{4bc^2p^2+m^2b-4bcpm}{4bcp^2+m^2},FG=\frac{m(4bcp^2-2bpm+2cpm-m^2)}{2p(2bcp^2+m^2)}$$

$$FC=\frac{2cp-m}{2p},BF=\frac{2bp+m}{2p}$$

$$OF\cdot BF\cdot CG=BO\cdot GF\cdot CF\Leftrightarrow$$
$$(4bc^2p^2+bm^2-4bcpm)(2bp+m)=$$
$$b(4bcp^2-2bpm+2cpm-m^2)(2cp-m)$$

展开后左右相等,因此$\angle AEC=\angle BEO$.

13. 圆 W,圆 O 内切于 B,AD 为圆 W 的切线,交圆 O 于 A,D 且切点为 C,连接 BA,交圆 W 于 E,过 B,E,D 作圆,交 AD 于 G,连接 EG 并延长,交 CF 于 F,$AB/\!/CF$,求证:$EF=CD$.

证明 如图,过点 B 作圆 W,圆 O 的公切线,则 $EJ/\!/AD$,故$\angle AEF=\angle CFE$;$\angle BEC=\angle ECF$,E,G,D,B 四点共圆;由 E,C,J,B 四点共圆$\Rightarrow\angle AEF=\angle BDG$,$\angle BEC=\angle DJC$,再由

$$\angle BJE=\angle BCE=\angle BDC\Rightarrow\angle EBC=\angle JBC\Rightarrow EC=JC$$

故$\triangle CEF\cong\triangle JCD$,因此 $EF=CD$.

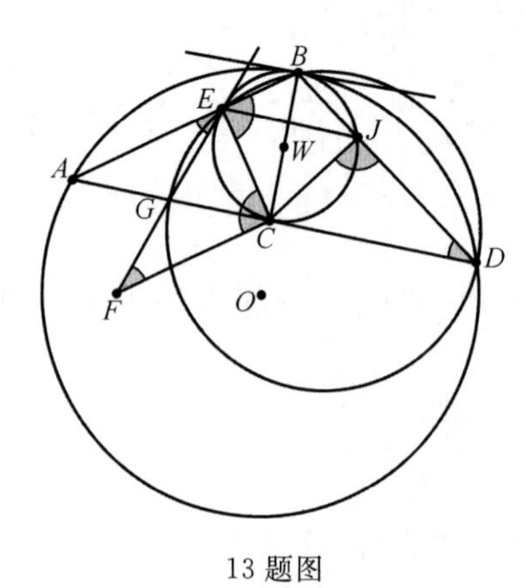

13 题图

14. 设圆 O,圆 I 交于点 A,B,AC 是圆 I 的切线,交圆 O 于点 C,AD 是圆 O 的切线,交圆 I 于点 D,过 A 任作直线交圆 O,圆 I 及经过 A,C,D 三点的圆分别于 F,G,E,求证:$AF=GE$.

证明 如图,连接 AB,CF,DF,DG,CE,DE,CD,由弦切角知

$$\angle GAD=\angle ACF,\angle CAF=\angle GDA\Rightarrow\angle AFC=\angle DGA$$

再由

$$\angle DEA=\angle DCA\text{ 和 }\angle ECD=\angle EAD=\angle ACF\Rightarrow\angle FCE=\angle DCA=\angle DEA$$

故$\triangle ACF\backsim\triangle DAG$；$\triangle CEF\backsim\triangle EDG$，所以$\frac{EF}{DG}=\frac{CF}{EG}$；$\frac{AG}{CF}=\frac{DG}{AF}$，因此$AF=GE$.

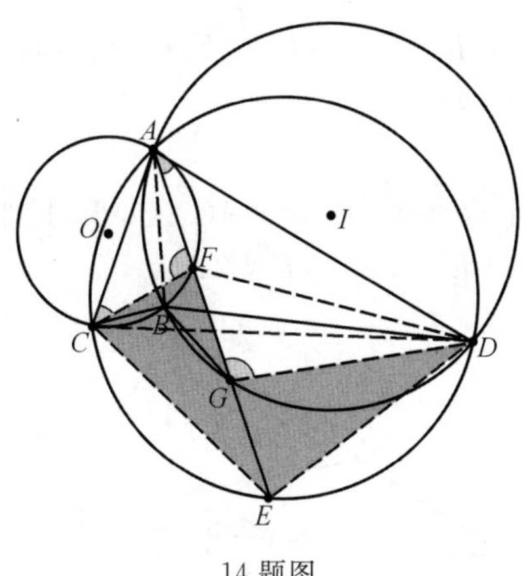

14 题图

15. 设圆 I，圆 J 内切于 D，过圆 J 上一点 A 作圆 I 的两条切线，切点分别为 E,K，并交圆 J 分别于 B,C；G,F 分别为劣弧$\overset{\frown}{AB}$，$\overset{\frown}{AC}$的中点，$\triangle AGE$，$\triangle AFK$ 的外接圆交于 H，求证：四边形 $AGHF$ 为平行四边形.

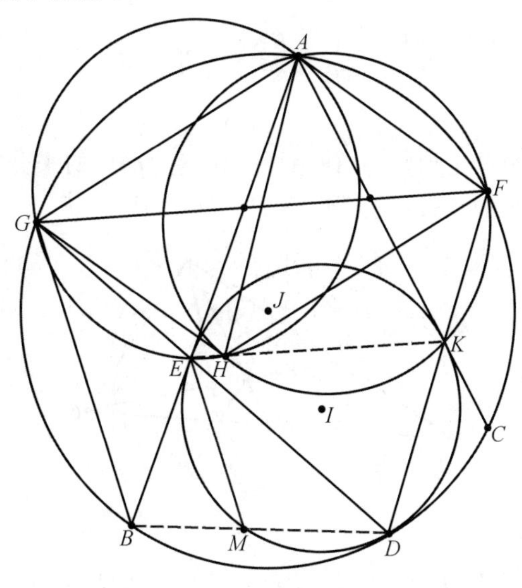

15 题图

证明 先证 G,E,D 三点共线. 连接 DB，交圆 I 于 M，有关连线如图，由两圆相切$\Rightarrow$ $GB/\!/EM\Rightarrow\angle GBE=\angle MEB$，由弦切角$\Rightarrow\angle MEB=\angle EDM$，故$\angle ABG=\angle GDB\Rightarrow G$ 为劣弧$\overset{\frown}{AB}$的中点，同理 F 为劣弧$\overset{\frown}{AC}$的中点.

再证 E,H,K 三点共线，连接 EH,HK，则

$$\angle AGE+\angle AHE=180^\circ,\angle AFK+\angle AHK=180^\circ$$

因为

$$\angle AGE+\angle AFK=180^\circ$$

所以

$$\angle AHK+\angle AHE=180^\circ$$

因此 $GF /\!/ KH$，则

$$\angle FHK=\angle GFH=\angle KAF=\angle AGF$$

因此 $AG /\!/ HF$，同理 $AF /\!/ GH$，故得证.

16. 在$\triangle ACD$中，在AD上取点B，使$AB=AC$，$\angle DAC$的平分线分别交BC，DC于K，N，DC的中线分别交BC，DC于E，F，求证：$EN /\!/ AC$.

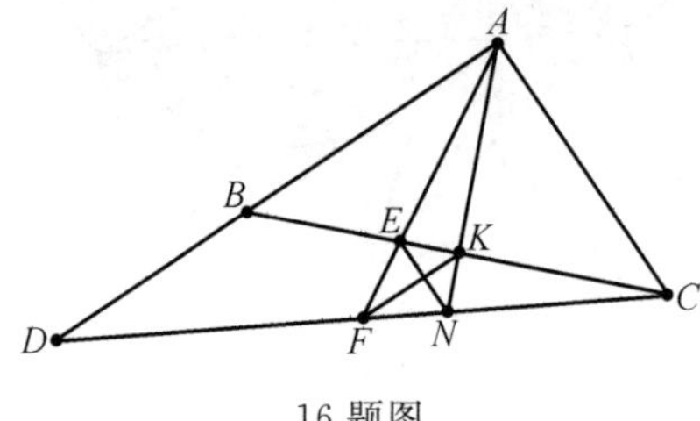

16 题图

证明　由角平分线得

$$\frac{AB+BD}{AB}=\frac{DN}{NC}\Rightarrow\frac{BD}{AB}=\frac{2FN}{NC}\Rightarrow\frac{FK}{AB}=\frac{FN}{NC}$$

由相似知

$$\frac{EF}{AE}=\frac{FK}{AB}=\frac{FN}{NC}\Rightarrow EN /\!/ AC$$

17. 在$\triangle ACD$中，在AD上取点B，使$AB=AC$，$\angle DAC$的平分线交DC于N，过N作$NE /\!/ AC$，交BC于E，AE的延长线交DC于F，求证：$DF=CF$.

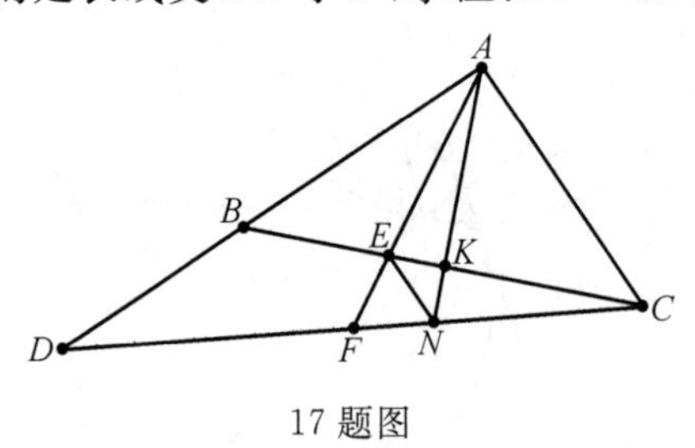

17 题图

证明　由角平分线得

$$\frac{AB+BD}{AB}=\frac{DN}{NC}\Rightarrow\frac{BD}{AB}=\frac{2FN}{NC}\Rightarrow\frac{BD}{2AB}=\frac{FE}{AE}$$

$\triangle ADF$被直线BEC截，由梅氏定理得

$$\frac{FE}{EA}\cdot\frac{AB}{BD}\cdot\frac{DC}{CF}=1\Rightarrow DC=2CF$$

所以 $DF=CF$.

18. 如图,圆 I 切$\triangle ACD$ 的边 AD 于 B,切边 AC 于 C,F 为边 DC 上一点,AF 交 BC 于 E,求证:F 是 DC 中点的充要条件是 $EI\perp DC$.

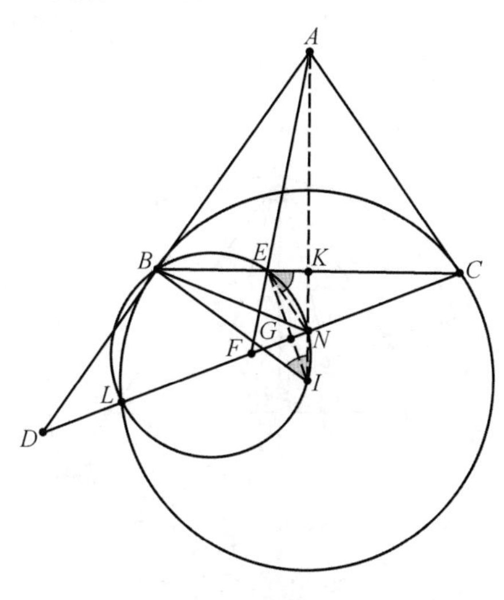

18 题图

证明 (1)必要性:若 $EI\perp DC$,则 F 是 DC 的中点(省略).

(2)充分性:若 F 是 DC 的中点,则 $EI\perp DC$,连接 AI,分别交 BC,DC 于 K,N,连接 EN,EI,由题 17 可知 $EN/\!/AC$,则$\angle CEN=\angle ACB=\angle AIB$.

故 B,E,N,I 四点共圆,则$\angle EIN=\angle EBN=\angle ECN$.

所以$\triangle ING\backsim\triangle CNK\Rightarrow EI\perp DC$.

19. 在$\triangle ABC$ 中,$AC=AB$,D 为 AC 上任一点,$DF\perp BC$,$ED\perp AC$,分别交 BC,AB 于 F,E,G 是$\triangle DBC$ 的外心,求证:E,G,F 三点共线.

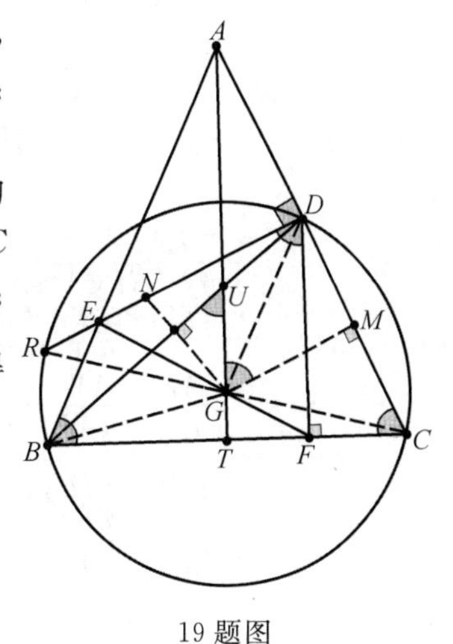

19 题图

证明 如图,连接 GD,GB,连接 CG 并延长,交$\triangle DBC$ 的外接圆G 于R,过 G 分别作$GM\perp AC$,$GN\perp DB$,并分别交 AC 于 M,交 DE 于 N,显然 G 在$\triangle ABC$ 的 BC 边的中线 AT 上;$\angle DCB=\dfrac{1}{2}\angle DGB=\angle DGN$,由 $ED/\!/GM$ 和 $AT/\!/DF$,得 $\angle NDG=\angle DGM=\angle DBC$,故$\angle NDB=\angle GBT$,因此

$$\angle BUT=\angle BDF=\angle ABG$$

由角平分线知

$$\frac{AD}{DU}=\frac{AB}{BU}$$

$$\begin{aligned}\frac{AE}{EB}\cdot\frac{BF}{FT}\cdot\frac{TG}{GA}&=\frac{AD}{FT}\cdot\frac{\sin\angle BAT}{\sin\angle ABG}\cdot\sin\angle BDF=\\&\frac{AD}{DU}\cdot\frac{\sin\angle BAT}{\sin\angle ABG}=\frac{AB}{BU}\cdot\frac{\sin\angle BAT}{\sin\angle ABG}=\\&\frac{\sin\angle AUB}{\sin\angle BAT}\cdot\frac{\sin\angle BAT}{\sin\angle ABG}=1\end{aligned}$$

$\triangle ABT$ 被直线 EGF 截,由梅氏定理得 E,G,F 三点共线.

20. 已知 O 是$\triangle ABC$ 的外心，M 是 BC 边的中点，D 是 OM 的延长线上一点，满足 $DO=DB$，E，F 分别是 AB，AC 边上的点，满足$\angle MEA=\angle MFA=\angle A$，求证：$AD\perp EF$.

证明　连接 CO 并延长，交圆 O 于 N，设 AD 交 EF 于 Q，交圆 O 于 T，连接 TN，TC，考虑$\triangle NTC\backsim\triangle AQF$，连接 DC，BD 分别交圆 O 于 H，K，连接 AK，TB，HB，KC，AH，TC，分别交于 W，Z，R，再连接 OB，KH，TK，TH.

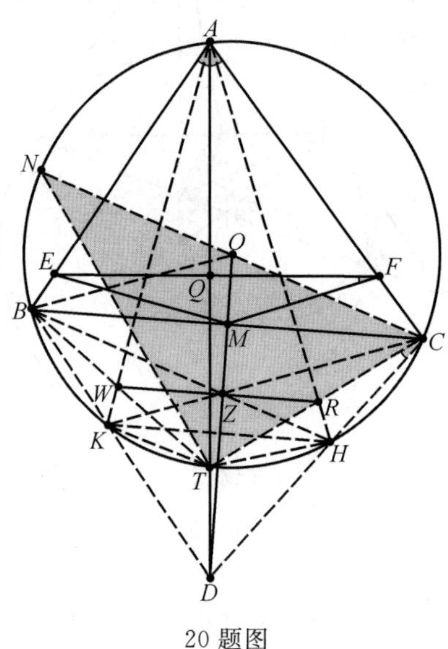

20 题图

由帕斯卡定理可知 W，Z，R 三点共线，显然 Z 在 OD 上，由梅氏定理可知

$$\frac{CH}{HD}\cdot\frac{DA}{AT}\cdot\frac{TR}{RC}=1,\frac{BK}{KD}\cdot\frac{DA}{AT}\cdot\frac{TW}{WB}=1\Rightarrow$$

$$\frac{TR}{RC}=\frac{TW}{WB}\Rightarrow WR\parallel BC\Rightarrow$$

$$\angle CZR=\angle HZR$$

由

$$\frac{EM}{\sin\angle ABC}=\frac{BM}{\sin\angle AEM},\frac{FM}{\sin\angle ACB}=\frac{CM}{\sin\angle AFM}\Rightarrow\frac{AB}{AC}=\frac{FM}{EM}$$

由

$$\frac{AB}{TK}=\frac{AW}{TW}\cdot\frac{AC}{TH}=\frac{AR}{TR}\Rightarrow$$

$$\frac{AB}{AC}\cdot\frac{TH}{TK}=\frac{AW}{TW}\cdot\frac{TR}{AR}=\frac{\sin\angle RHZ}{\sin\angle ZCR}\cdot\frac{\sin\angle RCH}{\sin\angle RHC}=$$

$$\frac{\sin\angle RHZ}{\sin\angle ZCR}\cdot\frac{\sin\angle RCH}{\sin\angle RHC}\cdot\frac{\sin\angle CZR}{\sin\angle RZH}=1\text{（锡瓦角元定理）}$$

故$\dfrac{FM}{EM}=\dfrac{TK}{TH}$. 由

$$\angle BAC=\angle BOD=\angle OCD,\angle EMF=360^\circ-3\angle BAC$$

显然

$$\angle KZH=2\angle BAC,\angle CKT+\angle BHT=\angle BAC$$

因此$\angle KTH=360^\circ-3\angle BAC$，故$\triangle HTK\backsim\triangle EMF$，所以$\angle TKH=\angle TCH=\angle EFM$，因此$\angle AFQ=\angle NCT$，故$\triangle NTC\backsim\triangle AQF\Rightarrow AD\perp EF$.

21. 如图 1,在$\triangle ABC$中,分别以 AB,AC 为边作两个直角$\triangle ABE$和$\triangle ACF$,且$\angle BAE=\angle CAF$,求证:BC 的垂直平分线平分 EF.

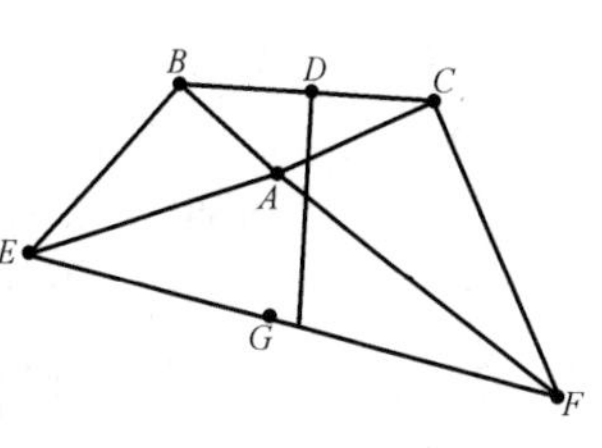

21 题图 1

证明 如图 2,延长 BE,CA 和 CF,BA 分别交于 H,K,连接 HK,显然 C,B,H,K 四点共圆,HK 为直径,设过 BC 的中点 D 作垂线 DO,分别交 EF,HK 于 G,O,而 O 显然是圆心,再过 D 作 $DP/\!/BH$,$DR/\!/CK$,作 $FM/\!/CB$,$EN/\!/CB$,分别交 DR,DP 于 M,N,再作 $HP/\!/CB$,$KR/\!/CB$.因为

$$\triangle ABE\backsim\triangle ACF \text{ 和}\triangle AHE\backsim\triangle AKF\Rightarrow\frac{HE}{KF}=\frac{AE}{AF}=\frac{BE}{CF}\Rightarrow$$

$$\triangle DNM\backsim\triangle DPR\Rightarrow NM/\!/PR$$

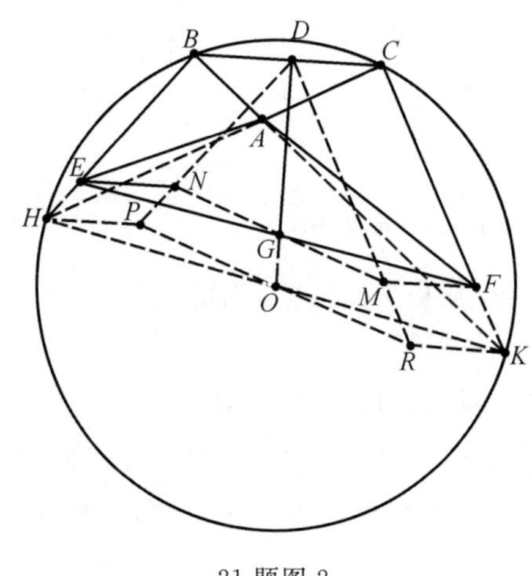

21 题图 2

由

$$PH=KR,OH=OK$$

$$\angle PHO=\angle RKO\Rightarrow\triangle PHO\cong\triangle RKO\Rightarrow\triangle NEG\cong\triangle MFG$$

因此 $EG=FG$.

22. 设圆 I 是$\triangle ABC$的 BC 边外的旁切圆,D,E,F 分别为切点,求证:AP 平分底边 BC.

证明 连接 AI,交 BC 于 M,显然$\triangle AMC\backsim\triangle EPI$ 和$\triangle AMB\backsim\triangle FPI$,则

$$\frac{AC}{AM}=\frac{IE}{PE},\frac{AB}{IF}=\frac{AM}{PF}$$

由

$$IF=IE\Rightarrow\frac{AC}{AB}=\frac{PF}{PE}$$

再由

$$\frac{PF}{\sin\angle BAG}=\frac{AP}{\sin\angle AFP},\frac{PE}{\sin\angle CAG}=\frac{AP}{\sin\angle AEP}\Rightarrow$$

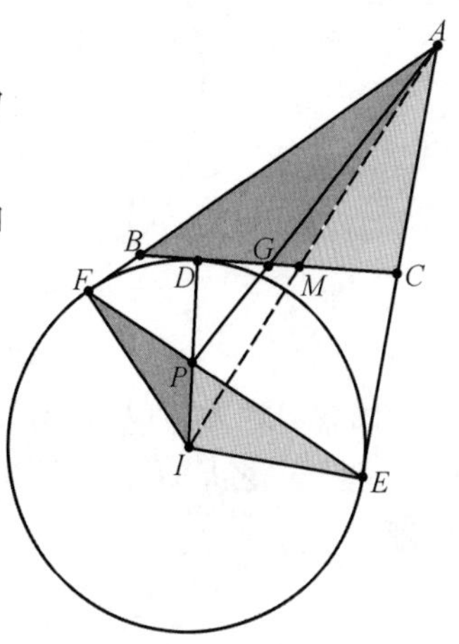

22 题图

$$\frac{S_{\triangle ACG}}{S_{\triangle ABG}}=\frac{AC\cdot\sin\angle CAG}{AB\cdot\sin\angle BAG}=\frac{AC}{AB}\cdot\frac{PE}{PF}=1$$

故 AP 平分底边 BC.

23. 已知 PA,PB 分别切圆 O 于 A,B 两点,PCD 为圆 O 的一条割线,F 为 AB 的中点,求证:$\angle ADF=\angle BDE$.

证明 如图,连接 OF,CF,分别延长交圆 O 于 K,H 和 M,连接 AK,BK,OB,OD,OM. 由弦切角知

$$\angle KBP=\angle KAB=\angle FBK$$

故

$$\frac{FK}{PK}=\frac{BF}{BP}=\frac{OB}{OP}\Rightarrow\frac{PF}{PK}=\frac{PH}{PO}\Rightarrow$$

$$PF\cdot PO=PK\cdot PH=PC\cdot PD\Rightarrow\triangle PCF\backsim\triangle POD$$

故

$$\angle MCD=\angle HOD=\frac{1}{2}\angle MOD$$

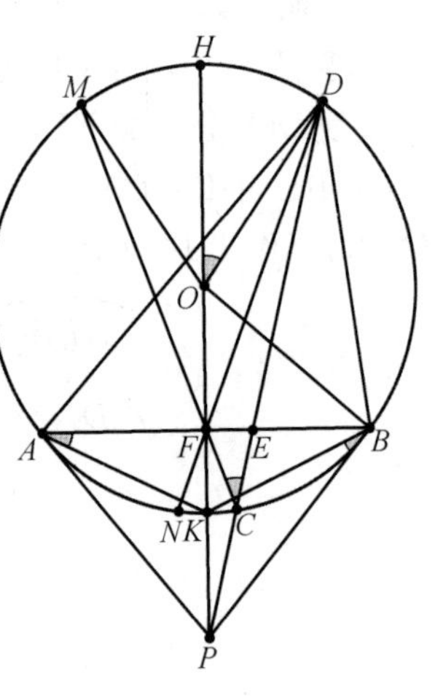

23 题图

因此 MC 和 ND 关于 PH 对称,所以$\angle ADF=\angle BDE$.

24. 如图 1,H 为$\triangle ABC$ 的垂心,以 AB 为直径的圆 O_1 和$\triangle BCH$ 的外接圆 O_2 相交于 D,延长 AD 交 CH 于 P,求证:P 为 CH 的中点.(2016 年广西高中数学联赛)

证明 设 AC,BC 与圆 O_1 的交点分别为 F,E,如图 2 所示.

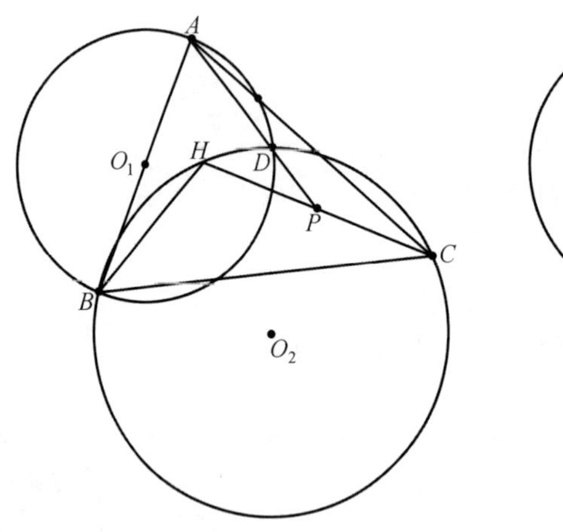

24 题图 1

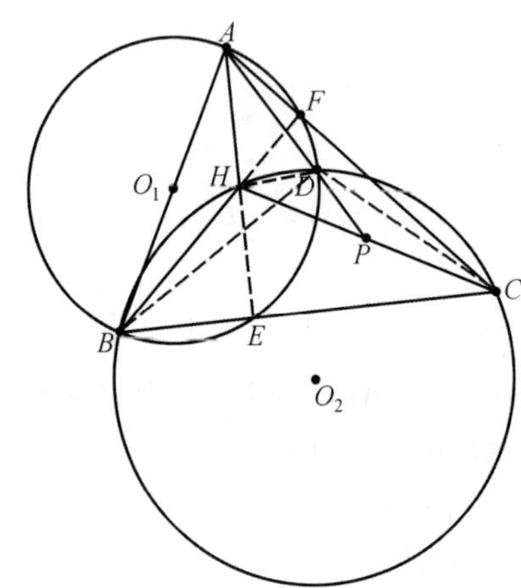

24 题图 2

因为 AB 为圆 O_1 的直径,所以 $BF\perp AC,AE\perp BC$,连接 HD,CD,BD,由

$$\angle EAD=\angle EBD=\angle CHD\Rightarrow\triangle AHP\backsim\triangle HDP\Rightarrow HP^2=PD\cdot PA$$

同理

$$\triangle ACP\backsim\triangle CDP\Rightarrow CP^2=PD\cdot PA$$

故 P 为 CH 的中点.

25. 如图 1,圆 O,圆 Z 交于 P,Q,AB 为两圆的一条外公切线,作过 A,B 的圆与圆 O,圆 Z 分别交于 D,C,求证:$\frac{PC}{PD}=\frac{QC}{QD}$.(2016 年西部数学竞赛)

证明 如图 2,由蒙日定理,直线 AD,QP,BC 交于一点,设为 K,连接 AP,AQ,BP,BQ. 因为$\triangle KPD\backsim\triangle KAQ$,所以$\frac{DP}{AQ}=\frac{KP}{KA}$.

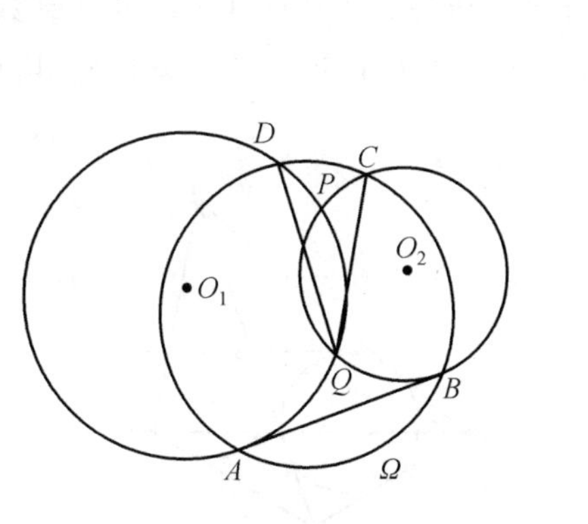

25 题图 1

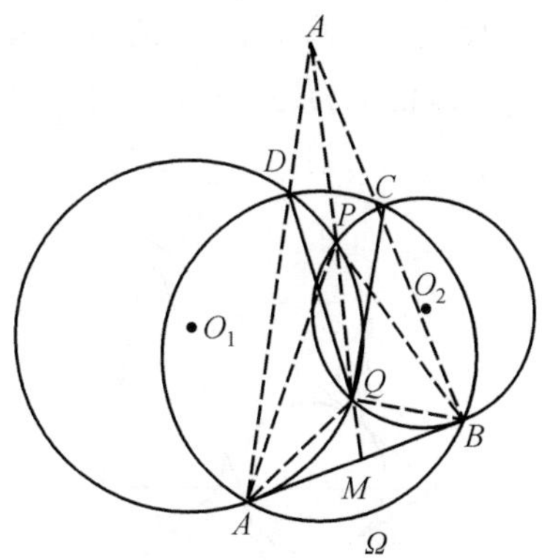

25 题图 2

因为$\triangle KPA\backsim\triangle KDQ$,所以$\frac{AP}{DQ}=\frac{KA}{KQ}$.

将两式相乘得

$$\frac{AP\cdot DP}{AQ\cdot DQ}=\frac{KP}{KQ}$$

同理

$$\frac{BP\cdot CP}{BQ\cdot CQ}=\frac{KP}{KQ}$$

从而

$$\frac{AP\cdot DP}{AQ\cdot DQ}=\frac{BP\cdot CP}{BQ\cdot CQ} \quad ①$$

延长 PQ 交 AB 于点 M,因为$\triangle AQM\backsim\triangle PAM$,所以

$$\frac{AQ}{AP}=\frac{AM}{PM}=\frac{QM}{AM}$$

于是

$$\left(\frac{AQ}{AP}\right)^2=\frac{AM}{PM}\cdot\frac{QM}{AM}=\frac{QM}{PM}$$

同理

$$\left(\frac{BQ}{BP}\right)^2=\frac{QM}{PM}$$

从而

$$\left(\frac{AQ}{AP}\right)^2=\left(\frac{BQ}{BP}\right)^2$$

故

$$\frac{AQ}{AP}=\frac{BQ}{BP}$$

结合①知$\frac{CP}{CQ}=\frac{DP}{DQ}$.

26. 如图 1，$ABCD$ 为圆内接四边形，$\angle BAC=\angle DAC$，设圆 I，圆 O 分别为$\triangle ABC$，$\triangle ADC$ 的内切圆，求证：圆 I，圆 O 的某一条外公切线与 BD 平行.（2016 年西部数学竞赛）

证明 如图 2，设 I 为$\triangle ABD$ 的内心，连接 BI. 过 I 作圆 I_1 的一条切线，切点为 E，交 AB 于点 M.

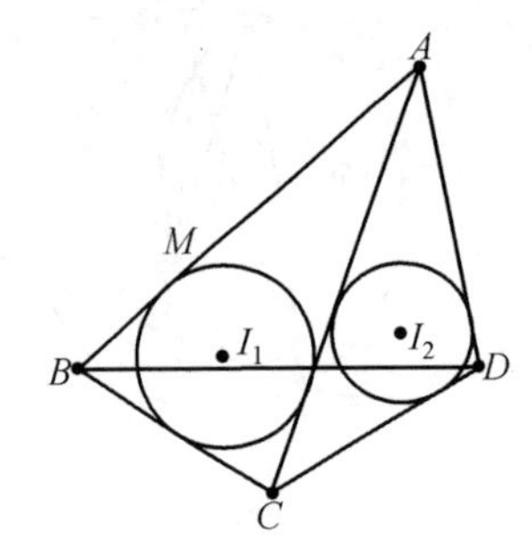

26 题图 1

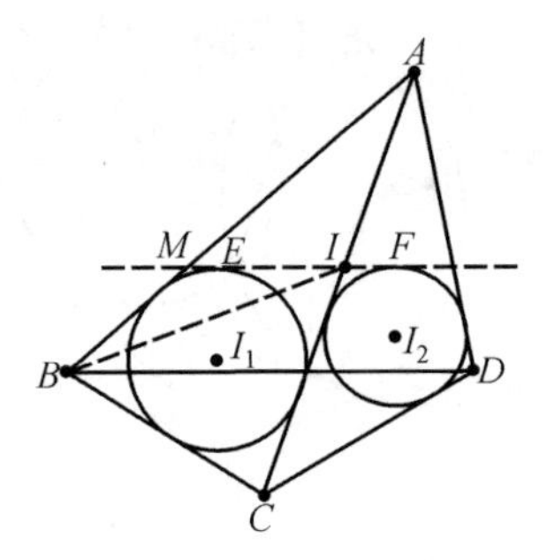

26 题图 2

由熟知的结论（鸡爪定理）$CI=CB$（圆外切四边形对边长度之和相等）

$$CI+MB=CB+MI$$

知 $MB=MI$，从而$\angle MBI=\angle MIB$，注意到 I 为$\triangle ABD$ 的内心，有$\angle MBI=\angle DBI$，所以$\angle MIB=\angle DBI$，由此 $IE\parallel BD$.

同理，过 I 作圆 I_2 的一条切线，切点为 F，有 $IF\parallel BD$.

故 E,I,F 三点共线，即圆 I_1、圆 I_2 的一条外公切线 EF 与 BD 平行.

27. 如图 1，已知圆 O 上四点 A,B,C,D，BA 与 CD 相交于 E，AC 交 BD 于 F，EF 交圆 O 于 H,G；K 为 EF 的中点，过点 A,K,C 作圆，交 EG 于 T，求证：$HF=TG$.

证明 如图 2，可知

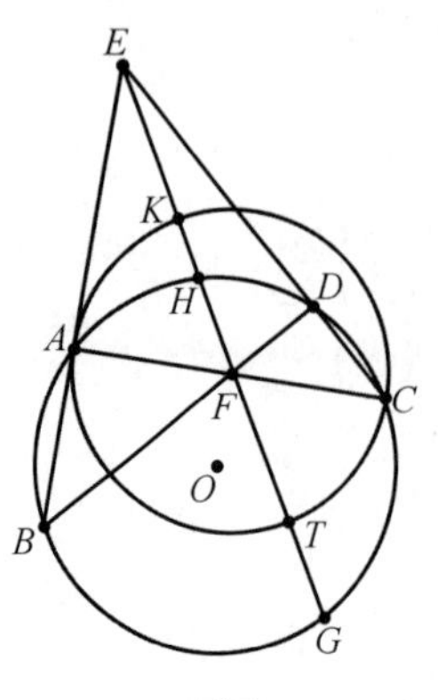

27 题图 1

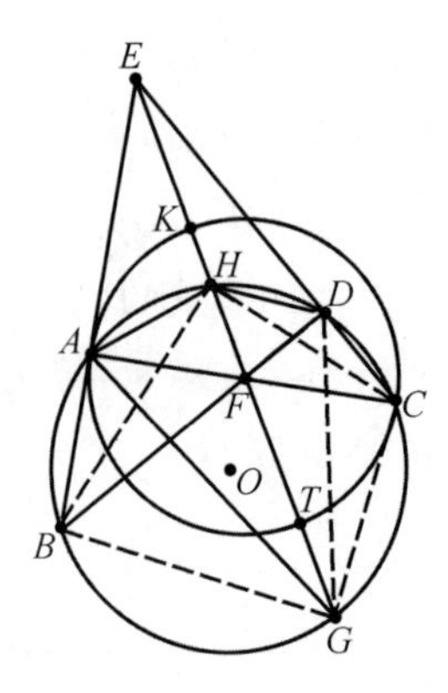

27 题图 2

$$HF=TG\Leftrightarrow KF\cdot FT+KF\cdot TG=AF\cdot FC+KF\cdot HF\Leftrightarrow$$
$$KF(FT+TG)=HF\cdot FG+KF\cdot HF\Leftrightarrow$$
$$KF\cdot FG=HF\cdot FG+KF\cdot HF(EK=KF)\Leftrightarrow$$
$$\frac{EF}{HF}-\frac{EF}{FG}=2\Leftrightarrow\frac{EH+HF}{HF}-\frac{EG-FG}{FG}=2\Leftrightarrow$$
$$\frac{EH}{HF}=\frac{EG}{FG}$$

由面积比可知

$$\frac{EH}{HF}=\frac{EG}{FG}\Leftrightarrow\frac{ED\cdot\sin\angle EDH}{DF\cdot\sin\angle HDF}=\frac{ED\cdot\sin\angle EDG}{DF\cdot\sin\angle FDG}\Leftrightarrow$$
$$\frac{\sin\angle EDH}{\sin\angle HDF}=\frac{\sin\angle CDG}{\sin\angle FDG}\Leftrightarrow$$
$$\frac{\sin\angle HAC}{\sin\angle GAC}=\frac{\sin\angle HDB}{\sin\angle GDB}\Leftrightarrow$$
$$\frac{HC}{GC}=\frac{HB}{GB}$$

由正弦定理得

$$\frac{EF}{\sin\angle EAF}=\frac{AF}{\sin\angle AEF},\quad\frac{EF}{\sin\angle EDF}=\frac{DF}{\sin\angle DEF},\quad\frac{\sin\angle DEF}{\sin\angle AEF}=\frac{DF}{AF}$$
$$\frac{HC}{\sin\angle CEH}=\frac{EH}{\sin\angle ECH},\quad\frac{HB}{\sin\angle BEH}=\frac{EH}{\sin\angle EBH}$$
$$\frac{HC}{HB}=\frac{\sin\angle EBH}{\sin\angle ECH}\cdot\frac{\sin\angle CEH}{\sin\angle BEH}=\frac{AH}{DH}\cdot\frac{DF}{AF}=\frac{AH}{DH}\cdot\frac{DC}{AB}$$

两边同乘$\frac{GB}{GC}$,由三弦共点定理

$$\frac{HC}{HB}\cdot\frac{GB}{GC}=\frac{AH}{HD}\cdot\frac{DC}{CG}\cdot\frac{GB}{BA}=1$$

因此$\frac{HC}{GC}=\frac{HB}{GB}$,故 $HF=TG$.

28. 已知$\triangle ABC$ 的外心为 O,且 $2\overrightarrow{OA}+3\overrightarrow{OB}+4\overrightarrow{OC}=\mathbf{0}$,求 $\cos\angle BAC$ 的值.(2016 年四川高中数学联赛)

解 将该题转化成平面几何题做起来会非常简单,如图,连接 CP,设 $OK=FH=2OA$,显然

$$KH=EF=2KG=4CP$$

则

$$\cos\angle BAC=\frac{CP}{BP}=\frac{1}{4}$$

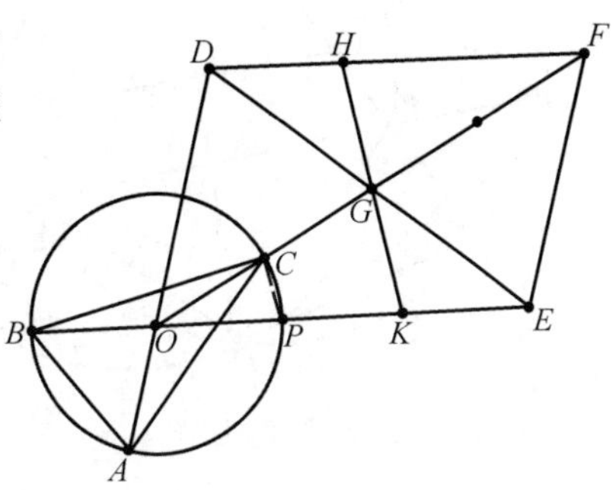

28 题图

29. 如图1,在$\triangle ABC$中,E,F是直线BC上两点(E,B,C,F顺次排列),使得$BE\cdot AC=CF\cdot AB$,设$\triangle ACE$,$\triangle ABF$的外心分别为Q,O,直线QO与AB,AC分别交于点G,H,求证:$\triangle AGH$是等腰三角形.

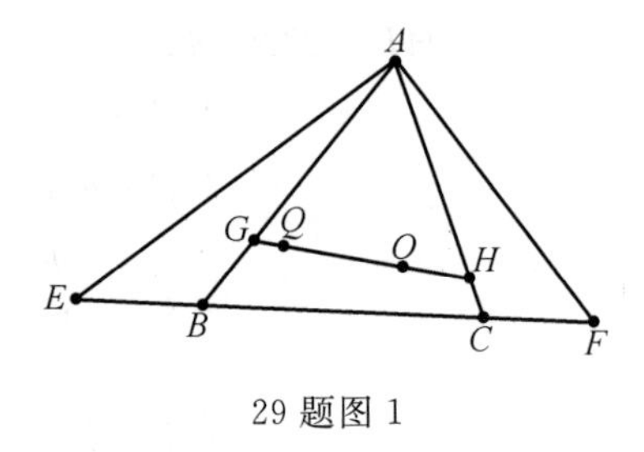

29题图1

证法1 设$\triangle ACE$,$\triangle ABF$的外接圆交于点D,连接AD,交BC于M,延长AB,AC,分别交圆Q,圆O于R,K,连接RD,BD,KD,CD,如图2,由AD为圆Q,圆O的根轴,故$GH\perp AD$,由相交弦定理得

$$AB\cdot BR=EB\cdot BC;\quad AC\cdot CK=CF\cdot BC$$

由已知

$$BE\cdot AC=CF\cdot AB\Rightarrow BR=CK$$

因为

$$\angle RBD=\angle AKD,\angle KCD=\angle ARD$$

所以$\triangle RBD\cong\triangle CKD$,故$\angle BAD=\angle CAD\Rightarrow\triangle AGH$是等腰三角形.

证法2 如图2,由AD为圆Q,圆O的根轴,故$GH\perp AD$,由相交弦定理得

$$EM\cdot MC=AM\cdot MD=FM\cdot MB\Leftrightarrow\frac{EM}{MB}=\frac{FM}{MC}\Leftrightarrow\frac{EB}{MB}=\frac{FC}{MC}\Leftrightarrow$$

$$\frac{AB}{MB}=\frac{AC}{MC}\Leftrightarrow MA\text{平分}\angle BAC\Rightarrow\triangle AGH\text{是等腰三角形}$$

证法3 如图3,设$\triangle ACE$,$\triangle ABF$的外接圆交于点D,连接AD,交BC于M,由AD为圆Q,圆O的根轴,故$GH\perp AD$.作$\triangle ABC$的外接圆,交AD于N,连接BN,CN,ED,FD,显然$\angle CBN=\angle CAN=\angle CED$,故$BN/\!/ED$,同理$CN/\!/FD$,因此

$$\frac{EB}{BM}=\frac{DN}{NM}=\frac{FC}{CM}\Rightarrow\frac{AB}{BM}=\frac{AC}{CM}$$

MA平分$\angle BAC\Rightarrow\triangle AGH$是等腰三角形.

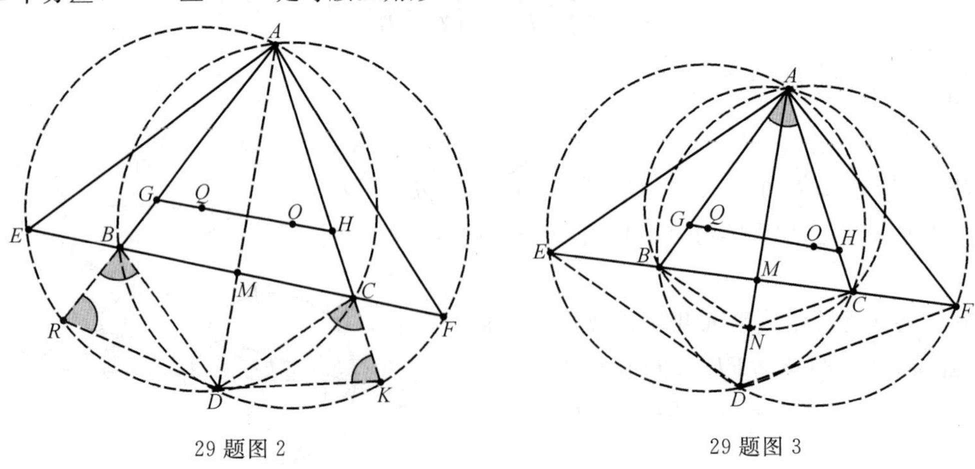

29题图2　　29题图3

30. 如图1,已知$\triangle ABC$的外心E,内心F,D是A关于F的对称点,H是D关于BC的对称点,求证:$\triangle EFH\backsim\triangle AEF$.

证法1 设AD交圆E于R(如果点D在圆E内,则延长AD,交圆E于R),设BC与

圆 F 的切点为 P,延长 AE,交圆 E 于 K,连接 FP,KR,CF,BR,则

$$ER\perp BC\Rightarrow\angle HDA=\angle EAD=\angle DFP$$

如图 2,要证

$$\triangle EFH\backsim\triangle AEF\Leftrightarrow\frac{EF}{HF}=\frac{AE}{EF}$$

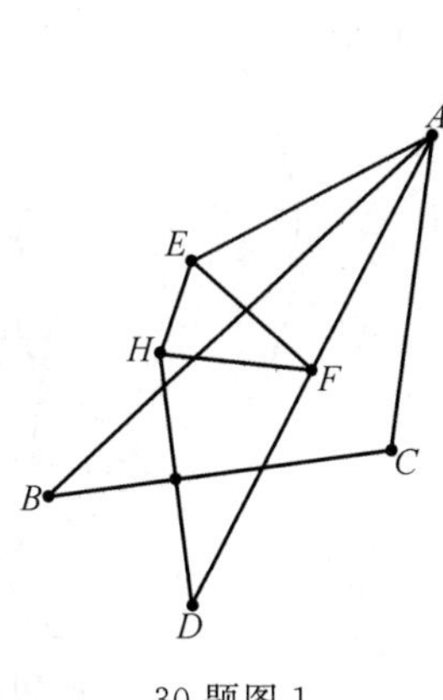

30 题图 1

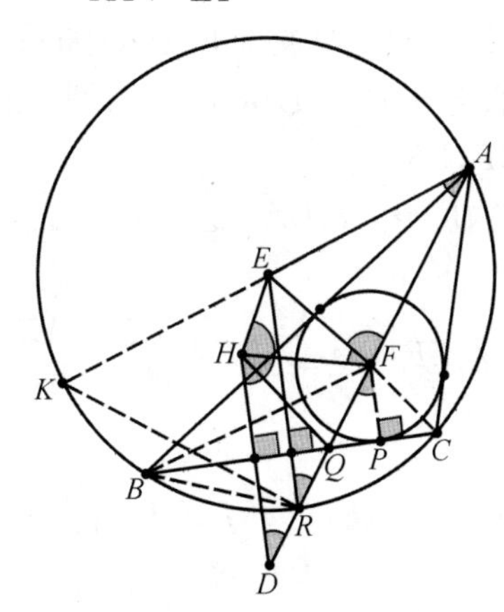

30 题图 2

和

$$\angle EFH=\angle EAF\Leftrightarrow\triangle AEF\backsim\triangle DFH\Rightarrow\frac{DH}{DF}=\frac{DF}{AE}(AF=DF)$$

由

$$\frac{DH}{2FP}=\frac{DQ}{QF}=\frac{DF}{QF}-1$$

则

$$\frac{DH}{DF}=\frac{DF}{AE}\Leftrightarrow\frac{AF^2}{2FP\cdot AE}+1=\frac{AF}{QF}=\frac{AC}{CQ}$$

$$\frac{AF^2}{2FP\cdot AE}=\frac{AF}{FQ}\cdot\frac{FQ}{FP}\cdot\frac{AF}{AK}=\frac{AB}{BQ}\cdot\frac{AF}{AK}\cdot\frac{FQ}{FP}=$$

$$\frac{AF}{AK\cdot\sin\angle FQP}\cdot\frac{\sin\angle FQP}{\sin\angle BAQ}=$$

$$\frac{AF}{AK\cdot\sin\angle BAQ}=\frac{RK}{AK}\cdot\frac{AF}{RK\cdot\sin\angle BAQ}=$$

$$\frac{\sin\angle KAR}{\sin\angle BAQ}\cdot\frac{AF}{RK}=\frac{RK}{BR}\cdot\frac{AF}{RK}=\frac{AF}{BR}$$

由

$$\angle BFR=\angle BAF+\angle ABF=\angle CBR+\angle CBF=\angle FBR\Leftrightarrow$$

$$BR=RF\Leftrightarrow\frac{AF}{BR}+1=\frac{AR}{BR}$$

由

$$\triangle ABR\backsim\triangle AQC\Leftrightarrow\frac{AR}{BR}=\frac{AC}{CQ}$$

因此

$$\frac{AF^2}{2FP \cdot AE}+1=\frac{AC}{CQ} \Leftrightarrow \frac{DH}{DF}=\frac{DF}{AE}$$

由

$$\angle EFH=180^{\circ}-(\angle AFE+\angle DFH)=\angle EAF$$

因此$\triangle EFH \backsim \triangle AEF$.

证法 2　如图 3,设 AD 交圆 E 于 R(如果点 D 在圆 E 内,则延长 AD,交圆 E 于 R),设 BC,AB 与圆 F 的切点为 P,T,连接 FP,FT,BF,BR,则

$$ER \perp BC \Rightarrow \angle HDA=\angle EAD=\angle DFP$$

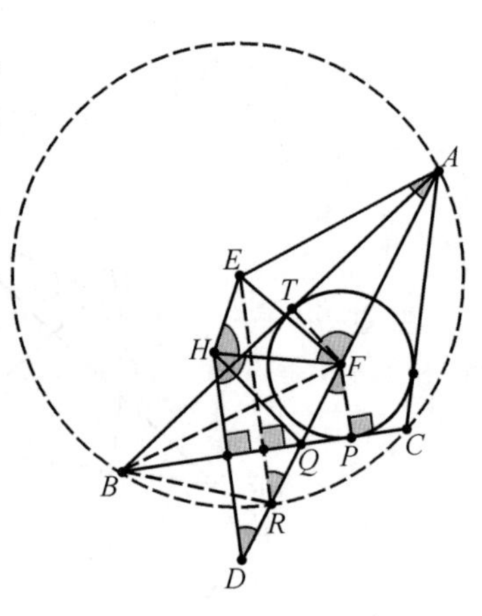

30 题图 3

要证

$$\triangle EFH \backsim \triangle AEF \Leftrightarrow \frac{EF}{HF}=\frac{AE}{EF}$$

和

$$\angle EFH=\angle EAF \Leftrightarrow \triangle AEF \backsim \triangle DFH \Rightarrow \frac{DH}{DF}=\frac{DF}{AE}(AF=DF)$$

由

$$\frac{DH}{2FP}=\frac{DQ}{QF}=\frac{DF}{QF}-1$$

则

$$\frac{DH}{DF}=\frac{DF}{AE} \Leftrightarrow \frac{AF^2}{2FP \cdot AE}+1=\frac{AF}{QF} \Leftrightarrow \frac{AF}{2AE}=\frac{FP}{QF}-\frac{FT}{AF} \Leftrightarrow$$

$$\frac{AF}{2AE}=\sin \angle AQC-\sin \angle QAB=2\cos \angle BFQ \cdot \sin \angle ABF \Leftrightarrow$$

$$\frac{AB}{\sin \angle BFQ}=4AE \cdot \cos \angle BFQ \Leftrightarrow AB=2AE \cdot \sin \angle ACB$$

由正弦定理可知上式成立,由

$$\angle EFH=180^{\circ}-(\angle AFE+\angle DFH)=\angle EAF$$

因此$\triangle EFH \backsim \triangle AEF$.

31. 如图 1,在锐角$\triangle ABC$ 中,AD,BE,CF 是高,点 H 在 EF 的延长线上,满足 $EK=DF$,线段 DH 的垂直平分线与边 AB 相交于点 K,求证:$KE=KF$.(2016 年全国高中数学联赛)

证明　如图 2,连接 KH,KD,则 $KH=KD$,由锐角$\triangle ABC$ 以及 AD,BE,CF 是高,可知

$$\angle EFA=\angle DFB, \frac{S_{\triangle FKE}}{S_{\triangle EKH}}=\frac{KF \cdot \sin \angle FKE}{KH \cdot \sin \angle EKH}=\frac{FE}{EH}=\frac{FE}{FD}$$

由

$$\frac{BE}{\sin \angle FKE}=\frac{KE}{\sin \angle KBE}, \frac{EH}{\sin \angle EKH}=\frac{KE}{\sin \angle KHE}$$

可得

$$\frac{KF \cdot BE}{EF \cdot EH} \cdot \frac{\sin \angle KBE}{\sin \angle KHE}=\frac{KD}{FD}$$

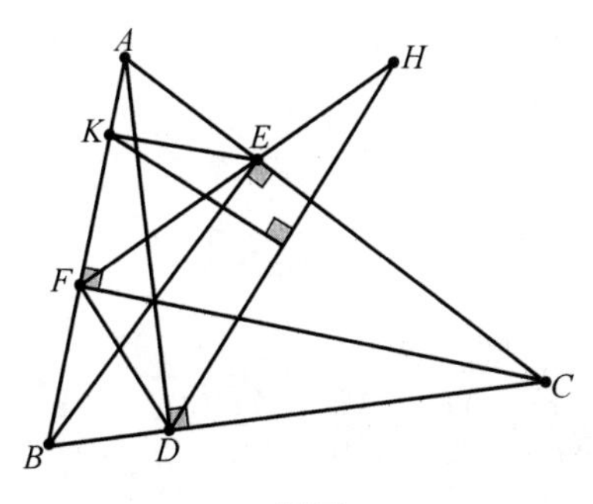

31 题图 1

31 题图 2

由

$$\frac{KF}{\sin\angle FDK}=\frac{KD}{\sin\angle BFD}$$

因此

$$\frac{\sin\angle FDK}{\sin\angle KHE}=\frac{EF}{BE}\cdot\frac{\sin\angle BFD}{\sin\angle KBE}=1$$

所以

$$\sin\angle KHE=\sin\angle FDK$$

即$\angle KHE=\angle FDK$,故

$$\triangle DFK\cong\triangle HEK\Rightarrow KE=KF$$

32. 如图 1,在$\triangle ABC$中,E,F分别是AB,AC上的点,求证:EF过$\triangle ABC$的重心G的充要条件为$\frac{AE}{EB}\cdot\frac{AF}{FC}=\frac{AE}{EB}+\frac{AF}{FC}$.

证明 (1)必要条件:若EF过$\triangle ABC$的重心G,则

$$\frac{AE}{EB}\cdot\frac{AF}{FC}=\frac{AE}{EB}+\frac{AF}{FC}$$

如图 2,连接AG并延长,交BC于D,分别延长FE,CB相交于H,连接AH,由梅氏定理得

$$\frac{AE}{EB}\cdot\frac{BH}{HD}\cdot\frac{DG}{GA}=1$$

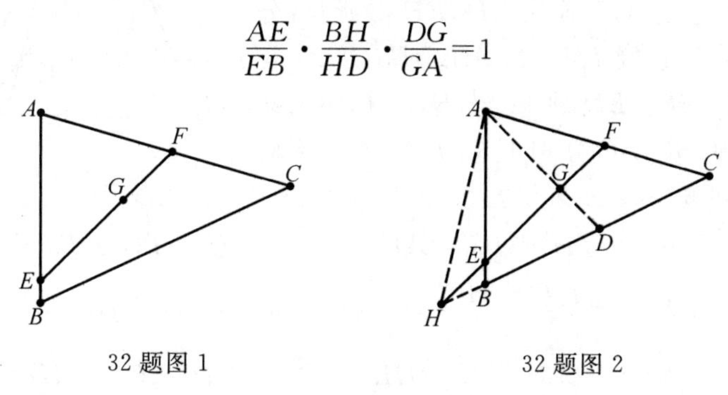

32 题图 1　　32 题图 2

即

$$\frac{AE}{EB}=\frac{2HD}{BH}=\frac{HC+BH}{BH}=1+\frac{HC}{BH}$$

故$\frac{HC}{BH}=\frac{AE}{EB}-1$,同理

$$\frac{AF}{FC}\cdot\frac{CH}{HD}\cdot\frac{DG}{GA}=1$$

即得

$$\frac{BH}{HC}=\frac{AF}{FC}-1$$

因此

$$\left(\frac{AE}{EB}-1\right)\left(\frac{AF}{FC}-1\right)=1\Leftrightarrow\frac{AE}{EB}\cdot\frac{AF}{FC}=\frac{AE}{EB}+\frac{AF}{FC}$$

(2)充分条件:若 EF 满足$\frac{AE}{EB}\cdot\frac{AF}{FC}=\frac{AE}{EB}+\frac{AF}{FC}$,则 EF 过$\triangle ABC$ 的重心 G.

如图 2,设 D 为 BC 的中点,连接 AD,交 EF 于 G,分别延长 FE,CB 相交于 H,连接 AH.

令 $x=\frac{AG}{GD}$,则由梅氏定理得

$$\frac{AE}{EB}\cdot\frac{BH}{HD}\cdot\frac{DG}{GA}=1\Rightarrow\frac{2AE}{x\cdot EB}=\frac{2HD}{BH}=1+\frac{HC}{BH}$$

同理

$$\frac{AF}{FC}\cdot\frac{CH}{HD}\cdot\frac{DG}{GA}=1\Rightarrow\frac{2AF}{x\cdot FC}=1+\frac{BH}{HC}$$

因此

$$\frac{4}{x^2}\cdot\frac{AE}{EB}\cdot\frac{AF}{FC}=\frac{2}{x}\left(\frac{AE}{EB}+\frac{AF}{FC}\right)$$

当 $x=2$ 时,命题成立,当 $x\neq2$ 时,与已知矛盾,所以 EF 过$\triangle ABC$ 重心 G.

33. 如图 1,G 是$\triangle ABC$ 的外心,E,F,D 分别是在 AC,AB,BC 上的点且四边形 $AEDF$ 是平行四边形,H 是$\triangle AEF$ 的垂心,I 是 GH 的中点,J 是 BC 的中点,求证:$AI=JI$.

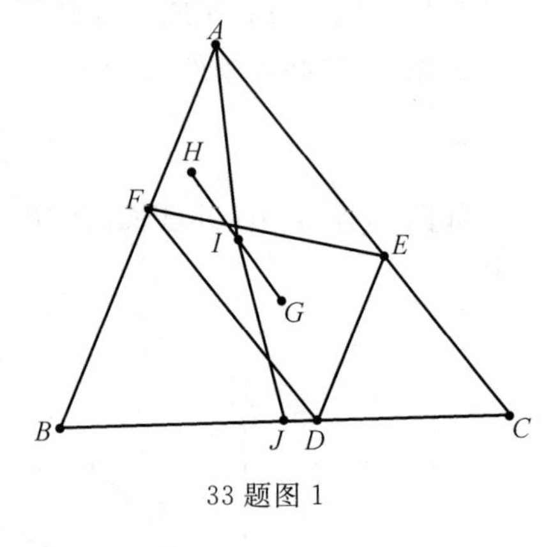

33 题图 1

证明 如图 2,连接 AH,连接 EH,FH 并延长,分别交 AB,AC 于 N,L,连接 JH,JG,AG,BH,CH.

因为 $LF\perp FD$,$NE\perp ED$,所以 H,E,D,F 四点共圆并作其圆,交 AB,BC,AC 分别于 R,T,S,连接 FS,SD,ER,ST,RT,可知

$$AI=JI\Leftrightarrow AH^2+AG^2=JH^2+JG^2\Leftrightarrow AH^2+AG^2=JH^2+BG^2-BJ^2\Leftrightarrow$$

$$AH^2+2BJ^2=\frac{HB^2+HC^2}{2}\Leftrightarrow 2AH^2+BC^2=HB^2+HC^2\Leftrightarrow$$

$$AN^2+NH^2+BC^2+AL^2+HL^2=BN^2+NH^2+CL^2+HL^2\Leftrightarrow$$

$$AN^2+AL^2+BC^2=BN^2+CL^2\Leftrightarrow$$

$$BC^2=AB(BN-AN)+AC(CL-AL) \tag{1}$$

因为

$$\angle ARE=\angle FDE=\angle EAR\Rightarrow AN=NR$$

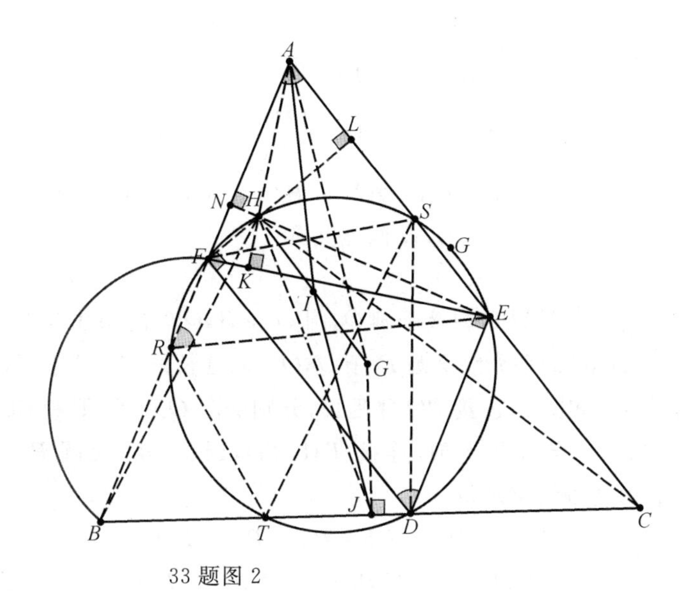

33 题图 2

同理 $AL=LS$，所以

$$(1)\Leftrightarrow BC^2=AB\cdot BR+AC\cdot CS$$

又因为 $EF=SD$，所以 $\angle STD=\angle EDF=\angle BAS$.

所以 $\triangle CST\backsim\triangle CBA$，同理 $\triangle RBT\backsim\triangle CBA\Rightarrow\dfrac{AB}{BC}=\dfrac{BT}{BR};\dfrac{AC}{BC}=\dfrac{CT}{CS}$.

因此 $AB\cdot BR=BC\cdot BT;AC\cdot CS=BC\cdot CT$，所以 $AI=JI$.

34. 如图 1，$\triangle ABC$ 内接于圆 O，过 A 作圆 O 的切线，交 CB 的延长线于 D，H 为 $\triangle ABC$ 的重心，直线 DH 分别交 AB，AC 于 E，F，AH 交圆 O 于 G，求证：AG 平分 $\angle EGF$.

证明 如图 2，作 $AK\parallel BC$，交 EF 的延长线于 K，交圆 O 于 L，连接 KG，设 AG 交 BC 于 N，连接 NO 并延长，交 AK 于 M，由 $AK\parallel BC$，$BN=CN$ 可知 E，H，F，K 为调和点列，如果 M，N，G，K 四点共圆，则

$$AG\perp GK\Rightarrow\angle EGA=\angle FGA$$

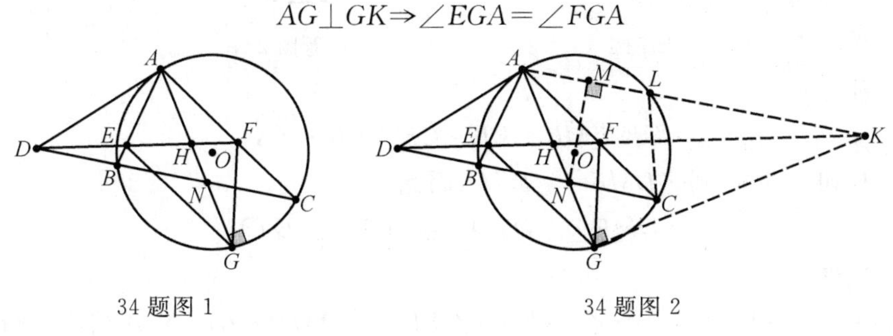

34 题图 1　　34 题图 2

显然

$$\triangle ADC\backsim\triangle LAC,AC^2=DC\cdot AL$$

$$\frac{AK}{DN}=\frac{AH}{HN}=2,\frac{DB}{\sin\angle ACB}=\frac{AD}{\sin\angle ABC}$$

$$\frac{AD}{\sin\angle ACB}=\frac{DC}{\sin\angle DAC}\Rightarrow\frac{AB^2}{AC^2}=\frac{DB}{DC}=\frac{2DN-DC}{DC}\Rightarrow$$

$$\frac{AB^2+AC^2}{AC^2}=\frac{2DN}{DC}\Rightarrow$$

$$AB^2+AC^2=AC^2\cdot\frac{2DN}{DC}=AL\cdot AK=2AN^2+2BN^2\Rightarrow$$

$$AM\cdot AK=AN^2+BN^2=AN^2+AN\cdot NG=AN\cdot AG\Rightarrow$$

M,N,G,K 四点共圆

35. 如图 1,$\triangle ABC$ 内接于圆 O,圆 O 在 B,C 处的切线交于 P,以 P 为圆心,PB 为半径作圆 P,$\angle BAC$ 的平分线交圆 P 于 D,OD 的延长线交 BC 于 E,求证:$DP /\!/ AE$.

证法 1 如图 2,连接 PO 并延长,分别交圆 O 于 F,T 和 BC 于其中点 K,连接 DF,连接 DK 并延长,交圆 P 于 M,连接 TM,TD,延长 OE,交圆 P 于 N,再连接 DB,DC,FM,FN,OA,由切割线定理得

$$PC^2=PD^2=PF\cdot PT=PK\cdot PO\Rightarrow$$

$$\angle KDF=\angle PDK-\angle PDF=\angle POD-\angle PTD=\angle ODT$$

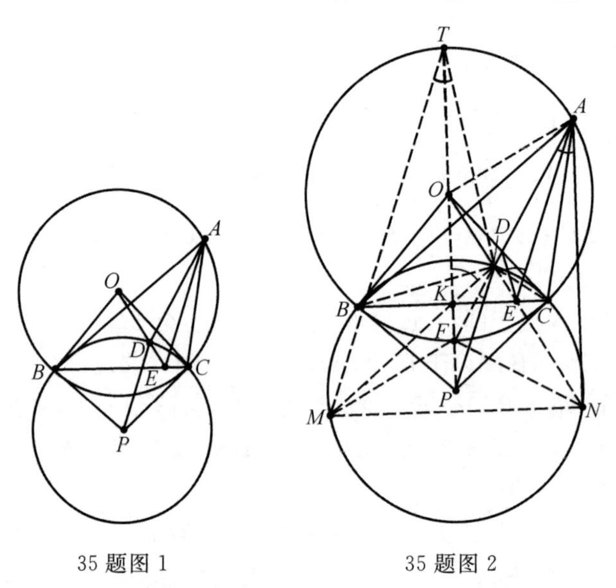

35 题图 1　　　35 题图 2

由切割线定理得

$$DK\cdot MK=BK\cdot CK=FK\cdot TK$$

故 T,M,F,D 四点共圆,则 $\angle DMF=\angle DTO$,因此

$$\triangle DMF\backsim\triangle DTO\Rightarrow\triangle DOF\backsim\triangle DTM$$

由切割线定理得

$$OD\cdot ON=OB^2=OF^2\Rightarrow\angle ONF=\angle OFD=\angle OAD\Rightarrow O,F,N,A\text{ 共四点圆}$$

于是

$$\angle DNA=\angle DFO=\angle DMT$$

$$\angle DAN=\angle DOF=\angle DTM\Rightarrow\triangle DAN\backsim\triangle DOF\backsim\triangle DTM$$

$$\text{由第 23 题}\Rightarrow\angle BDK=\angle CDE$$

因此

$$MN /\!/ BC \Rightarrow \frac{DK}{KM}=\frac{DE}{EN} \Rightarrow \triangle DTK \backsim \triangle DAE$$

因此

$$\angle DAE=\angle DTK=\angle PDF \Rightarrow DP /\!/ AE$$

证法2 如图3,连接 PO,交圆 O 于 F 和 T,连接 DF,TD,显然 A,D,F 三点共线,延长 OE,AE,分别交圆 P 于 N,交圆 O 于 H,连接 AN,OA,FN,HD,由切割线定理得

$$OD \cdot ON=OB^2=OF^2 \Rightarrow \angle ONF=\angle OFD=\angle OAD \Rightarrow O,F,N,A \text{ 四点共圆}$$

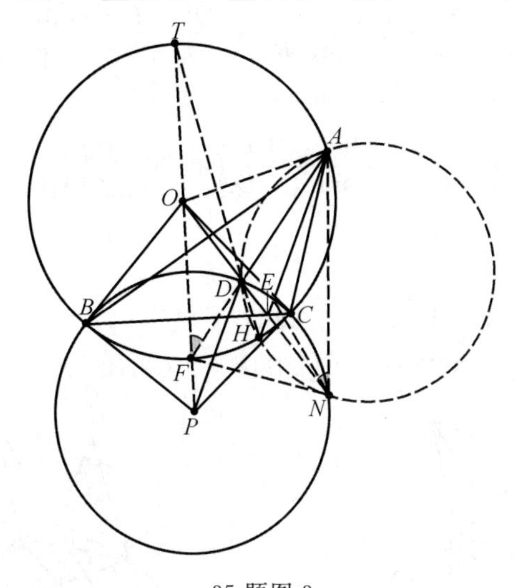

35 题图 3

于是 $\angle DNA=\angle DFO$,由相交弦定理得

$$BE \cdot EC=AE \cdot EH=DE \cdot EN \Rightarrow D,H,N,A \text{ 四点共圆}$$

因此 $\angle AND=\angle AHD=\angle AFO$,由 A,H,F 在圆 O 上,所以 FO 和 HD 的延长线的交点 T 必在圆 O 上.

故 $\angle FTH=\angle FAH$,由切割线定理得

$$PC^2=PD^2=PF \cdot PT \Rightarrow \angle PDF=\angle PTD=\angle DAE$$

因此 $DP /\!/ AE$.

36. 如图1,在 $\triangle ABC$ 中,以 BC 的中点 M 为圆心作圆,分别交 AB,AC 于 F,E,作 $DF \perp AB$,$DE \perp AC$,FE 交 AD 于 P,BP,ME 的延长线交于点 Q,求证:$QA /\!/ BC$.

证明 设 BQ 交 AC 于 R,由梅氏定理可知

$$\frac{RQ}{QB} \cdot \frac{BM}{MC} \cdot \frac{CE}{ER}=1 \Rightarrow \frac{RQ}{ER}=\frac{QB}{CE}$$

$$\frac{RQ}{ER}=\frac{\sin \angle AEQ}{\sin \angle BQE}=\frac{AQ \cdot \sin \angle QAE}{QE \cdot \sin \angle BQE}=\frac{AQ \cdot \sin \angle QAE}{PE \cdot \sin \angle QPE}=$$

$$\frac{AQ \cdot \sin \angle QAE \cdot \sin \angle DPE}{DE \cdot \sin \angle QPE \cdot \sin \angle ADE}=$$

$$\frac{BQ \cdot \sin \angle ABQ \cdot \sin \angle QAE \cdot \sin \angle DPE}{DE \cdot \sin \angle QPE \cdot \sin \angle ADE \cdot \sin \angle QAB}=$$

$$\frac{BQ \cdot FP \cdot \sin \angle BPF \cdot \sin \angle QAE \cdot \sin \angle DPE}{DE \cdot BF \cdot \sin \angle QPE \cdot \sin \angle ADE \cdot \sin \angle QAB}=$$

$$\frac{BQ \cdot FP \cdot \sin \angle QAE \cdot \sin \angle DPE}{DE \cdot BF \cdot \sin \angle ADE \cdot \sin \angle QAB} \tag{1}$$

如图 2,延长 QA 至 G,显然 D 是$\triangle ABC$ 的垂心,由

$$\triangle BDF \backsim \triangle CDE \Rightarrow \frac{FD}{DE}=\frac{BF}{CE} \Rightarrow$$

$$\frac{QB}{CE}=\frac{QB \cdot FD \cdot \sin \angle EPD}{DE \cdot BF \cdot \sin \angle FPD}=\frac{QB \cdot FP \cdot \sin \angle EPD}{DE \cdot BF \cdot \sin \angle FDA} \tag{2}$$

由式(1)和式(2)可得

$$\frac{\sin \angle QAE \cdot \sin \angle DPE}{\sin \angle ADE \cdot \sin \angle QAB}=\frac{\sin \angle EPD}{\sin \angle FDA} \Rightarrow \frac{\sin \angle QAE}{\sin \angle QAB}=\frac{\sin \angle ADE}{\sin \angle FDA} \Rightarrow$$

$$\frac{\sin \angle QAE}{\sin \angle GAB}=\frac{\sin \angle ADE}{\sin \angle FDA} \Rightarrow$$

$$\cos(\angle QAE-\angle FDA)-\cos(\angle QAE+\angle FDA)=$$

$$\cos(\angle ADE-\angle GAB)-\cos(\angle ADE+\angle GAB)$$

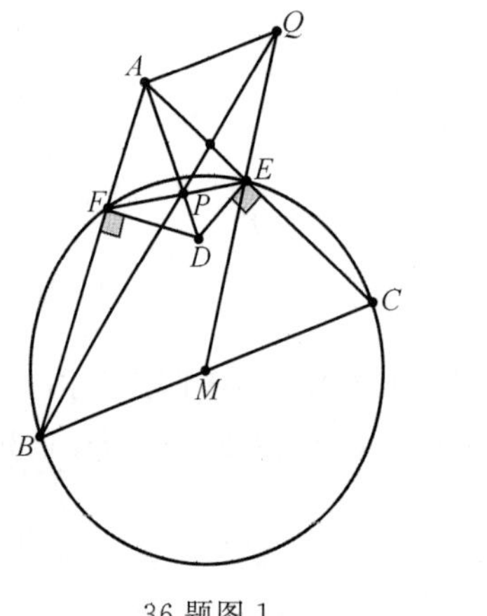

36 题图 1

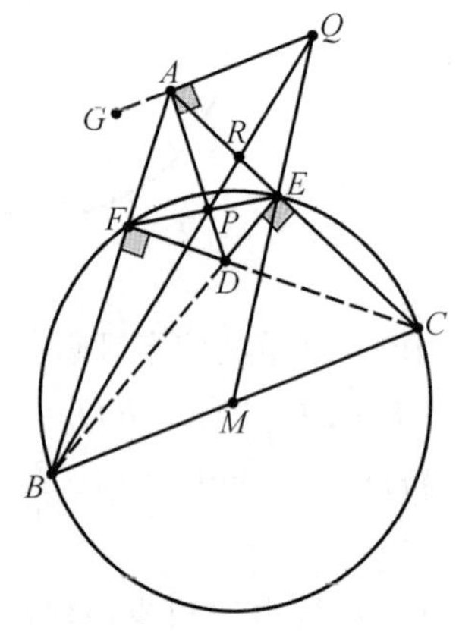

36 题图 2

(积化和差公式)由

$$\angle QAE+\angle GAB=\angle ADE+\angle FDA \Rightarrow$$

$$\cos(\angle QAE+\angle FDA)=\cos(\angle ADE+\angle GAB)$$

因此

$$\angle QAE+\angle FDA=\angle ADE+\angle GAB \Rightarrow \angle FDA=\angle GAB$$

由弦切角和已知条件$\Rightarrow DA \perp AQ$,由 $AD \perp BC$ 得 $QA /\!/ BC$.

37. 如图 1,在$\triangle ABC$ 中,点 E,F,D 分别在 AC,AB,BC 上且 $DE /\!/ AB$,$DF /\!/ AC$,$EN \perp AB$,$FL \perp AC$,N,L 分别为垂足,EN 与 FL 交于 H,求证:$AN^2+AL^2+BC^2=BN^2+CL^2$.

证明 显然 E,D,F,H 四点共圆,并设其圆交$\triangle ABC$ 的边 AB,BC,AC 分别于 R,T,S,连接 FS,SD,ER,ST,RT,FE,如图 2 所示.

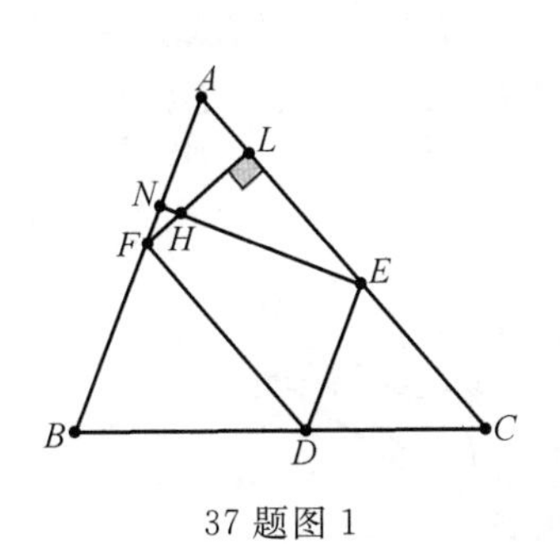

37 题图 1

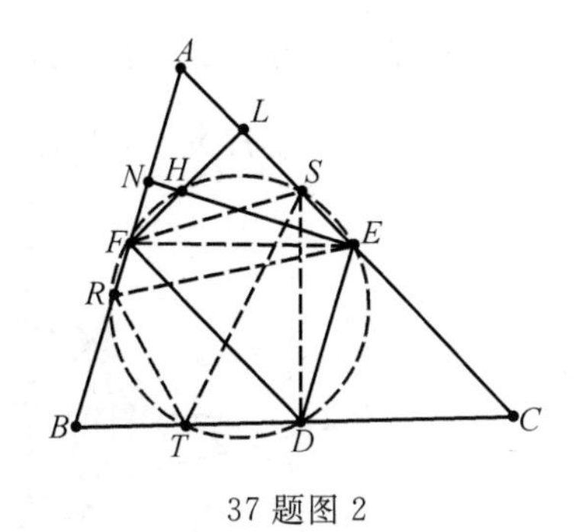

37 题图 2

因为

$$\angle ARE=\angle FDE=\angle EAR\Rightarrow AN=NR$$

同理 $AL=LS$，所以

$$AN^2+AL^2+BC^2=BN^2+CL^2\Leftrightarrow$$
$$BC^2=AB(BN-AN)+AC(CL-AL)\Leftrightarrow$$
$$BC^2=AB\cdot BR+AC\cdot CS$$

又因为 $EF=SD$，所以 $\angle STD=\angle EDF=\angle BAS$，所以 $\triangle CST\backsim\triangle CBA$，同理

$$\triangle RBT\backsim\triangle CBA\Rightarrow\frac{AB}{BC}=\frac{BT}{BR}$$

$$\frac{AC}{BC}=\frac{CT}{CS}$$

因此

$$AB\cdot BR=BC\cdot BT;\quad AC\cdot CS=BC\cdot CT\Leftrightarrow BC^2=AB\cdot BR+AC\cdot CS$$

38. 四边形 $ABCD$ 外切于圆 I，边 AB,BC,CD,DA 分别与圆 I 切于 E,F,G,H，对角线 AC 与 BD 交于 P，$EM\perp BD$ 于点 T，交圆 I 于 M，$HN\perp BD$ 于点 L，交圆 I 于 N，直线 MF 与 BD 交于点 X，直线 NG 与 BD 交于点 Y，求证：$\frac{BX}{BP}=\frac{DY}{DP}$.（万喜人，2018－06－08）

证明 由

$$\frac{XB}{\sin\angle XFB}=\frac{XF}{\sin\angle DBC},\frac{YD}{\sin\angle YGD}=\frac{YG}{\sin\angle BDC}\Rightarrow$$
$$\frac{XB}{YD}=\frac{XF}{YG}\cdot\frac{\sin\angle BDC}{\sin\angle DBC}\cdot\frac{\sin\angle XFB}{\sin\angle YGD}=$$
$$\frac{XF}{YG}\cdot\frac{BC}{DC}\cdot\frac{\sin\angle XFB}{\sin\angle YGD}$$

由

$$\frac{PB}{PD}=\frac{BC}{DC}\cdot\frac{\sin\angle BCP}{\sin\angle DCP}$$

设

$$z=\frac{XF}{YG}\cdot\frac{\sin\angle DCP}{\sin\angle BCP}\cdot\frac{\sin\angle XFB}{\sin\angle YGD}$$

如果 $z=1\Leftrightarrow\frac{BX}{BP}=\frac{DY}{DP}$，如图，连接 BI,DI，由

$$EM \perp BD, HN \perp BD, BI \perp EF, DI \perp HG \Rightarrow \angle DBI = \angle FEM = \angle XFB$$

$$\angle BDI = \angle GHN = \angle YGD \Rightarrow z = \frac{XF}{YG} \cdot \frac{DI}{BI} \cdot \frac{\sin \angle DCP}{\sin \angle BCP}$$

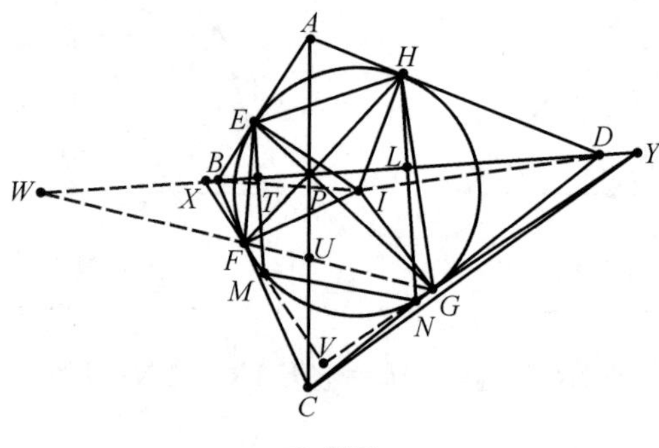

38 题图

延长 XF,YG 交于 V,连接 GF 并延长,交 YX 的延长线于 W,直线 YW 分别截$\triangle CGF$,$\triangle VGF$,由梅氏定理得

$$\frac{VY}{YG} \cdot \frac{GW}{WF} \cdot \frac{FX}{XV} = 1, \frac{CD}{DG} \cdot \frac{GW}{WF} \cdot \frac{FB}{BC} = 1 \Rightarrow \frac{XF}{YG} = \frac{CD}{DG} \cdot \frac{FB}{BC} \cdot \frac{XV}{YV}$$

故

$$z = \frac{DI}{BI} \cdot \frac{CD}{DG} \cdot \frac{FB}{BC} \cdot \frac{XV}{YV} \cdot \frac{\sin \angle DCP}{\sin \angle BCP}$$

$$\frac{XV}{YV} = \frac{\sin \angle XYV}{\sin \angle YXV} = \frac{\cos \angle YNL}{\cos \angle XMT} = \frac{\cos \angle GID}{\cos \angle FIB} = \frac{\sin \angle IDG}{\sin \angle IBF} = \frac{BI}{IF} \cdot \frac{IG}{DI} = \frac{BI}{DI}$$

因此

$$z = \frac{DI}{BI} \cdot \frac{CD}{DG} \cdot \frac{FB}{BC} \cdot \frac{BI}{DI} \cdot \frac{\sin \angle DCP}{\sin \angle BCP} = \frac{CD}{DG} \cdot \frac{FB}{BC} \cdot \frac{\sin \angle DCP}{\sin \angle BCP} =$$

$$\frac{CD}{DG} \cdot \frac{FB}{DH} \cdot \frac{\sin \angle DCP}{\sin \angle BCP} \cdot \frac{FB}{DH} =$$

$$\frac{BP}{PD} \cdot \frac{\sin \angle DHP}{\sin \angle BFP} = \frac{BP}{PD}$$

由面积比得

$$z = \frac{DC \cdot BP \cdot \sin \angle DCP}{BC \cdot PD \cdot \sin \angle BCP} = \frac{BP \cdot DC \cdot PC \cdot \sin \angle DCP}{PD \cdot BC \cdot PC \cdot \sin \angle BCP} = \frac{PD}{BP} \cdot \frac{BP}{PD} = 1$$

因此

$$\frac{BX}{BP} = \frac{DY}{DP}$$

39. 如图 1,已知$\angle BAC$ 的平分线交 BC 于 D,AD 的垂直平分线 FP 交过 BC 上点 D 的垂线于 E,$\triangle ABC$ 的外接圆与$\triangle AED$ 的外接圆交于 G,求证:EG 平分$\angle BGC$.

证明 如图 2,连接 AG,交 FP 于 H,连接 AP,GP,CP,由 $ED \perp BC \Rightarrow B,C,P$ 三点共线,$AE \perp AP$,设 EG 交 BC 于 I,连接 DH,IH,由

$$AE = DE \Rightarrow \angle AGE = \angle DPE \Rightarrow H,P,G,I \text{ 四点共圆} \Rightarrow AD \parallel HI \Rightarrow$$

$$\angle DAH = \angle ADH = \angle DHI = \angle GHI \Rightarrow$$

I 为 $\triangle HDG$ 的内心

$$\angle ABC=\angle AGC=\angle ADC-\angle DAC=\angle HDC-\angle HAC=$$
$$\angle HDC-\angle CBG=\angle CDG-\angle CBG=\angle BGD$$

因此 EG 平分 $\angle BGC$.

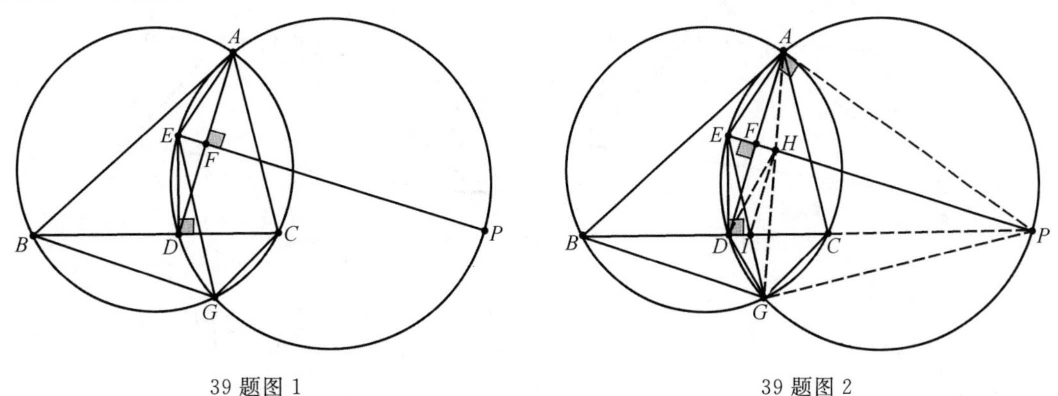

39 题图 1　　39 题图 2

40. 如图 1,在四边形 $ABCD$ 中,DA,CB 分别和圆 O 相切,切点为 A,B,AC 交 BD 于 H,F,E 分别为 DA,CB 的中点,当 FE 切圆 O 于 G 时,求证:GH 的延长线平分 AB.

证明　设 GH 的延长线交 AB 于 I;BD,AC 分别交 EF 于 M,N,连接 AG,BG,分别交 BD,AC 于 K,R,由梅氏定理得

$$\frac{BR}{RG}\cdot\frac{GH}{HI}\cdot\frac{IA}{AB}=1;\frac{AK}{KG}\cdot\frac{GH}{HI}\cdot\frac{IB}{BA}=1\Rightarrow\frac{IA}{IB}=\frac{AK}{KG}\cdot\frac{RG}{BR}$$

同理

$$\frac{AK}{KG}\cdot\frac{GM}{MF}\cdot\frac{FD}{DA}=1;\frac{BR}{RG}\cdot\frac{GN}{NE}\cdot\frac{EC}{CB}=1\Rightarrow$$
$$\frac{AK}{KG}\cdot\frac{RG}{BR}=\frac{GN}{NE}\cdot\frac{MF}{GM}$$

同理

$$\frac{AN}{NH}\cdot\frac{HM}{MD}\cdot\frac{DF}{FA}=1$$
$$\frac{BM}{MH}\cdot\frac{HN}{NC}\cdot\frac{CE}{EB}=1\Rightarrow\frac{AN}{NH}\cdot\frac{HM}{MD}=1$$
$$\frac{BM}{MH}\cdot\frac{HN}{NC}=1\Rightarrow\frac{AN}{NC}=\frac{MD}{BM}\Rightarrow\frac{AC}{NC}=\frac{BD}{BM}\Rightarrow\frac{AC}{BD}=\frac{NC}{BM}$$

由

$$\angle DAB=\angle CBA,\frac{AC}{\sin\angle CBA}=\frac{AB}{\sin\angle ACB},\frac{BD}{\sin\angle DAB}=\frac{AB}{\sin\angle ADB}\Rightarrow\frac{AC}{BD}=\frac{\sin\angle ADB}{\sin\angle ACB}$$
$$\frac{NC}{BM}=\frac{NC}{EC}\cdot\frac{BE}{BM}=\frac{\sin\angle NEC}{\sin\angle ENC}\cdot\frac{\sin\angle BME}{\sin\angle CEN}=\frac{\sin\angle BME}{\sin\angle ENC}$$

因此

$$\frac{\sin\angle ADB}{\sin\angle ACB}=\frac{\sin\angle BME}{\sin\angle ENC}\Rightarrow\frac{DF}{MF}=\frac{EC}{NE}$$

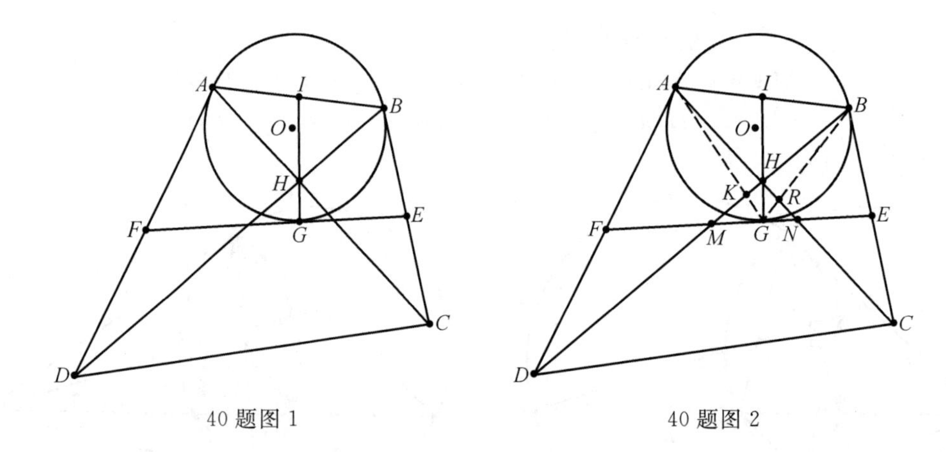

40 题图 1　　　　40 题图 2

由

$$AF=FG=DF,BE=EG=EC\Rightarrow\frac{DF-MF}{MF}=\frac{EC-NE}{NE}\Rightarrow\frac{GN}{NE}\cdot\frac{MF}{GM}=1$$

因此

$$\frac{IA}{IB}=\frac{AK}{KG}\cdot\frac{RG}{BR}=\frac{GN}{NE}\cdot\frac{MF}{GM}=1$$

故 GH 的延长线平分 AB.

41. 如图 1,H 为$\triangle ABC$ 内任一点,AH,BH,CH 分别交 BC,AC,AB 于 D,F,E;G 是 EF 的中点,GH 的延长线交 ED 于 I,求证:$BI/\!/EF$.

证明　如图 2,设 ED 交 FB 于 J,由梅氏定理得

$$\frac{FE}{EG}\cdot\frac{GI}{IH}\cdot\frac{HJ}{JF}=1\Rightarrow\frac{GI}{IH}\cdot\frac{HJ}{JF}=\frac{1}{2}$$

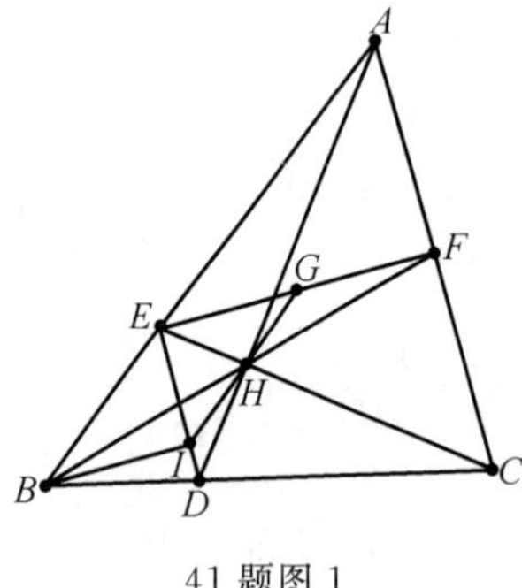

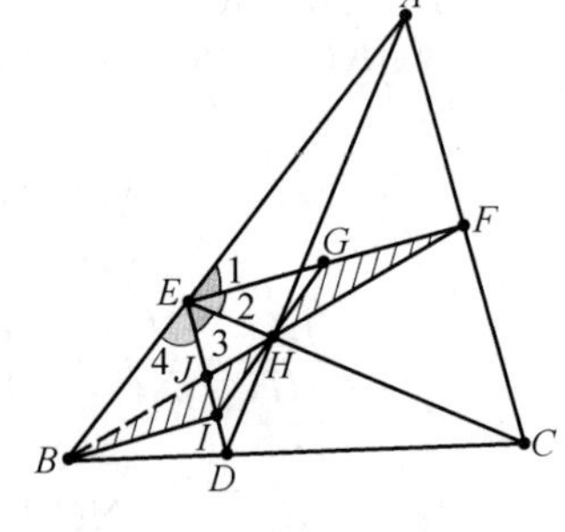

41 题图 1　　　　41 题图 2

如果

$$\frac{BF}{BH}\cdot\frac{HJ}{JF}=\frac{1}{2}\Rightarrow\frac{GH}{IH}=\frac{FH}{BH}\Rightarrow\triangle FGH\backsim\triangle BIH\Rightarrow BI/\!/EF$$

$$\frac{BF}{BH}\cdot\frac{HJ}{JF}=\frac{1}{2}\Rightarrow 2\left(1+\frac{HF}{BH}\right)=1+\frac{HF}{JH}\Rightarrow\frac{1}{HF}=\frac{BH-2JH}{JH\cdot BH}=\frac{BJ-JH}{JH\cdot BH}\Rightarrow$$

$$JH\cdot BH=HF\cdot BJ-HF\cdot JH\Rightarrow JH\cdot BF=HF\cdot BJ\Rightarrow$$

$$\frac{\sin\angle 1}{\sin\angle 2}=\frac{\sin\angle 4}{\sin\angle 3}$$

$$\frac{AE\cdot EF\cdot EC\cdot\sin\angle 1}{AE\cdot EF\cdot EC\cdot\sin\angle 2}=\frac{BE\cdot DE\cdot EC\cdot\sin\angle 4}{BE\cdot DE\cdot EC\cdot\sin\angle 3}\Rightarrow\frac{EC\cdot BD}{EB\cdot DC}=\frac{AF\cdot EC}{AE\cdot FC}\Rightarrow$$

$$\frac{AF}{FC}\cdot\frac{CD}{DB}\cdot\frac{BE}{EA}=1$$

由锡瓦定理可得命题成立.

也可证明

$$\frac{\sin\angle 1}{\sin\angle 2}=\frac{\sin\angle 4}{\sin\angle 3}\Leftrightarrow AD,BF,CE\text{ 共点}$$

42. 如图 1,在$\triangle ABC$ 中,E,D,F 分别为 AB,BC,AC 上的点,AD,BF,CE 共点,EF 交$\triangle ABC$ 的外接圆 O 于 H,I;G 为 BC 的中点,求证:H,D,G,I 四点共圆.

证明 如图 2,分别延长 IH,CB 交于 P,连接 IG,如图,由锡瓦定理得

$$\frac{CF}{FA}\cdot\frac{AE}{EB}\cdot\frac{BD}{DC}=1$$

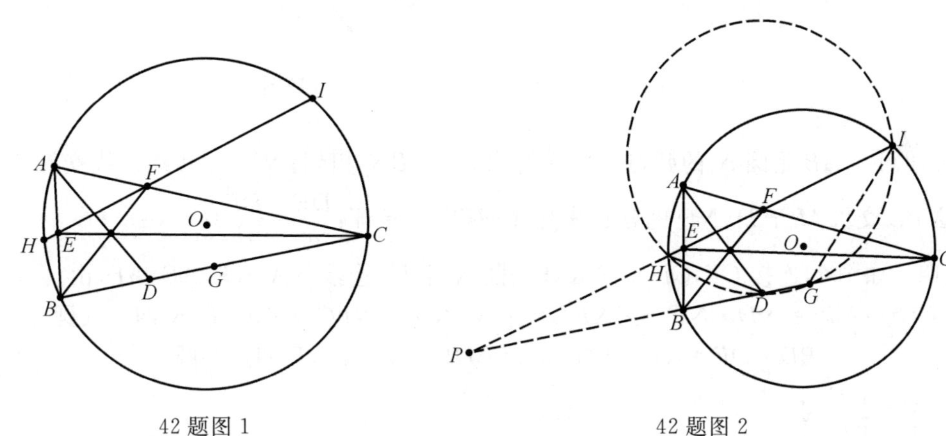

42 题图 1　　42 题图 2

由梅氏定理得

$$\frac{CF}{FA}\cdot\frac{AE}{EB}\cdot\frac{BP}{PC}=1\Rightarrow\frac{PC}{BP}=\frac{DC}{BD}=\frac{2DG}{BD}+1\Rightarrow$$

$$\frac{BC}{\frac{PC}{BP}-1}=\frac{BD\cdot BG}{DG}\Rightarrow\frac{BP}{BD}=\frac{GC}{DG}\Rightarrow$$

$$\frac{PD}{BD}=\frac{DC}{DG}\Rightarrow\frac{BD}{BG}=\frac{PD}{PC}\Rightarrow$$

$$BD\cdot PC=BG(PB+BD)\Rightarrow(PB+BD)(PC-BG)=$$

$$PB\cdot PC-PB\cdot BG+BD\cdot PC-BD\cdot BG=1\Rightarrow$$

$$PD\cdot PG=PB\cdot PC$$

由割线定理得

$$PH\cdot PI=PB\cdot PC=PD\cdot PG$$

因此 H,D,G,I 四点共圆.

43. 如图 1,P 为圆 K 外一点,PA,PB 分别切圆 K 于 A,B,PCD 为圆 K 的一条割线,CK 的延长线交圆 K 于 E,AC,EB 交于点 F,求证:CD 平分$\angle ADF$.

证明 如图 2,连接 AK,BK,PF,再连接 PK,交 AF 于 H,有

$$\angle AFE=\angle ACE-\angle FEC=\frac{180^\circ-\angle CKA-\angle BKC}{2}=\frac{\angle APB}{2}=\angle BPK$$

故 P,H,B,F 四点共圆 $\Rightarrow\angle ADC=\angle PAH=\angle PBH=\angle PFH\Rightarrow P,A,D,F$ 四点共圆且 $AP=PF$，因此，CD 平分 $\angle ADF$.

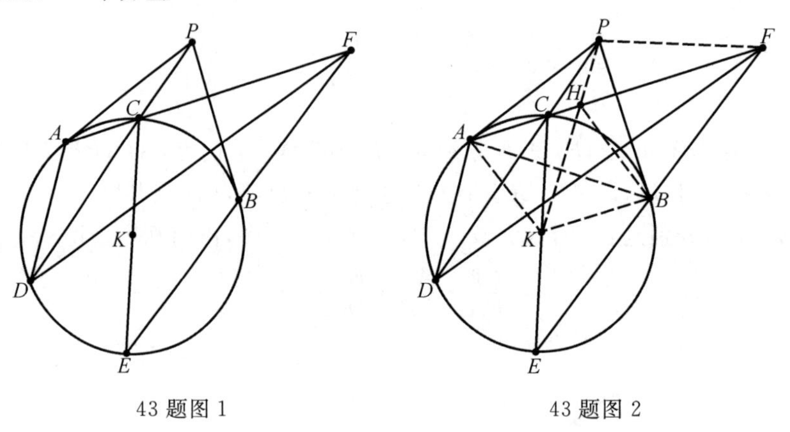

43 题图 1　　43 题图 2

44. 如图 1，AB 是圆 N 的弦，过 A,B 的圆 M 与 BN 相切；NM 及其延长线交圆 N 于 P,G，弦 PE 交圆 M 于 D，ND 的延长线交圆 M 于 F，求证：$\frac{DE}{EF}=\frac{DB}{BF}$.

证明 如图 2，连接 GF,GD 的延长线交圆 N 于 K，连接 NA,KF,AD,AF，由

$$NG^2=NB^2=ND\cdot NF\Rightarrow\angle NKG=\angle NGK=\angle NFG\Rightarrow N,G,F,K \text{ 四点共圆}$$

$$PD\cdot DE=KD\cdot DG=ND\cdot DF\Rightarrow N,E,F,P \text{ 四点共圆}$$

故 $\frac{DN}{NP}=\frac{DE}{EF}$，由

$$\angle NAD=\angle NFA\Rightarrow\triangle ADN\backsim\triangle FAN\Rightarrow\frac{DN}{NA}=\frac{AD}{AF}=\frac{DN}{NP}=\frac{DE}{EF}$$

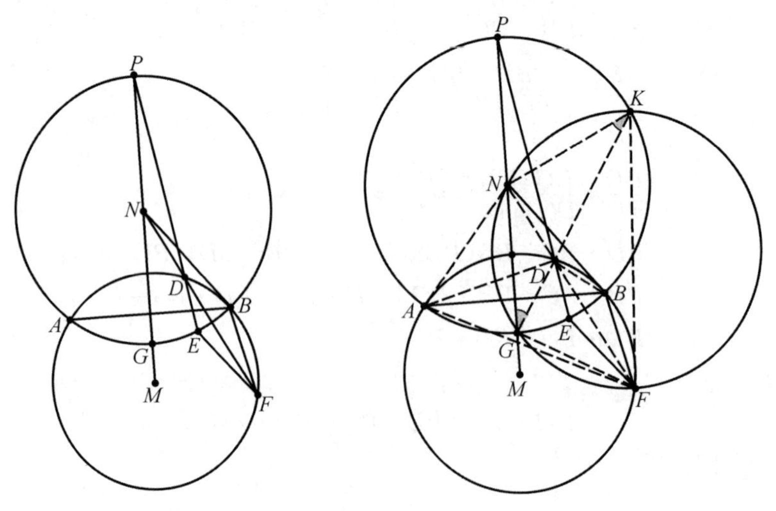

44 题图 1　　44 题图 2

因 AN,BN 是圆 M 的两条切线，故四边形 $AFBD$ 为调和四边形.

故 $\frac{AD}{AF}=\frac{DB}{BF}$，因此 $\frac{DE}{EF}=\frac{DB}{BF}$.

45. 如图，两个等腰$\triangle ABC$，$\triangle ADE$的顶点A重合，过点E作BC的平行线，分别交AB，CD于点F，G，求证：$AG/\!/BD$.

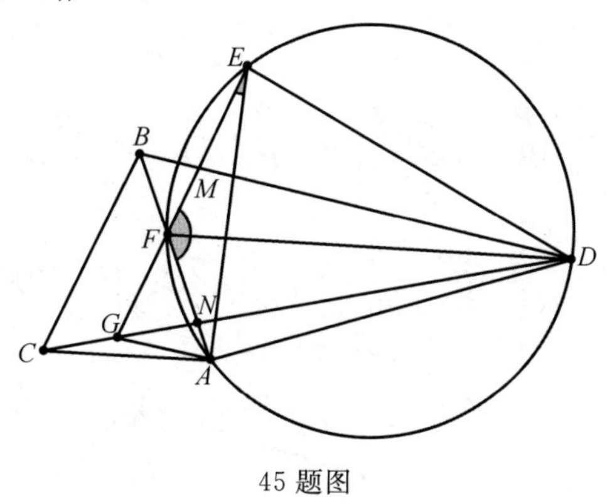

45 题图

证明 由

$$BC/\!/EG \Rightarrow \angle ABC=\angle BFE=\angle ADE \Rightarrow A,D,E,F\text{ 四点共圆}$$

由

$$DE=DA \Rightarrow \angle EFD=\angle DFA=\angle DEA=\angle BAC \Rightarrow DF/\!/AC \Rightarrow$$
$$\frac{NC}{NA}=\frac{ND}{NF},\frac{NC}{NB}=\frac{NG}{NF} \Rightarrow \frac{NB}{NA}=\frac{ND}{NG} \Rightarrow$$
$$\triangle NAG \backsim \triangle NBD \Rightarrow AG/\!/BD$$

46. 如图 1，AD是$\angle BAC$的平分线，交BC于D，T是AD上一点，BT，CT的延长线交$\triangle ABC$的外接圆O分别于E，F，FD，ED的延长线交圆O分别于R，P，FP交AB于M，ER交AC于N，求证：$MN/\!/BC$.

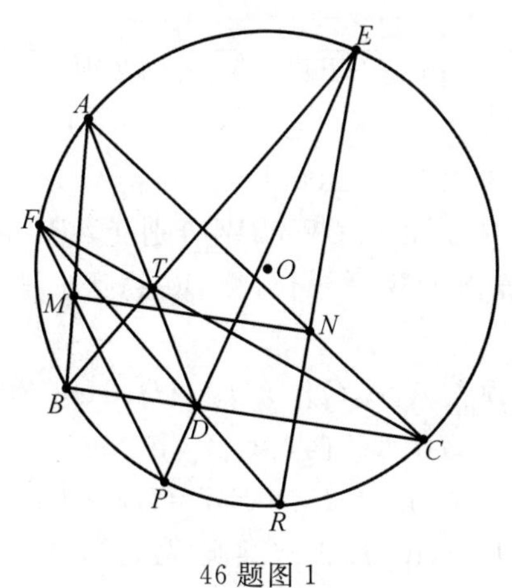

46 题图 1

证明 如图 2，延长AD交圆O于Z，显然$BZ=CZ$，连接AF，AE，FB，EC，AP，AR，BP，BZ，BR，CR，CZ，CP，PZ，RZ且BR与CP交于H，由帕斯卡定理知T，D，H三点共线，由三弦相交定理得

$$\frac{AF}{FB}\cdot\frac{BZ}{ZC}\cdot\frac{CE}{EA}=1 \Rightarrow \frac{AF}{FB}\cdot\frac{CE}{EA}=1$$

设

$$k=\frac{AM}{MB}\cdot\frac{NC}{AN}$$

$$k=\frac{AM^2}{AM\cdot MB}\cdot\frac{AN\cdot NC}{AN^2}=\frac{AM\cdot AM}{FM\cdot MB}\cdot\frac{EN\cdot NR}{AN\cdot AN}=$$
$$\frac{AF}{BP}\cdot\frac{AP}{FB}\cdot\frac{EC}{AR}\cdot\frac{RC}{AE}=\frac{AP}{BP}\cdot\frac{RC}{AR}$$

由于

$$\frac{RC}{BP}=\frac{HR}{HP},\frac{AP}{RA}=\frac{\sin\angle AZP}{\sin\angle AZR},\angle CPZ=\angle BRZ$$

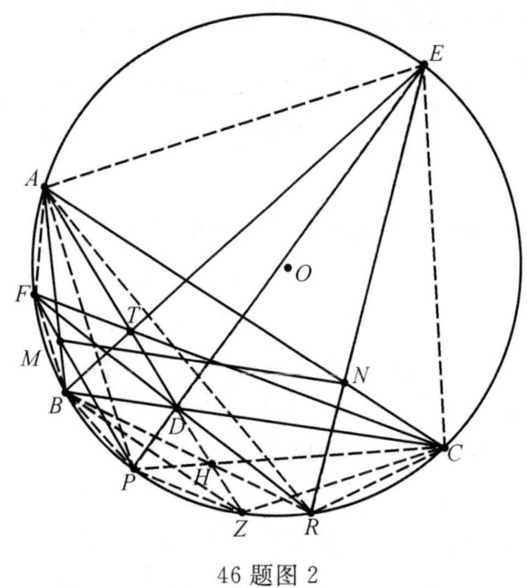

46 题图 2

故由正弦定理得

$$\frac{PH}{\sin\angle IIZP}=\frac{HZ}{\sin\angle HPZ},\quad\frac{RH}{\sin\angle HZR}=\frac{HZ}{\sin\angle HRZ}$$

因此整理后 $k=1$,故 $MN /\!/ BC$.

47. 如图,W 是$\triangle ABC$ 的内心,延长 CW,BW 分别交 AB,AC 于 E,F,连接 EF,分别交$\triangle ABC$ 的外接圆 O 于 H,I,连接 HW 并延长,交 BC 的延长线于 M 并交外接圆 O 于 L,求证:L 为 WM 的中点.

证明 如图,分别过 3 个顶点 A,B,C 作 $ZU\perp AD$,$CU\perp ZC$,$ZB\perp BU$ 且 CZ 交圆 O 于 S,易知 S 为 ZW 的中点,显然 Z,B,C,U 四点共圆,由

$$AE\cdot EB=EZ\cdot EW=HE\cdot EI$$

故 Z,H,W,I 四点共圆,同理 U,I,W,H 四点共圆,故

$$\angle UBC=\angle UZC=\angle UHW$$

故 U,H,B,M 四点共圆

$$HW\cdot MW=UW\cdot WB=ZW\cdot WC$$

故 Z,H,C,M 四点共圆,由

$$\angle SCH=\angle SLH=\angle ZMH$$

故 $ZM /\!/ SL$，故 S 为 ZW 的中点，L 为 WM 的中点.

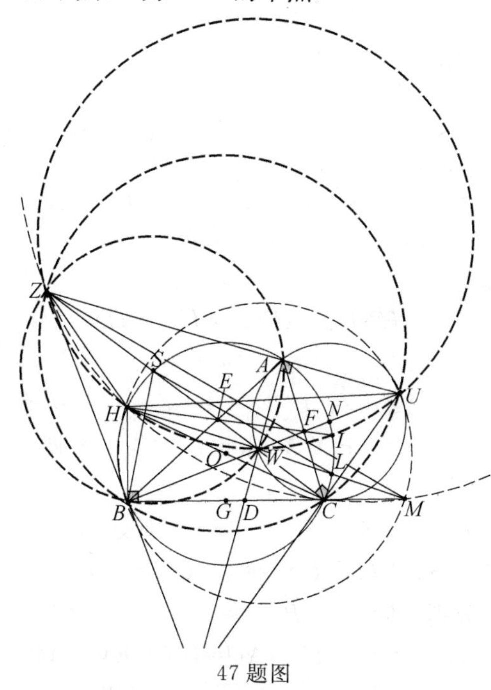

47 题图

48. D 是 $\triangle ABC$ 的内心，E,F 分别在 AB,AC 上且 $BE=CF=BC$，G 是 $\triangle EFD$ 的外心，过 G 作 $GD\perp HI$，HI 分别交 EF,BC 的延长线于 H,I，求证：$HD=ID$.

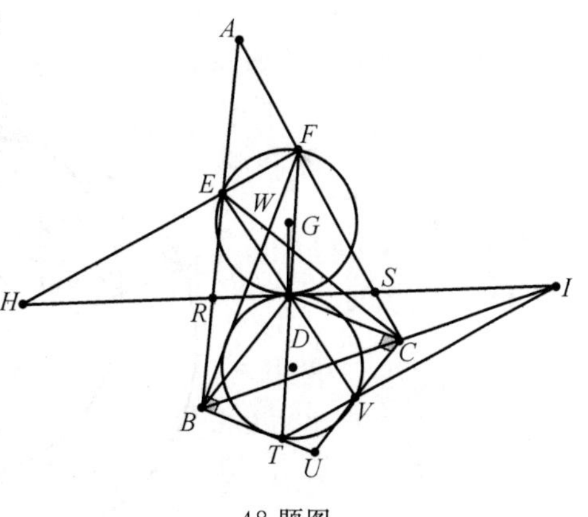

48 题图

证明 如图，设 HI 分别交 AB,AC 于 R,S，连接 BD,CD，显然

$$\triangle BDE\cong\triangle BDC\cong\triangle CDF$$

分别延长 FD,ED 至 T,V，使 $FD=DT,ED=DV$，连接 BF,CE，显然 $\triangle BDF\backsim\triangle CDE$，连接 BT,CV 并延长，交于 U，连接 TV,VI，若 T,V,I 三点共线，则可证 $HD=ID$. 由

$$\angle FBT=ECV=90^\circ\Rightarrow\angle DBU=\angle DCU$$

由 W,B,U,C 四点共圆 $\Rightarrow\angle BWC+\angle BUC=180^\circ\Rightarrow\angle BDC=\angle BUC\Rightarrow$ 四边形 $BUCD$ 是平行四边形，显然 $\triangle EFD$ 的外接圆与 $\triangle DTV$ 的外接圆关于 HI 对称，由

$$DC/\!/BU\Rightarrow\angle CDT=\angle DTB=\angle DVC$$

由弦切角知

$$\angle HDT=\angle DVT\Rightarrow\angle SDC=\angle TVU$$

同理 $\angle RDB=\angle VTU$，由梅氏定理得

$$\frac{AS}{SC}\cdot\frac{CI}{IB}\cdot\frac{BR}{RA}=1$$

如果

$$\frac{UV}{VC}\cdot\frac{CI}{IB}\cdot\frac{BT}{TU}=1$$

则 T,V,I 三点共线$\Leftarrow\frac{AS}{SC}\cdot\frac{BR}{RA}=\frac{UV}{VC}\cdot\frac{BT}{TU}$，由

$$\frac{AS}{SC}\cdot\frac{BR}{RA}=\frac{\sin\angle ARS}{\sin\angle ASR}\cdot\frac{DB\cdot\sin\angle RDB\cdot\sin\angle ASR}{\sin\angle ARS\cdot DC\cdot\sin\angle SDC}=\frac{DB\cdot\sin\angle RDB}{DC\cdot\sin\angle SDC}$$

$$\frac{UV}{VC}\cdot\frac{BT}{TU}=\frac{BT\cdot\sin\angle VTU}{VC\cdot\sin\angle TVU}\Rightarrow\frac{DB}{DC}=\frac{BT}{VC}$$

事实上$\triangle BDT\backsim\triangle CDV$，故

$$\triangle HFD\cong\triangle ITD\Rightarrow HD=ID$$

49. 四边形 $ABCD$ 满足$\angle BAD+2\angle BCD=180^\circ$，$\angle BAD$ 的平分线交 BD 于 E，AE 的垂直平分线分别交 CB，CD 的延长线于 X，Y，求证：A，C，X，Y 四点共圆.（第十六届中国女子奥数(一)）

证明 如图，过 A 作$\angle BAD$ 的外角平分线 JS，分别交 CD 的延长线于 J，交 CB 的延长线于 S，因此 $JS/\!/XY$，$AE\perp JS$，过 C 作 CN 使$\angle DCN=\angle DCB$，交 AD 的延长线于 N，显然 A,J,N,C 和 A,D,C,S 分别共圆，由$\angle BAE=\angle DAE$，设 XY 分别交 AB，AD，AE 于 U，V，I，连接 UE，VE，由 $XY\perp AE$ 和 $AI=IE\Rightarrow AU=UE=EV=AV$，由

$$\triangle ABS\backsim\triangle AJD\Leftrightarrow\frac{AJ}{AB}=\frac{JD}{BS}$$

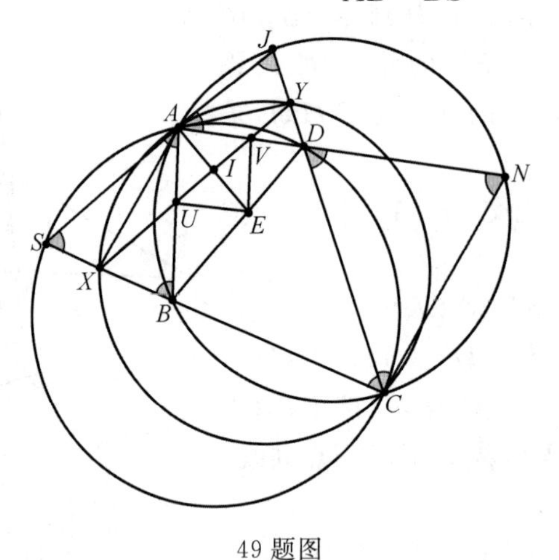

49 题图

由

$$\frac{AV}{BU}=\frac{EV}{BU}=\frac{DE}{BE}=\frac{AD}{AB}\Leftrightarrow\frac{AV}{AD}=\frac{JY}{JD}$$

$$\frac{BU}{AB}=\frac{BX}{BS}\Leftrightarrow\frac{JY}{BX}=\frac{JD}{BS}\Leftrightarrow\frac{AJ}{AB}=\frac{JY}{BX}\Leftrightarrow$$

$$\triangle AYJ\backsim\triangle AXB\Leftrightarrow A,C,X,Y\text{ 四点共圆}$$

50. 点 D，E，F 分别在$\triangle ABC$ 的三边上，满足 $EB=ED=FD=FC$，G 为$\triangle ABC$ 的外心，求证：A，E，G，F 四点共圆.

证明 如图,由

$$\angle BAC=180^\circ-\angle ABC-\angle ACB=180^\circ-\angle EDB-\angle FDC=\angle EDF$$

分别以 E,F 为圆心,EB,FC 为半径作圆并交于 I,连接 IB,IC,ID,IE,IF,设 IB 交 GE 于 J,IC 交 GF 于 K,显然 E,F 分别是 $\triangle BDI$ 和 $\triangle CDI$ 的外心,且两圆半径相等⇒四边形 $DFIE$ 为菱形,在圆 E 上取一点 H,由 $\angle BHI=\angle CDI$ 可知 $IB=IC\Rightarrow\triangle BEI\cong\triangle CFI$,因此

$$\angle BAC=\angle EDF=\angle EIF=\angle BIC$$

故点 I 也在圆 G 上⇒$GJ\perp IB,GK\perp IC\Rightarrow I,J,G,K$ 四点共圆,故

$$\angle JIK+\angle JGK=\angle BAC+\angle EGF=180^\circ$$

因此 A,E,G,F 四点共圆.

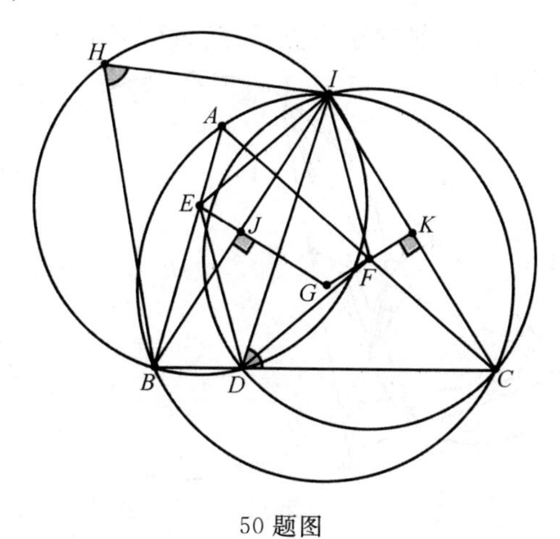

50 题图

51. 如图 1,四边形 $ABDC$ 中,$AB=AC$,$\triangle ABD$ 的外接圆交 AC 于 F,$\triangle ACD$ 的外接圆交 AB 于 E,BF,CE 交于 G,求证:$\dfrac{BG}{CG}=\dfrac{DB}{DC}$.(田开斌)

证明 如图 2,分别连接 DE,DF,DG,显然 B,E,G,D 和 C,F,G,D 分别共圆⇒$\triangle BDG\backsim\triangle ADC$ 和 $\triangle CGD\backsim\triangle ADB$,故

$$\frac{GD}{CD}=\frac{BG}{AC},\frac{GD}{BD}=\frac{CG}{AB}\Rightarrow\frac{BG}{CG}=\frac{DB}{DC}$$

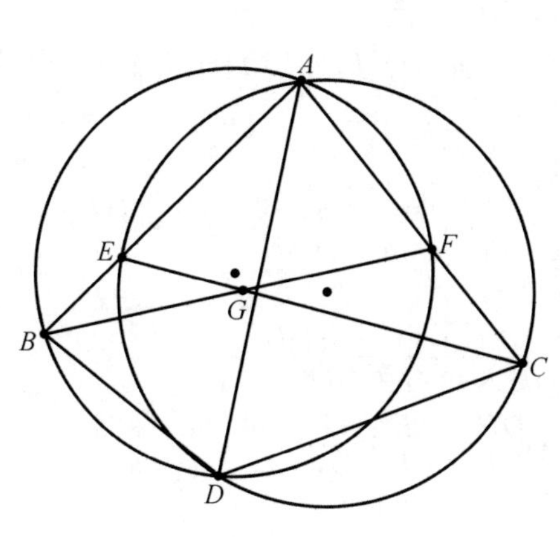

51 题图 1

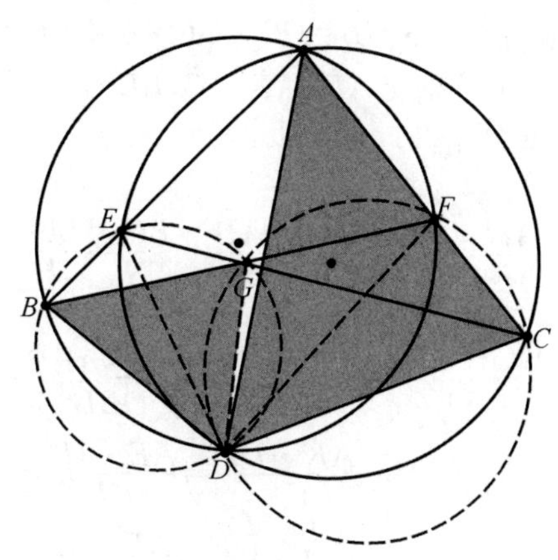

51 题图 2

52. 已知圆 O 的内接四边形 $ABCD$，AB，DC 的延长线交于点 E，AD，BC 的延长线交于点 F，$\triangle EFC$ 的外接圆 P 交圆 O 于 G，AG 的延长线交 EF 于 H，HC 的延长线交圆 O 于 I，求证：AI，GC，FE 三线共点.

证明 如图，连接 FG，FI，由

$$\angle WCE=\angle GFH \Leftrightarrow \angle DCG=\angle GFH \Leftrightarrow \angle FAH=\angle GFH \Leftrightarrow$$
$$\triangle AFH \backsim \triangle FGH \Leftrightarrow FH^2 \Leftrightarrow HG \cdot HA \Leftrightarrow$$
$$FH^2=HC \cdot HI \Leftrightarrow \triangle CHF \backsim \triangle FHI \Leftrightarrow$$
$$\angle FCH=\angle EFI \Leftrightarrow \angle ICB=\angle EFI \Leftrightarrow$$
$$\angle IAE=\angle EFI \Leftrightarrow A,I,E,F \text{ 四点共圆}$$

由三圆心不在同一直线上的三条根轴交于一点，因此 AI，GC，FE 三线共点.

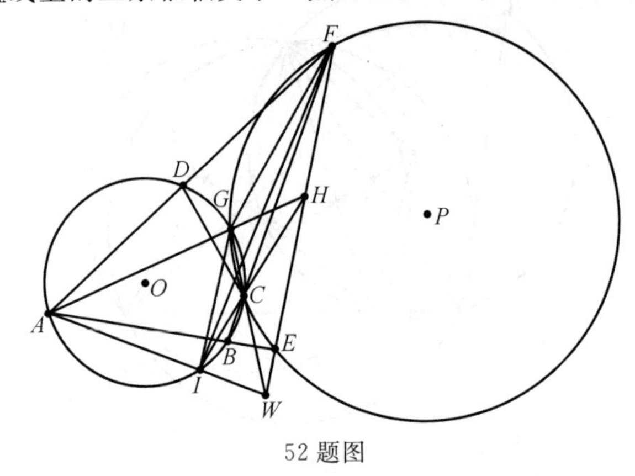

52 题图

53. AC，BD 是长方形 $ABCD$ 的对角线，相交于 I，取 AD 外一点 G，GB，GC 分别交 AC，BD 于 E，F，AF，DE 相交于 H，如图 1 所示，求证：$GH \perp AD$.

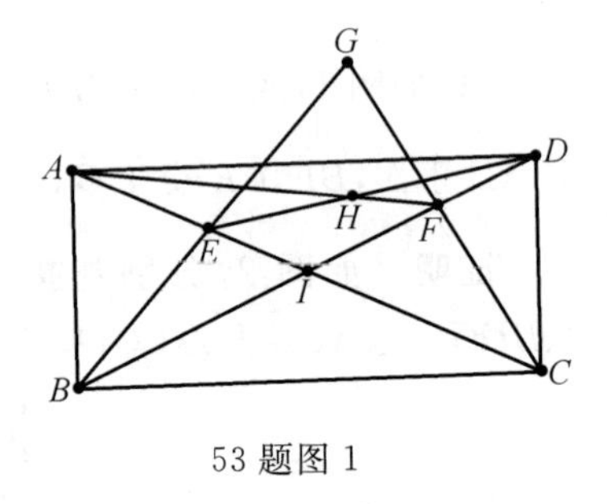

53 题图 1

证明 如图 2，设 GB，GC 分别交 AD 于 L，M，过 M，L 分别作 $MZ \perp BG$，$LQ \perp CG$，交 GB，GC 于 Z，Q，过 A，B，M，Z 和 D，C，L，Q 分别作圆，相交于 X，Y，由 Z，L，M，Q 四点共圆 $\Leftrightarrow GZ \cdot GL=GQ \cdot GM \Rightarrow GZ \cdot GB=GQ \cdot GC \Rightarrow Z,B,C,Q$ 四点共圆，故 $GZ \cdot GB=GQ \cdot GC=GX \cdot GY \Rightarrow X,Y,G$ 三点共线，设 GY 分别交 AD，AF，AC，BD 于 N，H'，K，J，连接 AJ，连接 DH' 并延长，交 AJ 于 W，连接 WE，由

$$\frac{AN}{AK}=\frac{BC}{BD} \Rightarrow \frac{AB}{AK}=\frac{AB}{BD} \cdot \frac{BC}{AN}=\frac{BC}{GB} \cdot \frac{\frac{AB}{BD}}{\frac{AN}{BG}}=\frac{BC}{BG} \cdot \frac{\sin \angle ADB}{\sin \angle ABE}=\frac{AB}{BI} \cdot \frac{ID}{AK} \Rightarrow$$

$$\frac{ID \cdot AB \cdot \sin \angle ABE}{BI \cdot \sin \angle GBD}=\frac{AK \cdot BC \cdot \sin \angle ADB}{GB \cdot \sin \angle GBD} \Rightarrow$$

$$\frac{AK \cdot DF}{FJ}=\frac{AE \cdot ID}{EI} \Rightarrow \frac{AK}{KC} \cdot \frac{DF}{FJ}=\frac{AE}{EI} \cdot \frac{ID}{DJ} \Rightarrow$$

$$\frac{AN}{DN} \cdot \frac{DF}{FJ}=\frac{AE}{EI} \cdot \frac{ID}{DJ} \Rightarrow$$

$$\frac{AE}{EI}\cdot\frac{ID}{DJ}\cdot\frac{JW}{WA}=\frac{AN}{ND}\cdot\frac{DF}{FJ}\cdot\frac{JW}{WA}=1$$

故 E,W,D 三点共线，即 H 和 H' 重合，故 $GH\perp AD$.

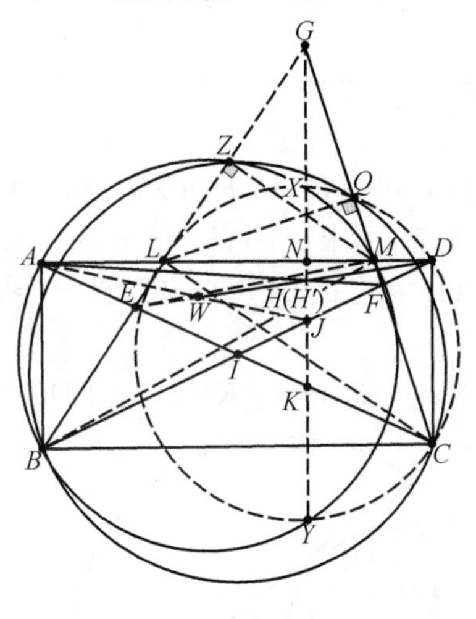

53 题图 2

54. $\angle A$ 为 $\triangle ABC$ 中最大内角，边 BC,CA,AB 上分别有点 D,E,F，使 A,B,D,E,A,C,D,F 分别共圆，延长 DE,DF 分别交 BA,CA 的延长线于 H,G，延长 BG,CH 交于 P，求证：$\angle PDB=\angle ADC$.

证明 如图，由

$$\angle GEH=\angle ABD,\angle GFH=\angle ACD\Rightarrow\angle FDB=\angle EDC$$

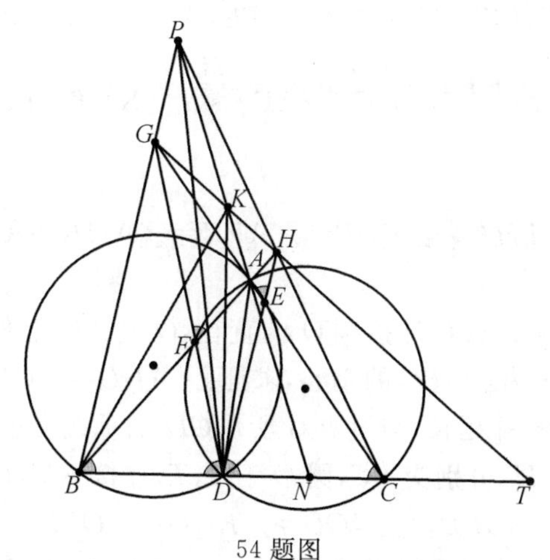

54 题图

连接 GH 并延长，交 BC 的延长线于 T，由完全四边形 $PGBACH$，连接 PA 并延长，分别交 GH,BC 的延长线于 K,N，因此 P,A,K,N 为调和点列 $\Rightarrow BG,BH,BK,BT$ 为调和线束，连接 DK，故 DG,DH,DK,DT 也为调和线束，因此

$$GK\cdot HT=GT\cdot KH\Rightarrow\frac{S_{\triangle DTH}}{S_{\triangle DTG}}=\frac{S_{\triangle DHK}}{S_{\triangle DKG}}\Rightarrow$$

$$\frac{DT \cdot DH \cdot \sin \angle HDT}{GD \cdot DT \cdot \sin \angle GDT}=\frac{DH \cdot DK \cdot \sin \angle KDH}{GD \cdot DK \cdot \sin \angle GDK} \Rightarrow$$

$$KD \perp DT$$

由于 P,A,K,N 为调和点列,故

$$\angle PDK=\angle ADK \Rightarrow \angle PDB=\angle ADC$$

55. 已知:AE 为 $\triangle ABC$ 外接圆 P 的直径,D,F 分别在 BC,AE 上,且 $DE=DF$,ED 的延长线交圆 P 于 K,H 为 $\triangle ABC$ 的垂心,求证:A,K,H,F 四点共圆.(金磊)

证明 如图,连接 KF,连接 AH 并延长,分别交 BC,圆 P 于 S,T,分别连接 KT,KP,TE,显然

$$\triangle FDE \backsim \triangle KPE \Rightarrow \angle KFE=\angle PDE$$

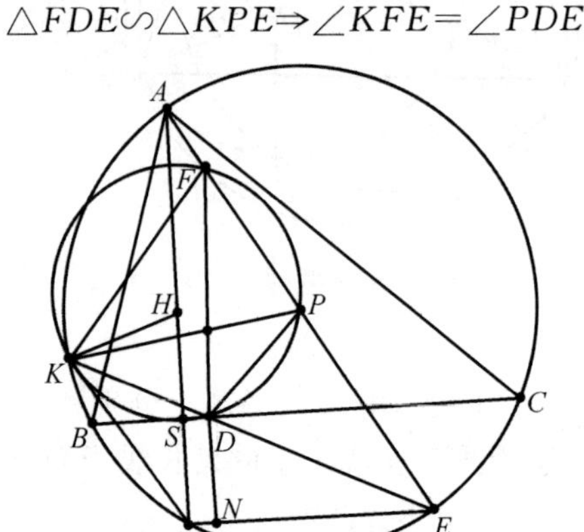

55 题图

由 H 为垂心可知 $HS=ST$,$BC /\!/ TE$,作 $DN \perp TE$,交 TE 于 N,由

$$\sin \angle KET=\frac{ND}{DE} \Rightarrow \frac{2DN}{2AE \cdot \sin \angle KET}=\frac{DE}{PE}$$

即 $\frac{HT}{KT}=\frac{DE}{PE}$,由

$$\angle ATK=\angle AEK \Rightarrow \triangle THK \backsim \triangle EDP \Rightarrow \angle AFK=\angle AHK \Rightarrow A,K,H,F \text{ 四点共圆.}$$

56. 如图 1,已知 AD 为 $\triangle ABC$ 外接圆 O 的直径,G 是 AD 上任一点,DG 的中点为 E,作 $EF \perp AD$,交 BC 于 F,H 为 $\triangle ABC$ 的垂心,求证:$\angle AHG=\angle OFE$.

证明 如图 2,连接 DF 并延长,与过点 G 所作 GD 的垂线交于 W,与圆 O 交于 K,连接 KG,连接 AK,AW,延长 AH,分别交 BC,圆 O 于 S,T,连接 KT,KO,TD,显然

$$\triangle GFD \backsim \triangle KOD \Rightarrow \angle KGD=\angle OFD$$

由 H 为垂心可知 $HS=ST$,$BC /\!/ TD$,作 $FN \perp TD$,交 TD 于 N,由

$$\sin \angle KDT=\frac{NF}{DF} \Rightarrow \frac{2FN}{2AD \cdot \sin \angle KDT}=\frac{DF}{DO}$$

即 $\frac{HT}{KT}=\frac{DF}{DO}$,由

$$\angle ATK=\angle ADK \Rightarrow \triangle THK \backsim \triangle DFO \Rightarrow \angle AGK=\angle AHK \Rightarrow A,G,H,K \text{ 四点共圆}$$

显然

$$AK \perp KD \Rightarrow A, G, K, W \text{ 四点共圆} \Rightarrow A, G, H, K, W \text{ 五点共圆}$$

由

$$GW /\!/ EF \Rightarrow F \text{ 为 } DW \text{ 的中点} \Rightarrow AW /\!/ OF \Rightarrow \angle AHG = \angle AWG = \angle OFE$$

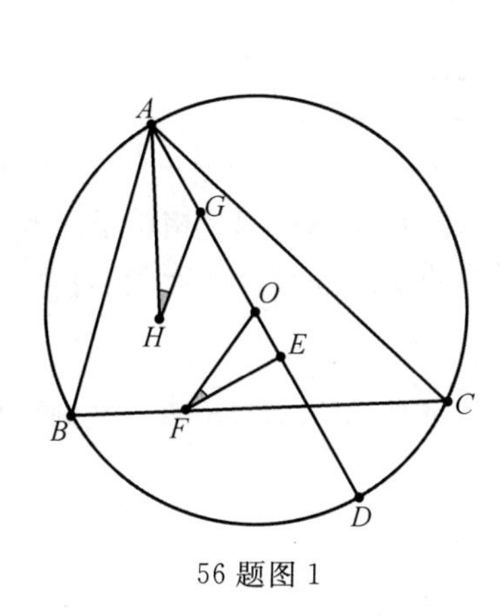

56 题图 1

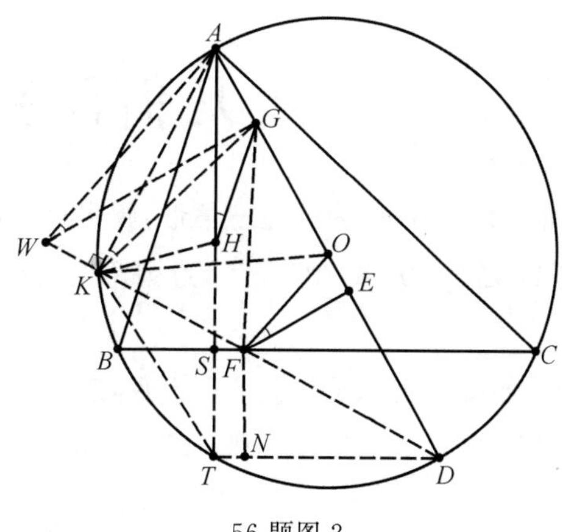

56 题图 2

57. D 是正$\triangle ABC$内一点，E在AB上，满足$\angle ACD=\angle DCE$，延长AD交CE于F，$EG\perp BC$，$FH\perp BC$，求证：$BC=2GH$.

证明 如图，在BC上取一点K使$BK=BE$，延长CD，交AB于J，延长BD，交AC于L，设$\angle CAD=\alpha$，$\angle ACD=\beta$，易证$AJ=CL$；A,J,D,L四点共圆，则

$$\frac{AJ}{BJ}=\frac{CL}{BJ}=\frac{CD}{BD}$$

又

$$\frac{AJ}{BJ}=\frac{AD\cdot\sin(\alpha+\beta)}{BD\cdot\sin 60^\circ}\Rightarrow\frac{CD}{AD}=\frac{\sin\alpha}{\sin\beta}=\frac{\sin(\alpha+\beta)}{\sin 60^\circ}\quad(1)$$

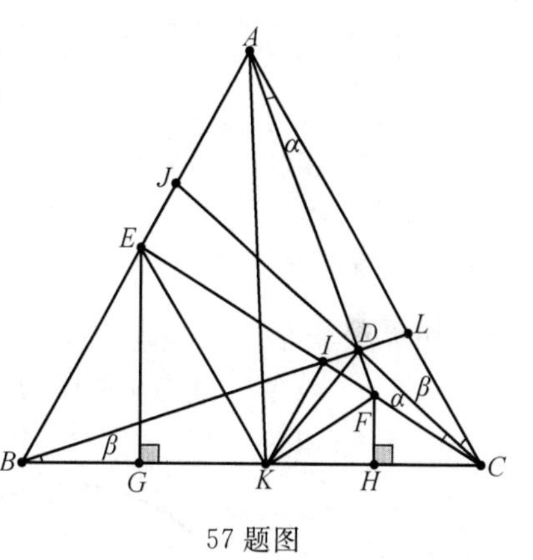

57 题图

显然有$EK /\!/ AC$，故

$\angle BAK=\angle BCE\Rightarrow\angle FAK=\beta\Rightarrow A,B,K,D$四点共圆$\Rightarrow$

$\angle KDI=\angle BAK=\angle BCE\Rightarrow D,I,K,C$四点共圆$\Rightarrow$

$\angle IKC=60^\circ\Rightarrow IK /\!/ AB\Rightarrow\angle IKA=\angle BAK\Rightarrow$

$\angle AKF=60^\circ$

由于

$$\frac{KF}{\sin\beta}=\frac{AF}{\sin 60^\circ},\frac{CF}{\sin\alpha}=\frac{AF}{\sin(\alpha+\beta)}$$

结合(1)得

$$KF=CF\Rightarrow CH=KH\Rightarrow BC=2GH$$

几何研究集二

58. 如图 1,$\triangle ABC$ 为等边三角形,圆 I 过 A,C 两点,圆 O 与 AB,AC 相切于点 B,C,两圆交于点 D,延长 BD 交 AC 于 F,过圆 I 上点 C 作切线,交 AD 的延长线于 E,求证:$AB /\!/ EF$.

证明 如图 2,延长 CD 交 AB 于 K,连接 KF,如图,显然 A,K,D,F 四点共圆$\Rightarrow KF /\!/ CE$.设$\angle DAC=\alpha$,$\angle DBC=\beta$,则$\angle EDC=\alpha+\beta$,由面积比得

$$\frac{ED\cdot\sin(\alpha+\beta)}{DF\cdot\sin 60^\circ}=\frac{EC\cdot\sin\alpha}{FC\cdot\sin\beta}$$

由正弦定理得

$$\frac{KF}{\sin 60^\circ}=\frac{AK}{\sin(\alpha+\beta)},\frac{KF}{\sin\beta}=\frac{FC}{\sin\alpha}\Rightarrow$$

$$\frac{ED}{DF}\cdot\frac{AK}{KF}=\frac{EC}{FC}\cdot\frac{FC}{KF}=\frac{EC}{KF}$$

由

$$AK=FC\Rightarrow\frac{ED}{DF}=\frac{EC}{FC}$$

由弦切角得

$$\frac{CE^2}{CF^2}=\frac{ED\cdot EA}{FD\cdot FB}\Rightarrow\frac{ED}{FD}=\frac{EA}{FB}\Rightarrow\frac{ED}{FD}=\frac{EA-ED}{FB-FD}=\frac{AD}{BD}\Rightarrow AB /\!/ EF$$

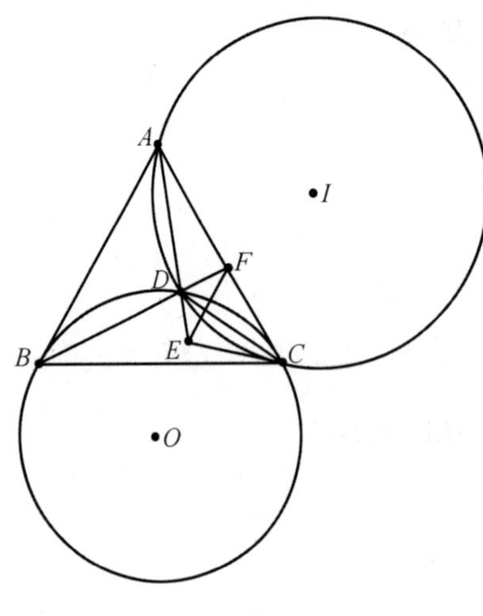

58 题图 1

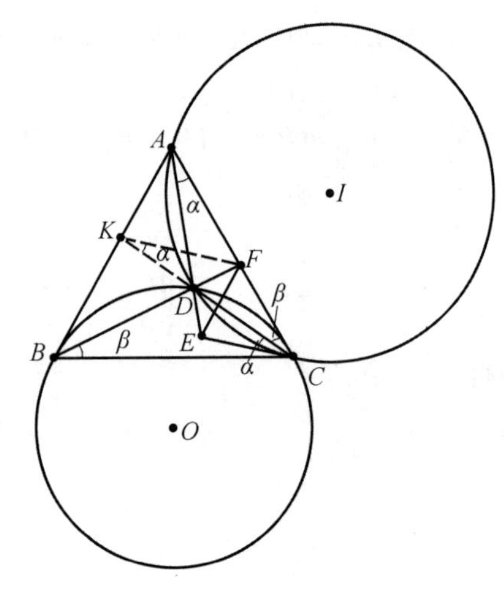

58 题图 2

59. 如图 1,O 为$\triangle ABC$ 的外接圆圆心,H 为垂心,D 为 BC 的中点,AR 为$\angle BAC$ 的平分线,过 H 作 $EF\perp AR$,分别交 AB,AC 于 E,F,P 为$\triangle AEF$ 的外接圆圆心,求证:$DH/\!/OP$.

证明 如图 2,连接 AO 并延长,交圆 O 于 L,连接 AH,BH,CH 并延长,分别交 BC 于 N,交圆 O 于 J,交 AC 于 T,交 AB 于 Q,显然$\angle BAJ=\angle CAL\Rightarrow BJ=CL$,由 H,J 关于 BC 对称$\Rightarrow HB=BJ=CL\Rightarrow$四边形 $HBLC$ 为平行四边形,连接 LH 并延长,交圆 O 于 G,交 AR 于 $W\Rightarrow AG\perp GL\Rightarrow GL$ 过 BC 的中点 D,并与 HD 重合.由

$$A,G,H,T\text{ 四点共圆}\Rightarrow\angle THF=\angle FHC$$

由角平分线得

$$\frac{AH}{AL}=\frac{HW}{WL},\frac{HT}{HC}=\frac{TF}{FC}$$

再由$\triangle ABL\backsim\triangle ATH$ 和

$$HC=BL\Rightarrow\frac{HW}{WL}=\frac{TF}{FC}\Rightarrow FW/\!/TH\Rightarrow\angle AFW=90^\circ\Rightarrow$$

$$A,G,W,F\text{ 四点共圆}\Rightarrow AP=PR$$

由

$$AO=OL\Rightarrow DH/\!/OP$$

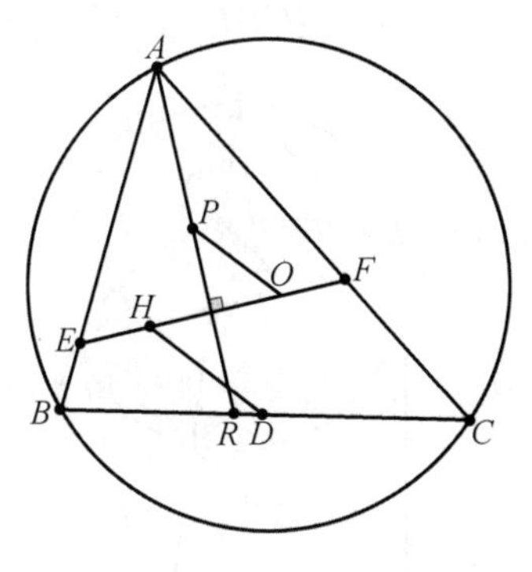

59 题图 1

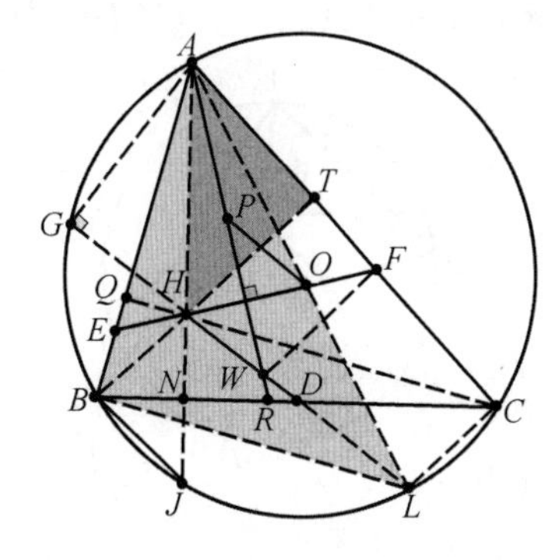

59 题图 2

60. 如图 1,O 为$\triangle ABC$ 的外接圆圆心,F,E 分别为 AB,AC 上的点,D 为 BC 上的点,分别过 B,D,F;C,D,E 作圆,交于点 P,连接 PO 并延长,交圆 G 于 K,求证:$\angle ABK=\angle CAP$.(万喜人)

证明 连接 OB,OC,FP,EP,DP,EF,设 AB 交圆 G 于 L,连接 OL,连接 AO 并延长,交 BC 于 M,如图 2,显然 A,F,O,E 四点共圆,故

$$\angle FPE=\angle ABC+\angle ACB\Rightarrow P\text{ 在圆 }AFOE\text{ 上}$$

由

$$FE/\!/BC\Rightarrow\angle AFE=\angle AOE=\angle ABC$$

由

$$\angle LOM=\angle ALO+\angle LAO=\angle ALO+\angle ABO=$$
$$\angle OCB+\angle ABO=\angle AOE\Rightarrow L,O,E\text{ 三点共线}$$

因此

$$\angle CAP=\angle EOP=\angle KOL=\angle ABK$$

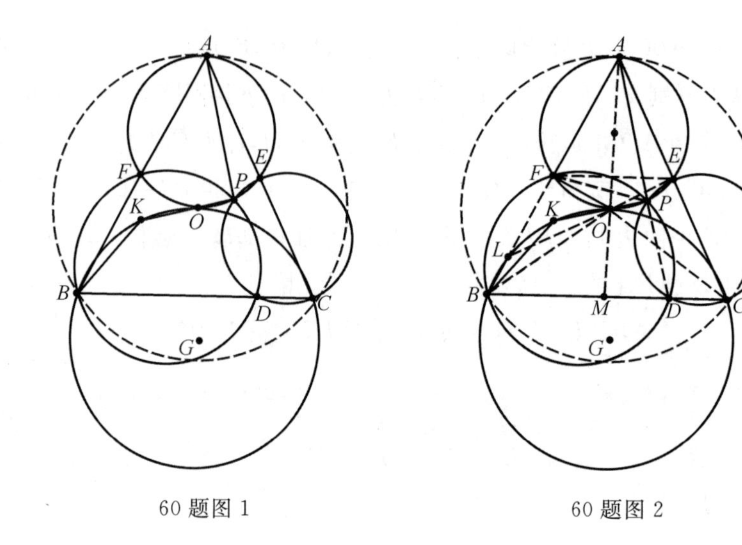

60 题图 1　　　　60 题图 2

61. 如图 1，I，Q 分别为$\triangle ABC$ 的内心和外心，弦 AD 交过点 B，I，C 的圆于 P，作 $PE /\!/ AB$，交 BC 于 E，求证：$\frac{PE}{PD}=\frac{AP}{AC}$.（万喜人）

证明　如图 2，连接 BI，CI，再连接 AI 并延长，交圆 Q 于 O，由

$\angle OIB=\angle IAB+\angle ABI=\angle CAI+\angle CBI=\angle CBO+\angle CBI=\angle IBO \Rightarrow OB=OI$

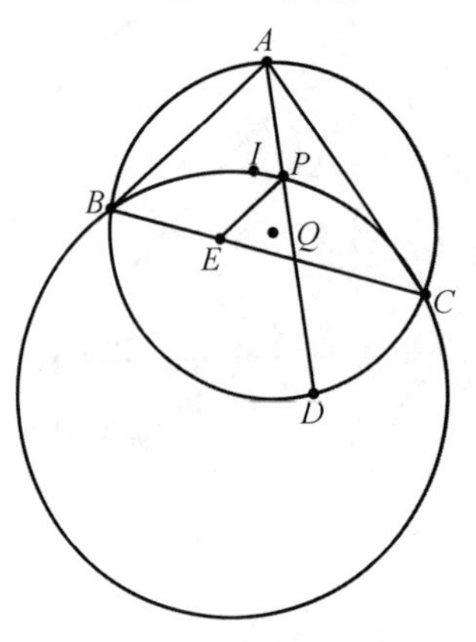

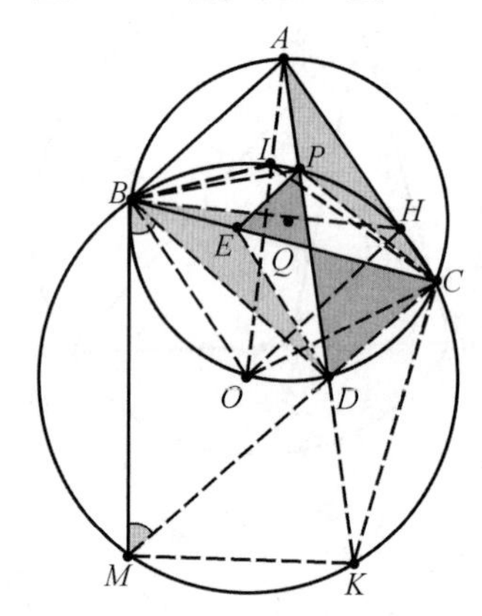

61 题图 1　　　　61 题图 2

同理 $OI=OC$. 由于 AB，AC 可以不等，因此 O 为过 B，I，C 的圆的圆心，连接 DC，BD，ED，分别延长 AD，CD，交圆 O 于 K，M，连接 CK，BM，由

$$PE /\!/ AB \Rightarrow P,E,D,C \text{ 四点共圆} \Rightarrow \angle EDP=\angle PCE \Rightarrow$$

$$\angle EDB=\angle ACP \Rightarrow \triangle APC \backsim \triangle BED \Rightarrow \frac{AP}{AC}=\frac{BE}{BD}$$

同理

$$\triangle PBE \backsim \triangle CKD \Rightarrow \frac{PE}{BE}=\frac{DC}{DK}$$

$$\frac{PE}{PD}=\frac{AP}{AC} \Leftrightarrow \frac{PE}{BE}=\frac{PD}{BD} \Leftrightarrow \frac{PD}{BD}=\frac{DC}{DK}$$

设 AC 交圆 O 于 H，连接 BH，HO，由

$$\angle AHB=\angle DMB,\angle MDB=\angle BAC\Rightarrow\triangle ABH\backsim\triangle DBM$$

由$\angle BAO=\angle HAO$,由正弦定理得

$$\frac{OB}{\sin\angle OAB}=\frac{AO}{\sin\angle ABO},\frac{OH}{\sin\angle OAH}=\frac{AO}{\sin\angle OHA}\Rightarrow AB=AH\Rightarrow BD=MD$$

由

$$PD\cdot DK=DC\cdot MD=DC\cdot BD\Rightarrow\frac{PD}{BD}=\frac{DC}{DK}$$

62. 如图1,已知圆内接四边形$ABCD$,其对角线AC与BD交于点P,$\triangle ADP$的外接圆交AB于E,$\triangle BCP$的外接圆交AB于F,设$\triangle ADE$,$\triangle BCF$的内心分别为I,J,连接IJ,交AC于K,求证:A,I,K,E四点共圆.

证明 如图2,过点P作$\angle BPC$的平分线,分别交圆AED和圆FBC于Y,X,显然$\overset{\frown}{AY}$等于$\overset{\frown}{DY}$;$\overset{\frown}{BX}$等于$\overset{\frown}{CX}$,连接YE,XF并延长,交于G,YE交AD于T,故YG过点I;XG过点J,因此$\triangle APB\backsim\triangle YGX$,所以

$$A,I,K,E\text{四点共圆}\Leftrightarrow YX/\!/IJ\Leftrightarrow\frac{IY}{JX}=\frac{GY}{GX}=\frac{AP}{BP}=\frac{AD}{BC}$$

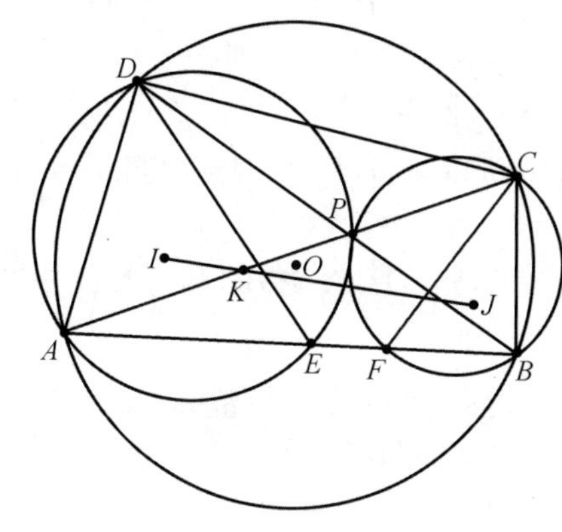

62题图1

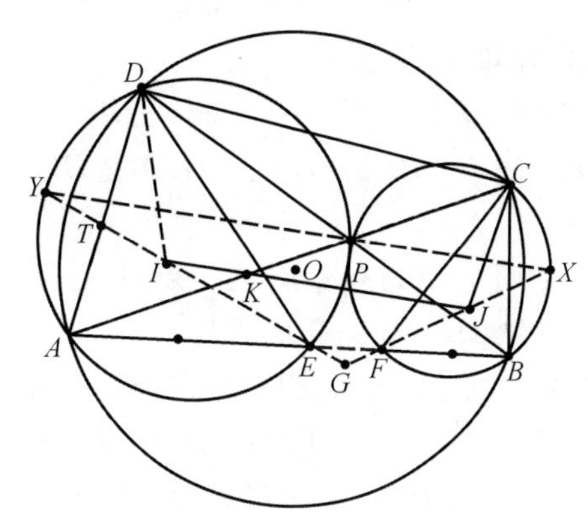

62题图2

由三弦定理得

$$EY\cdot\sin\angle AED=(ED+AE)\sin\frac{1}{2}\angle AED$$

$$EY=\frac{ED+AE}{2\cos\frac{1}{2}\angle AED}=\frac{(ED+AE)\sqrt{ED\cdot AE}}{2\sqrt{S(S-AD)}}$$

其中

$$S=\frac{1}{2}(ED+AE+AD)$$

由

$$ET=\frac{2\sqrt{ED\cdot AE\cdot S(S-AD)}}{ED+AE},\frac{AD-TD}{TD}=\frac{AE}{ED}\Rightarrow TD=\frac{ED\cdot AD}{ED+AE}$$

$$\frac{TD}{ED}=\frac{TI}{IE}\Rightarrow\frac{ET-IE}{IE}=\frac{\frac{ED\cdot AD}{ED+AE}}{ED}\Rightarrow IE=\frac{\sqrt{ED\cdot AE\cdot S(S-AD)}}{S}$$

$$YI=EY-IE=\frac{(ED+AE)\sqrt{ED\cdot AE}}{2\sqrt{S(S-AD)}}-\frac{\sqrt{ED\cdot AE\cdot S(S-AD)}}{S}=$$

$$\frac{2AD\sqrt{ED\cdot AE\cdot S(S-AD)}}{(ED+AE)^2-AD^2}$$

同理

$$XJ=\frac{2BC\sqrt{FC\cdot FB\cdot S'(S'-BC)}}{(FC+FB)^2-BC^2}$$

其中

$$S'=\frac{1}{2}(FC+FB+BC)$$

由

$$\frac{IY}{JX}=\frac{AD}{BC}\Leftrightarrow\frac{\sqrt{ED\cdot AE\cdot S(S-AD)}[(FC+FB)^2-BC^2]}{\sqrt{FC\cdot FB\cdot S'(S'-BC)}[(ED+AE)^2-AD^2]}=1\Leftrightarrow$$

$$\frac{DE\cdot AE}{(AE+DE)^2-AD^2}=\frac{FC\cdot FB}{(FC+FB)^2-BC^2}\Leftrightarrow$$

$$DE\cdot AE(FC^2+FB^2-CB^2)=FC\cdot FB(AE^2+DE^2-AD^2)$$

由余弦定理知

$$DE\cdot AE(2FC\cdot FB\cdot\cos\angle BFC)=FC\cdot FB\cdot(2DE\cdot AE\cdot\cos\angle AED)$$

成立,因此 $\cos\angle BFC=\cos\angle AED$,$\angle EIJ=\angle PAB$,所以 A,I,K,E 四点共圆.

63. 如图 1,D 是$\triangle ABC$ 内一点,且$\triangle DAB\backsim\triangle DCA$,圆$(DAC)$交 BC 的延长线于 E,求证:ED 平分 AB.(叶中豪)

证明 如图 2,延长 ED 与所作圆(ADB)交于 J,连接 JA,JB,AE,则

$$\angle BJD=\angle BAD=\angle ACD=\angle AED\Rightarrow JB/\!/AE$$

同理 $JA/\!/BE$,故四边形 $AJBE$ 是平行四边形,所以 ED 平分 AB.

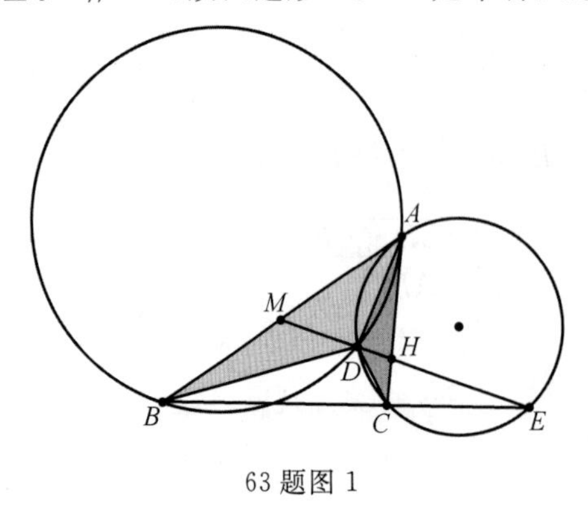

63 题图 1

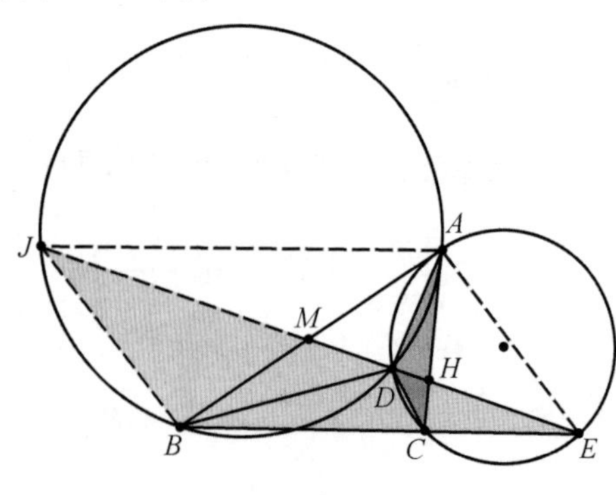

63 题图 2

64. 如图 1,AB,CD 是圆 Q,圆 W 的外公切线,P 是 AB 上任一点,PE,PF 与两圆相切,I 是$\triangle PEF$ 的内心,求证:$\triangle PQW\backsim\triangle IEF$.(叶中豪)

证明 如图 2,连接 QE,WF 并延长,交于 K,由于 QK,WK 是$\triangle PEF$ 的两外角平分线,故与$\angle EPF$ 的平分线共点 K,因此

$$\angle IEK=\angle IFK=90^\circ$$

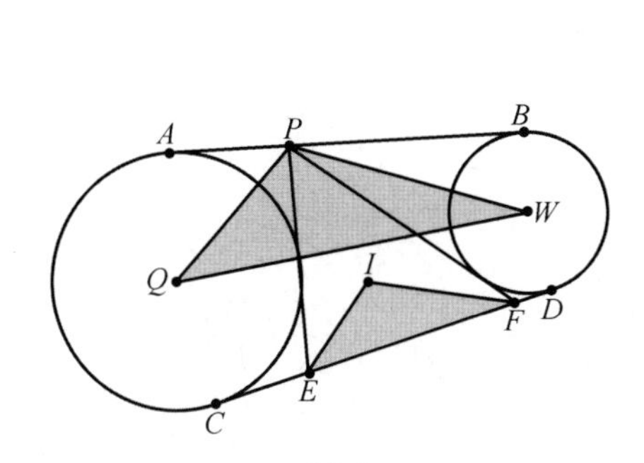

64 题图 1

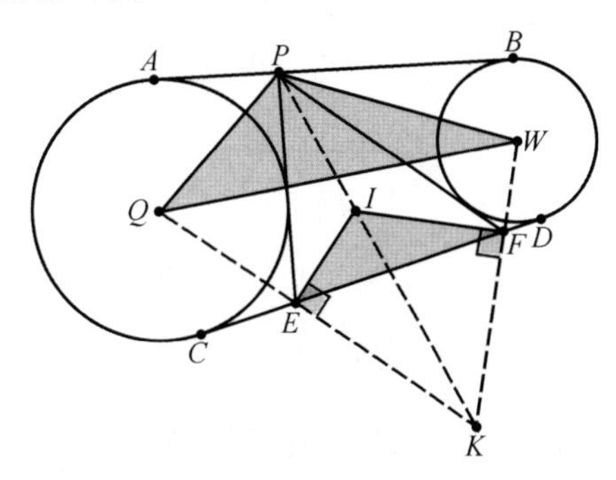

64 题图 2

所以 I,E,K,F 四点共圆,故

$$\angle QPE+\angle WPF+\angle WFP+\angle QEP=$$

$$\frac{\angle APE+\angle BPF+\angle DFP+\angle CEP}{2}=$$

$$\frac{540^\circ-(\angle EPF+\angle PFE+\angle PEF)}{2}=180^\circ$$

因此$\angle PQK+\angle PWK=180^\circ$,所以

$$P,Q,K,W\text{ 四点共圆}\Rightarrow\angle IEF=\angle IKF=\angle PQW$$

同理$\angle IFE=\angle PWQ$.所以$\triangle PQW\backsim\triangle IEF$.

65. $\triangle ABC$ 的内切圆切 BC 于 I,ID 为直径,G 在 AD 上,过 G 的内切圆的两条切线交 BC 于 E,F,求证:$EB=FC$.(金磊)

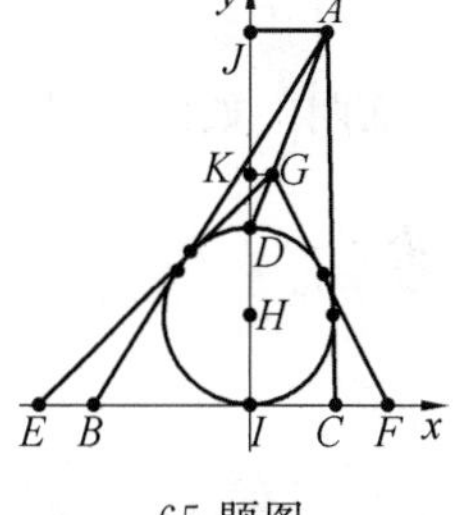

65 题图

证明 如图,以 I 为原点,以 BC,ID 所在直线为坐标轴建立平面直角坐标系,设 $A(x_A,y_A)$,$H(0,U)$,$G(x_G,y_G)$,过 A,G 分别作 y 轴的垂线,交 y 轴于 J,K,设内切圆 H 的方程为

$$x^2+(y-U)^2=U^2$$

(1)不妨假设过点 A 的切线的斜率 k 存在,且切线方程为

$$y-y_A=k(x-x_A)$$

由点到直线的距离

$$|-U+y_A-kx_A|=U\cdot\sqrt{k^2+1}$$

解得

$$k=\frac{\pm U\sqrt{x_A^2-2Uy_A+y_A^2}-x_A(U-y_A)}{x_A^2-U^2}$$

故

$$x_C=x_A-\frac{y_A}{k}=\frac{U\sqrt{x_A^2-2Uy_A+y_A^2}+x_A(U-y_A)}{y_A-2U}+x_A$$

$$x_B=\frac{-U\sqrt{x_A^2-2Uy_A+y_A^2}+x_A(U-y_A)}{y_A-2U}+x_A$$

设过 G 的内切圆 H 的切线方程为 $y-y_G=w(x-x_G)$，同理

$$x_F=\frac{U\sqrt{x_G^2-2Uy_G+y_G^2}+x_G(U-y_G)}{y_G-2U}+x_G$$

$$x_E=\frac{-U\sqrt{x_G^2-2Uy_G+y_G^2}+x_G(U-y_G)}{y_G-2U}+x_G$$

如果

$$BE=FC\Leftrightarrow x_F-x_C=x_B-x_E\Leftrightarrow\frac{x_G}{y_G-2U}=\frac{x_A}{y_A-2U}\Leftrightarrow\frac{GK}{DK}=\frac{AJ}{DJ}$$

由于 $\triangle DGK\backsim\triangle DAJ$，因此 $BE=FC$.

(2)假设 $AC\perp BC$，则 AB 的斜率

$$k=\frac{(2U-y_A)y_A}{2U(U-y_A)}\Rightarrow x_B=\frac{Uy_A}{2U-y_A}$$

同理

$$x_F-x_C=x_B-x_E\Leftrightarrow\frac{x_G}{y_G-2U}=\frac{U}{y_A-2U}$$

因此 $BE=FC$.

66. 如图 1，在 $\triangle ABC$ 中，M 是 BC 的中点，D 是 ABC 的外接圆的 $\overset{\frown}{BC}$ 的中点，$AG\perp DM$ 于 G；E，F 分别在 DB，DC 上，且 $\angle EAF=\frac{1}{2}\angle BAC$，$AH\perp EF$ 于 H，求证：$AB+AC=2GH$.（叶中豪）

证明 如图 2，设 DG 交 EF 于 T，连接 AT，由托勒密定理得

$$AB+AC=\frac{AD\cdot BC}{DC}$$

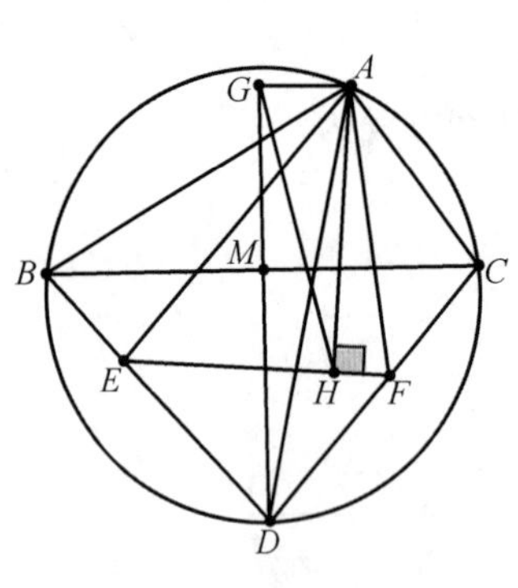

66 题图 1

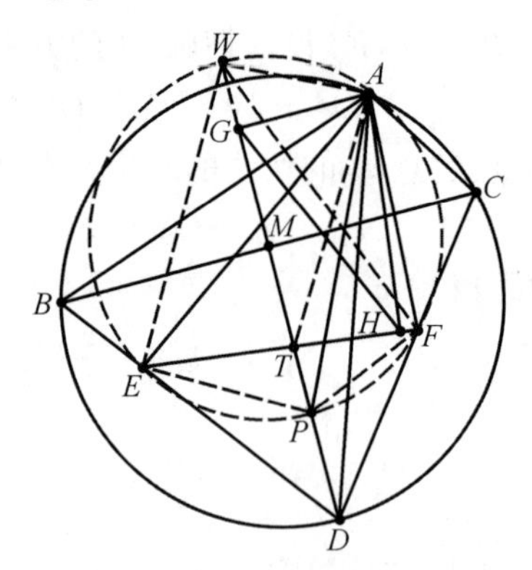

66 题图 2

即证

$$GH=\frac{AD\cdot BC}{2DC}=\frac{AD\cdot MC}{DC}=AD\cdot\sin\angle MDC$$

由正弦定理得

$$\frac{TF}{\sin\angle MDC}=\frac{DF}{\sin\angle FTD}$$

由 T,H,A,G 四点共圆得

$$\frac{GH}{\sin\angle FTD}=\frac{GH}{\sin\angle GAH}=\frac{AG}{\sin\angle AHG},\sin\angle AHG=\sin\angle ATG=\frac{AG}{AT}$$

整理后即证：$\frac{TF}{DF}=\frac{AT}{AD}$.

作$\angle FED$的平分线交DG于P，过E作$EP\perp EW$，交GD的延长线于W，则W,T,P,D为调和点列，P是$\triangle DEF$的内心，故$WF\perp FP$，因此P,F,W,E四点共圆，由

$$\angle BAC+\angle BDC=180^\circ$$

$$\angle BDC+(\angle EFD+\angle FED)=180^\circ\Rightarrow\angle FEP+\angle EFP=\angle EAF\Rightarrow$$
$$\angle EAF+\angle EPF=180^\circ$$

因此

$$P,F,A,W,E\text{ 五点共圆}\Rightarrow\angle WAP=90^\circ$$

由于W,T,P,D为调和点列，故

$$AP\text{ 平分}\angle TAD\Rightarrow\frac{TF}{DF}=\frac{TP}{PD}=\frac{AT}{AD}$$

因此$AB+AC=2GH$.

67. 如图，CD,BE交于G，并分别交AB,AC于J,K，DK交AB于H，EJ交AC于I，DI与EH交于F，求证：A,F,G三点共线.

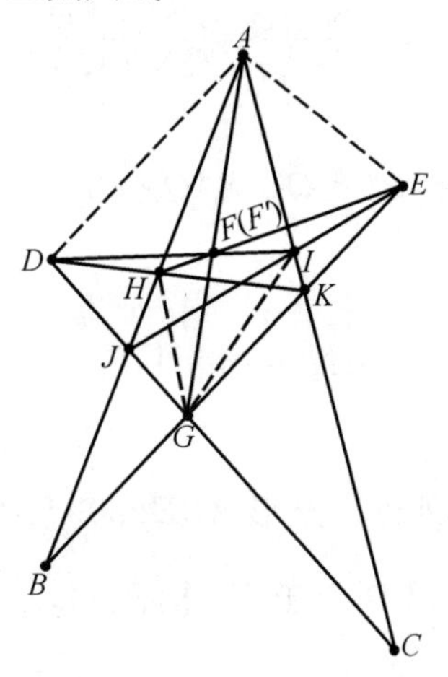

67 题图

证明 假设AG分别交DI,EH于F,F'，连接AD,AE,GH,GI.设

$$w=\frac{AF}{GF}\cdot\frac{GF'}{AF'}=\frac{S_{\triangle AHE}}{S_{\triangle GHE}}\cdot\frac{S_{\triangle GID}}{S_{\triangle AID}}=\frac{S_{\triangle AHE}}{S_{\triangle EHB}}\cdot\frac{S_{\triangle EHB}}{S_{\triangle GHE}}\cdot\frac{S_{\triangle GID}}{S_{\triangle DIC}}\cdot\frac{S_{\triangle DIC}}{S_{\triangle AID}}=$$
$$\frac{AH}{HB}\cdot\frac{EB}{EG}\cdot\frac{DG}{DC}\cdot\frac{IC}{AI}$$

由梅氏定理得

$$\frac{AJ}{JB}\cdot\frac{BE}{EK}\cdot\frac{KI}{IA}=1,\frac{AK}{KC}\cdot\frac{CD}{DJ}\cdot\frac{JH}{HA}=1$$

$$\frac{CI}{IK}\cdot\frac{KE}{EG}\cdot\frac{GJ}{JC}=1,\frac{BH}{HJ}\cdot\frac{JD}{DG}\cdot\frac{GK}{KB}=1$$

把上式代入 w 得

$$w=\frac{GK}{KC}\cdot\frac{JB}{GJ}\cdot\frac{JC}{AJ}\cdot\frac{AK}{KB}=\frac{\sin\angle KCG}{\sin\angle KGC}\cdot\frac{\sin\angle KGC}{\sin\angle JBG}\cdot\frac{\sin\angle JAC}{\sin\angle KCG}\cdot\frac{\sin\angle JBK}{\sin\angle JAC}=1$$

因此 F,F' 重合，故 A,F,G 三点共线.

68. 如图，已知 A,B,C,D,E 在圆 O 上，且 $\angle BAD=\angle CAE$，P,Q 在 AD,AE 上，且 $OP=OQ$，$PM\perp AB$，$QN\perp AC$，求证：$S_{\triangle DPM}=S_{\triangle EQN}$.（金磊）

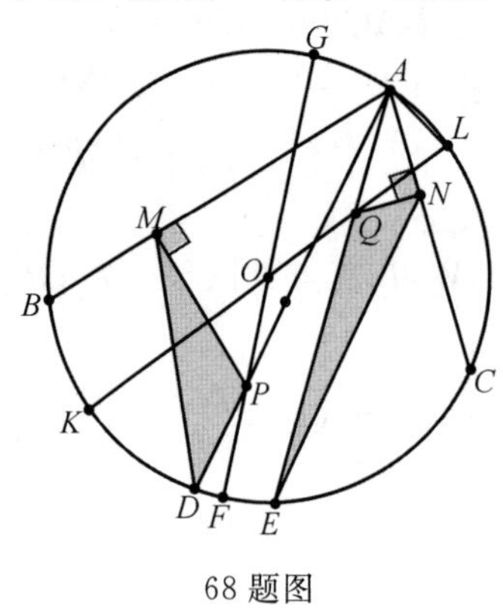

68 题图

证明 设

$$w=\frac{S_{\triangle MPD}}{S_{\triangle NQE}}=\frac{PM\cdot PD}{QN\cdot QE}$$

由

$$OP=OQ\Rightarrow PF=QL\Rightarrow AQ\cdot QE=PD\cdot AP$$

因此 $\frac{PD}{QE}=\frac{AQ}{AP}$，由

$$\triangle AMP\backsim\triangle ANQ\Rightarrow w=1,S_{\triangle DPM}=S_{\triangle EQN}$$

69. 在圆内接四边形 $ABCD$ 外侧作矩形 $ABEF$，矩形 $CDGH$，满足 $\frac{AF}{AB}=\frac{DG}{DC}$，设 BH，CE 交于 M，AG，DF 交于 N，AC，BD 交于 P，求证：M,P,N 三点共线.（万喜人，2018－04－05）

证明 如图，设 AC,BD 与 MN 分别交于 P,P'，若 $\frac{NP}{MP}=\frac{NP'}{MP'}$，则 P,P' 重合，连接 BN，MD,AM,NC，设

$$w=\frac{NP}{MP}\cdot\frac{MP'}{NP'}=\frac{S_{\triangle BND}}{S_{\triangle BDH}}\cdot\frac{S_{\triangle BDH}}{S_{\triangle BMD}}\cdot\frac{S_{\triangle MCA}}{S_{\triangle CEA}}\cdot\frac{S_{\triangle CEA}}{S_{\triangle NCA}}=$$
$$\frac{DN\cdot\sin\angle NDB}{DH\cdot\sin\angle BDH}\cdot\frac{BH}{BM}\cdot\frac{MC}{CE}\cdot\frac{AE\cdot\sin\angle EAC}{AN\cdot\sin\angle NAC}$$

由

$$\angle EAC=\angle BDH,\angle FBD=\angle ACG$$
$$\angle BCH=\angle FAD,\angle ADG=\angle EBC$$

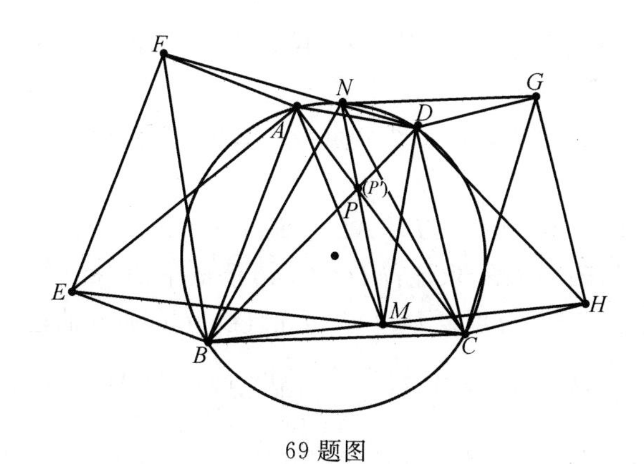

69 题图

$$\frac{FB}{\sin\angle FDB}=\frac{FD}{\sin\angle FBD},\frac{GC}{\sin\angle GAC}=\frac{AG}{\sin\angle ACG}$$

$$\frac{BC}{\sin\angle MHC}=\frac{BH}{\sin\angle BCH},\frac{BC}{\sin\angle BEC}=\frac{EC}{\sin\angle EBC}$$

$$\frac{AE}{DH}=\frac{BF}{CG}=\frac{EB}{CH}=\frac{AF}{DG}$$

$$w=\frac{DN\cdot BH\cdot MC\cdot AE\cdot AG\cdot BF}{DH\cdot BM\cdot CE\cdot AN\cdot CG\cdot FD}=\frac{DN\cdot EB\cdot MC\cdot AF\cdot AG\cdot BH}{DG\cdot BM\cdot CH\cdot AN\cdot FD\cdot CE}=$$

$$\frac{\sin\angle BCH}{\sin\angle EBC}\cdot\frac{\sin\angle ADG}{\sin\angle FAD}=1$$

因此 P,P' 重合,所以 M,P,N 三点共线.

70. $\triangle GAB\backsim\triangle GCD$,$AB,CD$ 交于点 F,圆(FAD)与圆(FBC)再次交于点 E,求证:G,E,F 三点共线.(金磊,2018—04—25)

证明 如图,设 GB,GD 分别交圆(FAD)与圆(FBC)于 K,L,连接 AL,CK,BL,DK,则 $\angle ALG=\angle CKG=\angle AFC$ 且 $\angle KGC=\angle LGA$,故

$$\frac{AL}{CK}=\frac{AG}{CG}=\frac{BA}{DC}$$

70 题图

由

$$\angle ABG=\angle FCK$$

$$\angle CDG=\angle FAL\Rightarrow\triangle BAL\backsim\triangle DCK\Rightarrow\angle KBL=\angle LDK\Rightarrow B,K,L,D\text{ 四点共圆}$$

由根心定理得

$$AG,FG,CG\text{ 三线共点}\Rightarrow F,E,G\text{ 三点共线}$$

71. 在$\triangle ABC$中，$BF\perp AC$于F，$CE\perp AB$于E，BF，CE交于J，$\triangle ABJ$，$\triangle ACJ$的外心分别是G，H，$ED\perp HE$，$FD\perp GF$，求证：$BD=CD$.（潘成华 2018—05—04）

证明 （解析几何法）如图，分别以BC，AJ所在直线为x轴，y轴建立平面直角坐标系，设$A(0,a)$，$B(-b,0)$，$C(c,0)$，$b>0$，易解出$J\left(0,\dfrac{bc}{a}\right)$，显然圆$G$，圆$H$是等圆，故$GH=BC$，不难得到$H\left(\dfrac{b+c}{2},\dfrac{a^2+bc}{2a}\right)$，$G\left(-\dfrac{b+c}{2},\dfrac{a^2+bc}{2a}\right)$，$E\left(\dfrac{b^2c-a^2b}{a^2+b^2},\dfrac{ab^2+abc}{a^2+b^2}\right)$，$F\left(\dfrac{-c^2b+a^2c}{a^2+c^2},\dfrac{ac^2+abc}{a^2+c^2}\right)$，则

$$k_{HE}=\frac{(a^2-b^2)(a^2-bc)}{a(3a^2b+a^2c+b^3-b^2c)},k_{GF}=\frac{(a^2-c^2)(a^2-bc)}{a(bc^2-3a^2c-a^2b-c^3)}$$

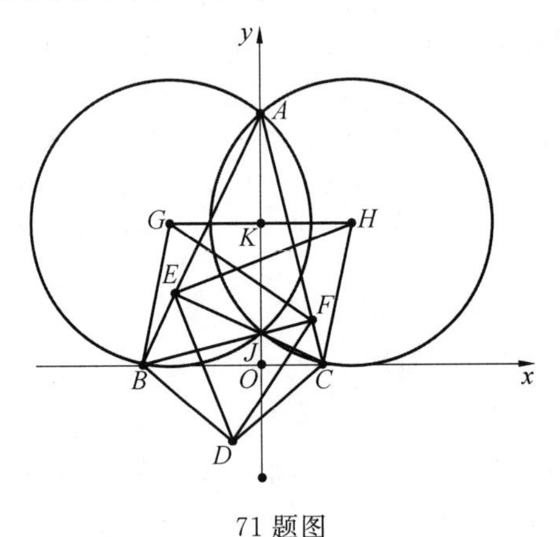

71 题图

故经过ED，FD的方程分别是

$$y-\frac{ab^2+abc}{a^2+b^2}=-\frac{1}{k_{HE}}\left(x-\frac{b^2c-a^2b}{a^2+b^2}\right)$$

$$y-\frac{ac^2+abc}{a^2+c^2}=-\frac{1}{k_{GF}}\left(x-\frac{-bc^2+a^2c}{a^2+c^2}\right)$$

检验：代入横坐标$\dfrac{c-b}{2}$，得$y=\dfrac{a\,(b+c)^2}{2(bc-a^2)}$，因此$BD=CD$.

72. 已知$BD\perp AC$于D，$CE\perp AB$于E，O，H分别是$\triangle ABC$的外心与垂心，$PE\perp EO$，$PD\perp DO$，求证：$\dfrac{S_{\triangle AEP}}{S_{\triangle OEH}}=\dfrac{S_{\triangle ADP}}{S_{\triangle ODH}}$.（潘成华，2018—05—19）

证明 由已知可得$\angle AEP=\angle OEH$，$\angle ADP=\angle ODH$，如图，连接OP，显然E，O，D，P和E，H，D，A分别共圆，由

$$\angle BAO=\angle HAC\Rightarrow AO\perp ED\Rightarrow\angle POD=\angle PED=\angle EOA$$

因此

$$\frac{S_{\triangle AEP}}{S_{\triangle OEH}}=\frac{S_{\triangle ADP}}{S_{\triangle ODH}}\Leftrightarrow\frac{OE\cdot EH}{AE\cdot EP}=\frac{OD\cdot HD}{PD\cdot AD}\Leftrightarrow\frac{OE\cdot PD}{OD\cdot EP}=\frac{AE\cdot HD}{EH\cdot AD}\Leftrightarrow$$
$$\frac{OE\cdot PD+OD\cdot EP}{OD\cdot EP}=\frac{AE\cdot HD+EH\cdot AD}{EH\cdot AD}$$

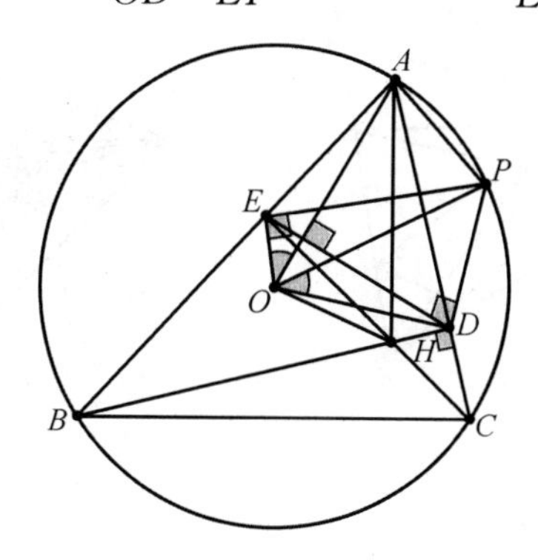

72 题图

由托勒密定理可得

$$\frac{OP\cdot ED}{OD\cdot EP}=\frac{AH\cdot ED}{EH\cdot AD}\Leftrightarrow\frac{OD}{AD}=\frac{\sin\angle EAH}{\sin\angle EOP}\Leftrightarrow\frac{\sin\angle EAH}{\sin\angle EOP}=\frac{\sin\angle OAD}{\sin\angle AOD}$$

显然$\angle OAD=\angle EAH$,$\angle AOD=\angle EOP$,因此

$$\frac{S_{\triangle AEP}}{S_{\triangle OEH}}=\frac{S_{\triangle ADP}}{S_{\triangle ODH}}$$

73. 如图 1,定射线 AX,BY 所在的直线不平行,点 C,D 分别为射线 AX,BY 上的动点,AD 与 BC 交于点 P,过点 P 作 $PE/\!/BY$,交直线 AX 于点 E,$PF/\!/AX$ 交直线 BY 于点 F,直线 CF 与 DE 交于点 K,求证:直线 PK 过一个定点.(万喜人,2018－05－22)

证明 如图 1,分别过 A,B 作 $AQ/\!/BY$,$BQ/\!/AX$,交于点 Q,则 Q 为 PK 所过定点. 连接 KQ,设 CB,AD 分别与 KQ 交于 P,P',若$\frac{KP}{QP}\cdot\frac{QP'}{KP'}=1$,则 P,P'重合. 令

$$w=\frac{KP}{QP}\cdot\frac{QP'}{KP'}=\frac{S_{\triangle BKC}}{S_{\triangle BCQ}}\cdot\frac{S_{\triangle AQD}}{S_{\triangle AKD}}$$

以下证明

$$S_{\triangle BKC}=S_{\triangle AKD},S_{\triangle BCQ}=S_{\triangle AQD}$$

如图 2,过 K 分别作 $KN/\!/AX$,$KM/\!/BY$,交 BC,AD 于 N,M,由

$$S_{\triangle ANK}=S_{\triangle CNK},S_{\triangle BMK}=S_{\triangle DMK}$$

因此只需证 $S_{\triangle ANP}=S_{\triangle BMP}$. 设 AX,BY 交于 L,因为 $S_{\triangle EPB}=S_{\triangle EPL}$,同理

$$S_{\triangle APF}=S_{\triangle PEF}=S_{\triangle EPL}=S_{\triangle EPB}$$

所以

$$\frac{AC}{CE}=\frac{S_{\triangle APB}}{S_{\triangle EPB}}=\frac{S_{\triangle APB}}{S_{\triangle APF}}=\frac{BD}{DF}\Rightarrow\frac{S_{\triangle ANP}}{S_{\triangle ENP}}=\frac{S_{\triangle BMP}}{S_{\triangle FMP}}$$

由

$$S_{\triangle PDF}=S_{\triangle EDF}$$
$$S_{\triangle MDF}=S_{\triangle KDF}\Rightarrow S_{\triangle PMF}=S_{\triangle EKF}$$

同理

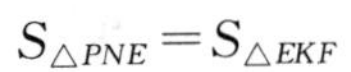

$$S_{\triangle PNE}=S_{\triangle EKF}$$

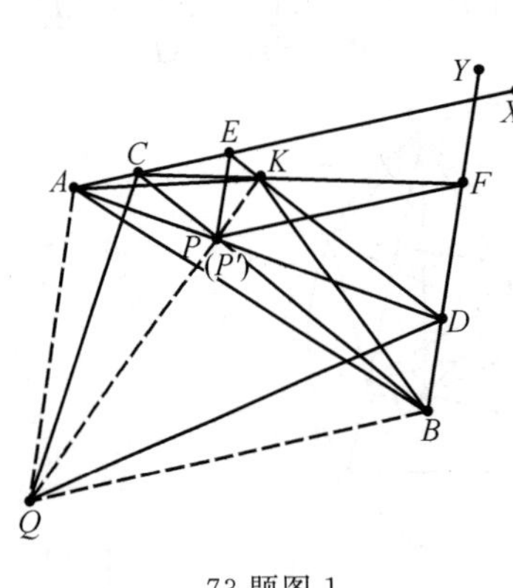

73 题图 1

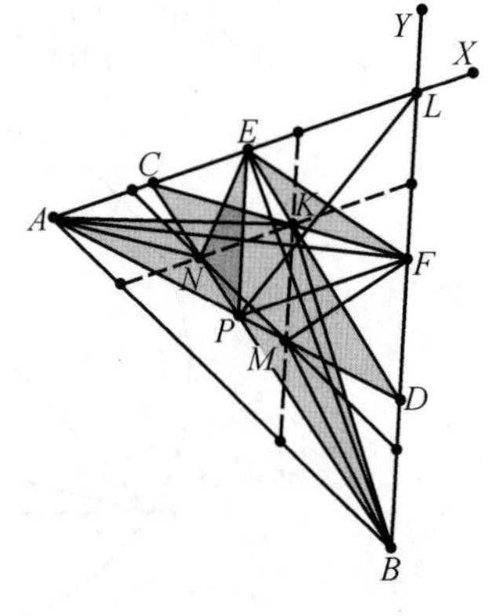

73 题图 2

因此

$$S_{\triangle ANP}=S_{\triangle BMP}$$

从而

$$S_{\triangle BKC}=S_{\triangle AKD}$$

同理可证 $S_{\triangle BCQ}=S_{\triangle AQD}$，所以

$$w=\frac{KP}{QP}\cdot\frac{QP'}{KP'}=\frac{S_{\triangle BKC}}{S_{\triangle BCQ}}\cdot\frac{S_{\triangle AQD}}{S_{\triangle AKD}}=1\Rightarrow P,P'\text{重合}$$

因此 K,P,Q 三点共线.

几何研究集三

74. I 为四边形 $ABCD$ 的内切圆圆心，AB，AD 切圆 I 分别于 F，E，M 为 BD 的中点，AM 交 EF 于 K，AI 的延长线交 BD 于 L，求证：$KL/\!/AC$.（姚佳斌，2018－05－10）

证明 如图，设 BC，CD 分别切圆 I 于 R，N，由梅氏定理易知，FE，RN，BD 的延长线共点于 W，连接 MC，IW，IE，IF，连接 KI，交 BD 于 T，先证 $KI\perp BD$，则

$$\frac{BM}{MD}=\frac{AB\cdot\sin\angle BAM}{AD\cdot\sin\angle DAM}=\frac{AB\cdot AF\cdot\sin\angle BAM}{AD\cdot AE\cdot\sin\angle DAM}=$$
$$\frac{AB}{AD}\cdot\frac{FK}{KE}=\frac{AB\cdot IF\cdot\sin\angle FIK}{AD\cdot IE\cdot\sin\angle EIK}=$$
$$\frac{\sin\angle ADB}{\sin\angle ABD}\cdot\frac{\sin\angle FIK}{\sin\angle EIK}=1$$

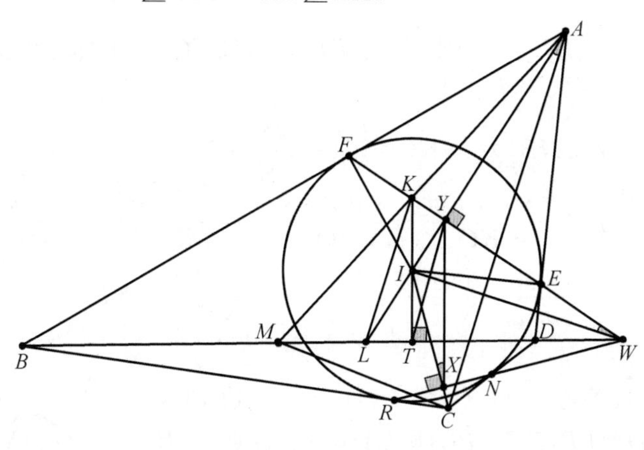

74 题图

由 $\angle FIE=\angle ABD+\angle ADB$ 和积化和差公式可知

$$\angle KIE=\angle ADB\Rightarrow T,D,E,I\text{ 四点共圆}\Rightarrow KI\perp BD$$

连接 YT；AL，IC 分别交 FE，RN 于 Y，X，连接 YX，由

$$IE^2=IX\cdot IC=IY\cdot IA\Rightarrow X,C,A,Y\text{ 四点共圆}$$

显然

$$T,X,W,Y,I\text{ 五点共圆}\Rightarrow\angle ITY=\angle IXY=\angle IAC$$

由

$$L,T,Y,K\text{ 四点共圆}\Rightarrow\angle KLY=\angle KTY=\angle IAC\Rightarrow KL/\!/AC$$

75. 在 $\triangle ABC$ 中，$AB<AC$，$\angle BAC$ 的平分线交 $\triangle ABC$ 的外接圆 O 于点 D，M 为 BC 的中点，$MN/\!/AD$，交 $\overset{\frown}{BAC}$ 于 N，直线 DN 交直线 AB，AC 分别于点 E，F，求证：$EN=FN$.（万喜人 2018－06－03）

证明 如图,延长 NM 交圆 O 于点 Q,延长 DQ 至 P,连接 BN,交 AD 于 T,由 $\angle DAC=\angle BND$,因此 A,T,F,N 共圆,并作其圆交 NM 于 R,连接 AN,TR,则

$$\angle ANR+\angle ATR=\angle ANR+\angle ADQ\Rightarrow TR/\!/DQ\Rightarrow$$
$$TR=DQ=AN\Rightarrow\angle AFN=\angle TNR$$

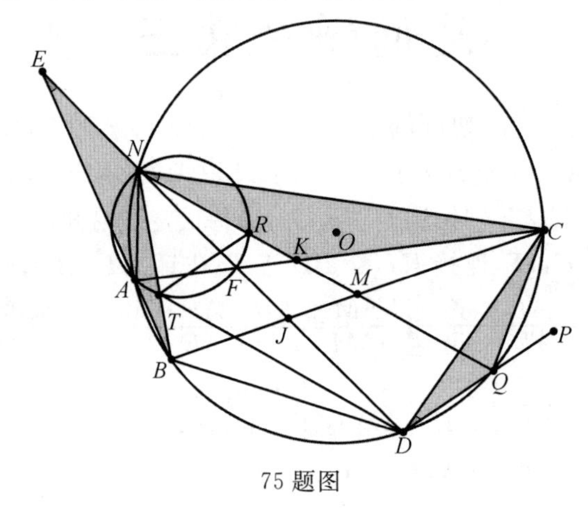

75 题图

由

$$\angle CQP=\angle DAC=\angle BND=\angle BEN+\angle EBN=\angle DCQ+\angle CDQ\Rightarrow\angle BEN=\angle CDQ$$

由

$$\triangle ENB\backsim\triangle NKC\Rightarrow\frac{EN}{NB}=\frac{NK}{KC}\Rightarrow$$
$$EN=\frac{NB\cdot NK}{KC}=\frac{NB\cdot AN}{CQ}=\frac{AN\cdot NM}{MC}=\frac{AN\cdot NM}{BM}=$$
$$\frac{AN\cdot\sin\angle NBM}{\sin\angle BNM}=\frac{NF\cdot\sin\angle AFN}{\sin\angle BNM}=NF$$

76. 在$\triangle ABC$中,外心为 O,点 P,E,D 分别在边 BC,CA,AB 上,满足 $PD=PB,PE=PC$,圆(ADE)的过点 D,E 的切线交于点 K,求证:$AO\perp KP$.(万喜人,2018—06—12)

证明 如图,过 A 作 $AM\perp BC$,交于 M,设圆(ADE)的圆心为 I,并交 PD 于 N,连接 KI,EN,PI,不难证得$\triangle KDE\backsim\triangle PNE\Rightarrow PI\perp NE$ 和 D,K,P,E,I 五点共圆$\Rightarrow PI\perp KP$,故 $NE/\!/PK$,由

$$\angle BAM=\angle OAE,\angle AEN=\angle BDP=\angle DBP$$

由

$$\angle ABM+\angle BAM=90^\circ\Rightarrow\angle OAE+\angle BDP=90^\circ$$

所以 $AO\perp NE\Rightarrow AO\perp KP$.

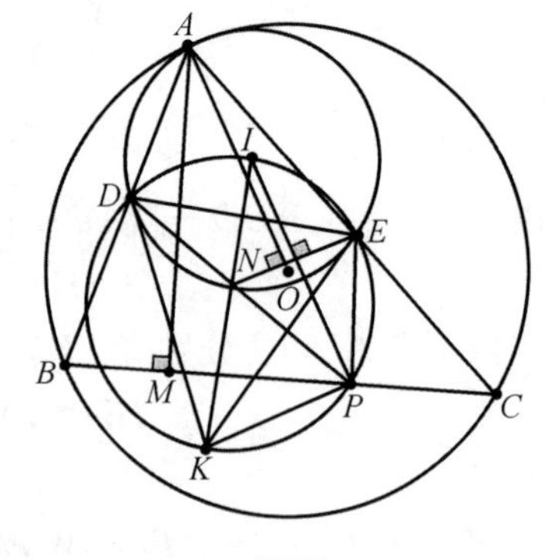

76 题图

77. 如图 1,圆 O 为$\triangle ABC$ 的外接圆,K 为$\triangle ABC$ 内一点,$NM\perp AK$ 且 $NB\perp BK$,$MC\perp CK$,MN 交圆 O 于 L,求证:$\frac{NL}{ML}=\frac{\tan\angle CAK}{\tan\angle BAK}$.(姚佳斌 2018—06—30)

证明 如图 2,延长 AK,交圆 O 于 W,连接 WL 显然过点 O,连接 WB,WC,BL,CL,显然

$$\angle NBL=\angle WBK,\angle BLN=\angle BWK\Rightarrow\triangle BLN\backsim\triangle BWK$$

同理

$$\triangle CML\backsim\triangle CWK\Rightarrow\frac{LM}{WK}=\frac{LC}{WC},\frac{LN}{WK}=\frac{LB}{WB}\Rightarrow\frac{NL}{ML}=\frac{WC}{LC}\cdot\frac{LB}{BW}$$

因此

$$\frac{NL}{ML}=\frac{\tan\angle CAK}{\tan\angle BAK}$$

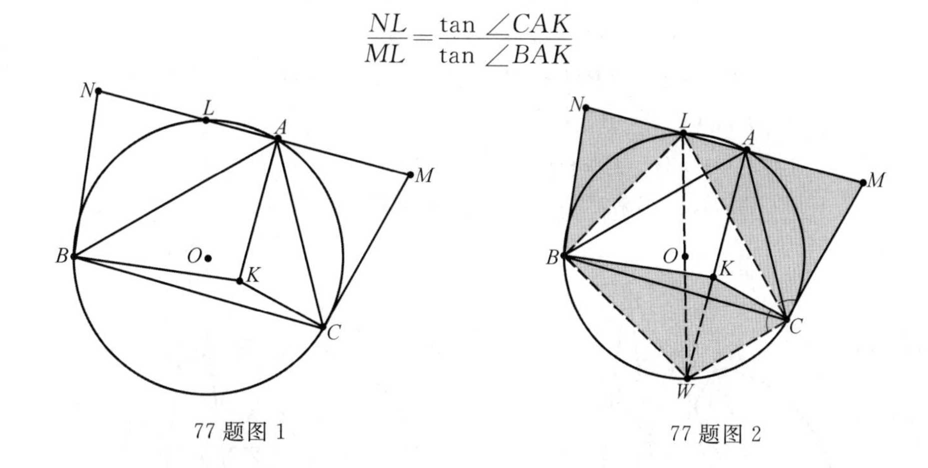

77 题图 1　　77 题图 2

78. 如图 1,圆 O 中两弦 BA,CD 相交于圆外一点 P,AC,BD 相交于 I,PI 及其延长线交圆 O 于 $E,F;G$ 为 EF 的中点,求证:$\triangle GBF\backsim\triangle GFC$.

证明 如图 2,由

P,I,E,F 为调和点列$\Leftrightarrow PE\cdot IF=EI\cdot PF\Rightarrow$

$PE(PF-PI)=(PI-PE)PF\Rightarrow$

$2PE\cdot PF=PE\cdot PI+PI\cdot PF=(PE+PF)PI\Rightarrow$

$PE\cdot PF=PI\cdot PG\Rightarrow PI\cdot PG=PA\cdot PB=PD\cdot PC\Rightarrow$

A,B,G,I 和 D,C,G,I 分别共圆

故$\angle BGF=\angle CGF$,连接 GO,延长 CG,交圆 O 于 K,显然 K,B 关于 GO 对称$\Rightarrow BE=FK\Rightarrow$ $\angle EFB=\angle KCF$,因此$\triangle GBF\backsim\triangle GFC$.

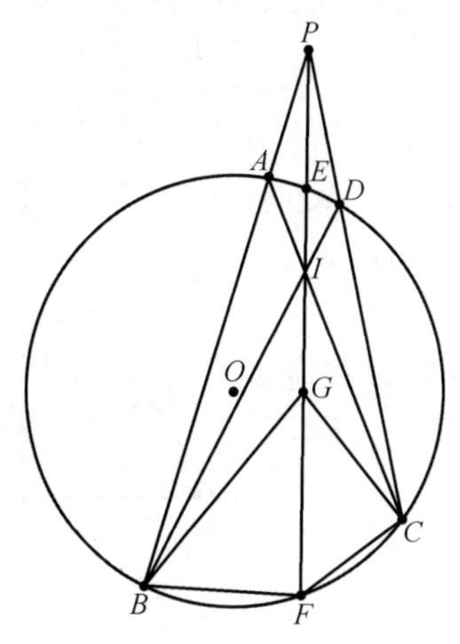

78 题图 1

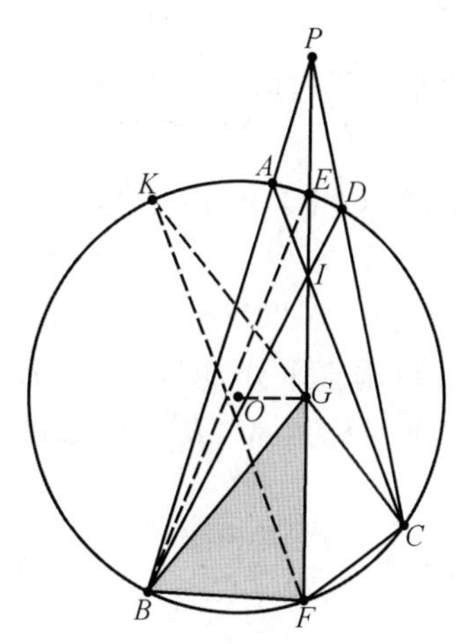

78 题图 2

79. 如图 1,$PD<PC$,AC 与 BD 交于点 E,PE 的延长线交圆 O 于 F,T 为圆 O 的直径 FK 上一点,过 T 作 $MN\perp PF$,交 KB,KC 分别于点 M,N,求证:$TM=TN$.(万喜人,2018-09-05)

证明 设 PF 与圆 O 的另一交点为 H,本题只要把 T 改在圆心 O 上就可以了,连接 MF,NF,BG,CG,BF,CF,由

$$P,E,H,F\text{ 为调和点列}\Leftrightarrow PH\cdot EF=HE\cdot PF\Rightarrow$$
$$PH(PF-PE)=(PE-PH)PF\Rightarrow$$
$$2PH\cdot PF=PH\cdot PE+PE\cdot PF=(PH+PF)PE\Rightarrow$$
$$PH\cdot PF=PE\cdot PG\Rightarrow$$
$$PE\cdot PG=PA\cdot PB=PD\cdot PC\Rightarrow$$
$$A,B,G,E\text{ 和 }D,C,G,E\text{ 分别共圆}$$

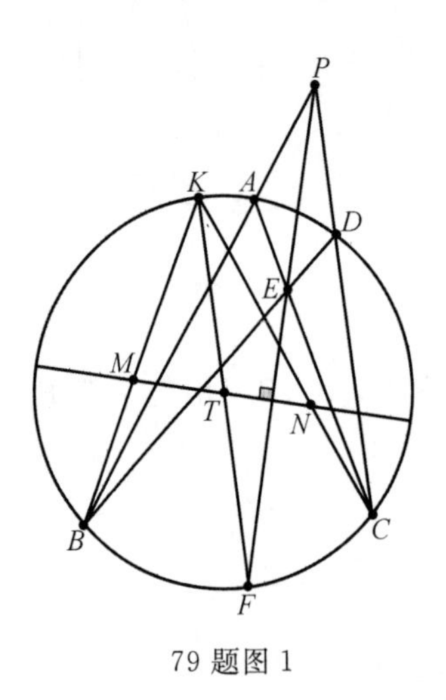

79 题图 1

79 题图 2

故

$$\angle BGF=\angle CGF=\angle MKN$$

由

$$M,B,F,G\text{ 和 }N,C,F,G\text{ 分别共圆}\Rightarrow$$
$$\angle BGF=\angle BMF=\angle CNF=\angle MKN$$

因此 $KMFN$ 为平行四边形$\Rightarrow TM=TN$.

80. 如图,$\triangle ABC$ 中,BC 的中垂线分别交直线 AB,AC 于 E,F;P 在 AB 上,Q 在 AC 上且$\angle PFE=\angle QEF$,求证:$BP\cdot CQ=BE\cdot CF$.(叶中豪,2018-09-29)

证明 由 FD 垂直平分 BC,连接 CE,FB,以 FE 为对称轴分别作 A,P,Q 的对称点 A',P',Q',如图,由$\angle PFE=\angle QEF$,故

$$QE/\!/FP'\Rightarrow\frac{EC}{CQ}=\frac{CP'}{CF}\Rightarrow BP\cdot CQ=BE\cdot CF$$

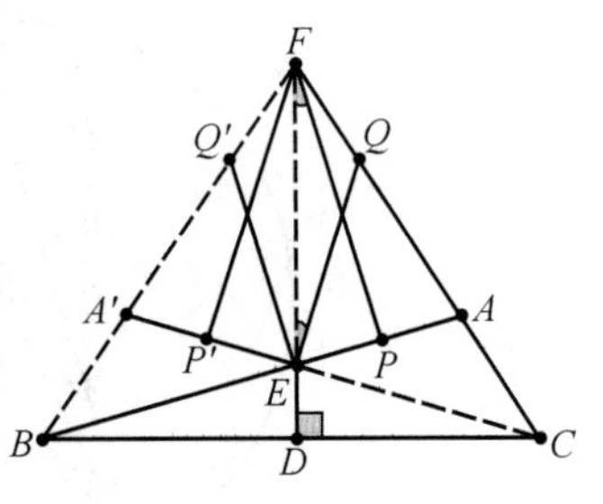

80 题图

81. 如图 1,$\triangle ABC$ 中,过 B,C 任作 $BF /\!/ CE$,分别交 AC,AB 于 F,E;D,G 分别为$\triangle BFC$ 和$\triangle BEC$ 的外心,求证:$\angle DAB=\angle GAC$.

证明 如图 2,分别连接 FG,BD,DE,CG,由

$$BF /\!/ CE \Rightarrow \angle FBC=\angle BCE \Rightarrow \angle BDE=\angle CGF \Rightarrow$$

$$\triangle BDE \backsim \triangle FGC \Rightarrow \frac{BE}{FC}=\frac{DE}{GC}$$

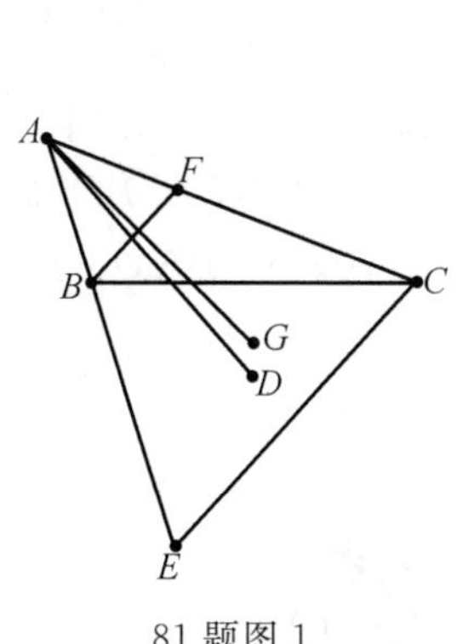

81 题图 1

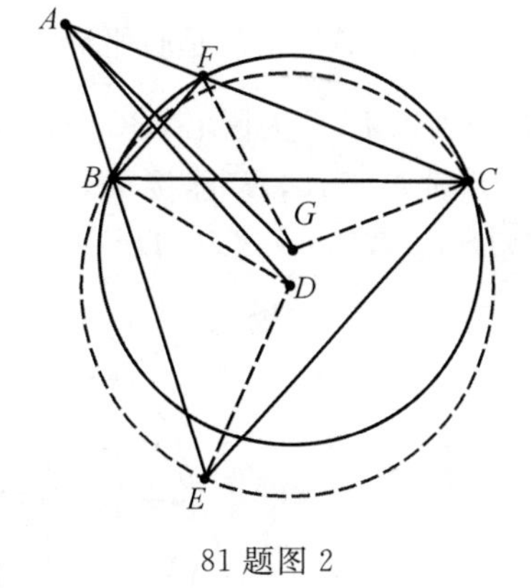

81 题图 2

再由

$$BF /\!/ CE \Rightarrow \frac{AE}{AC}=\frac{BE}{FC}$$

故

$$\frac{AE}{AC}=\frac{DE}{GC} \Rightarrow \triangle AED \backsim \triangle ACG$$

$$\angle DAB=\angle GAC$$

82. 如图 1,$\triangle ABC$ 中,以 B 为切点作与 AB 相切的圆(BEF),分别交 AC 于 F,E;G,D 分别为$\triangle BFC$ 和$\triangle BEC$ 的外心,求证:$\angle DAB=\angle GAC$.

证明 如图 2,分别连接 FG,BD,BG,ED,由

$$2\angle BCF=\angle FGB=\angle EDB \Rightarrow \triangle BDE \backsim \triangle BGF \Rightarrow \frac{BF}{BE}=\frac{BG}{BD}$$

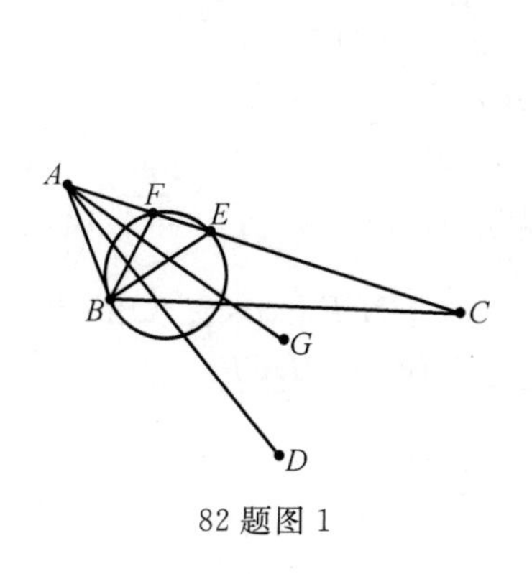

82 题图 1

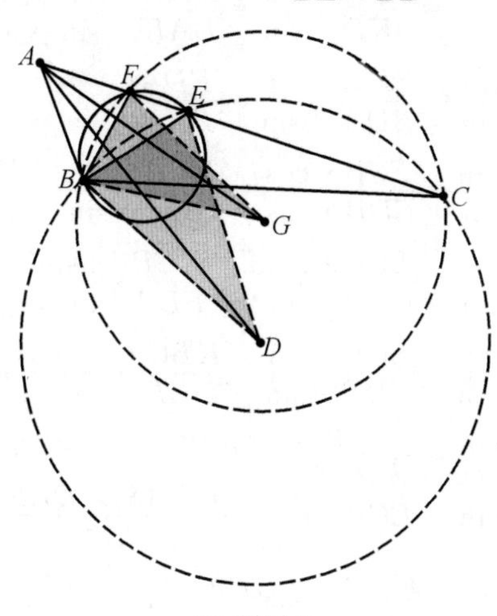

82 题图 2

由

$$AB\text{ 切圆}(BEF)\Rightarrow\frac{BF}{BE}=\frac{AB}{AE}\Rightarrow\frac{BG}{BD}=\frac{AB}{AE}=\frac{BG}{ED}$$

$$\angle AED=\angle BED+\angle AEB=\angle FBG+\angle ABF=\angle ABG\Rightarrow\triangle ABG\backsim\triangle AED$$

故

$$\angle DAB=\angle GAC$$

83. 已知$\angle BAC=\angle EAD$，BE垂直平分CD，求证：$\frac{AE}{EC}=\frac{AB}{BC}$.（叶中豪，2018－10－04）

证明 如图，分别以B，E为圆心，BC，EC为半径作圆B，圆E，分别交AD于W，F，延长AC，分别交圆B，圆E于K，H，连接HF，WK，EH，BK，CE，ED，BD，EF，由

$$\angle KWD=\angle KCD=\angle HFD\Rightarrow\angle HED=\angle KBD\Rightarrow\triangle BKD\backsim\triangle EHD$$

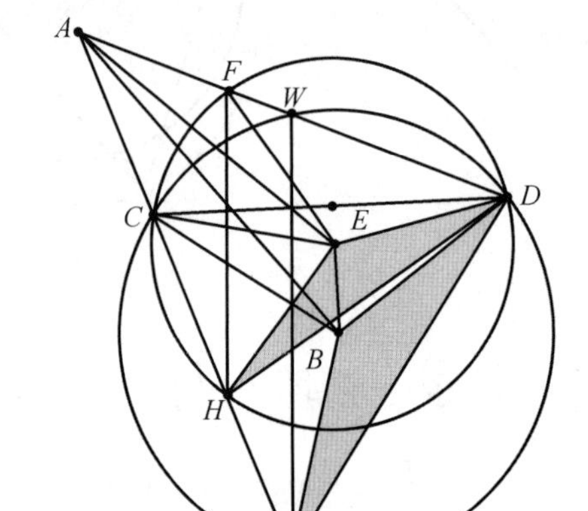

83 题图

在$\triangle AHD$中

$$\frac{\sin\angle EDH}{\sin\angle EHD}\cdot\frac{\sin\angle EHA}{\sin\angle EAH}\cdot\frac{\sin\angle EAD}{\sin\angle EDA}=1$$

在$\triangle AKD$中

$$\frac{\sin\angle BDK}{\sin\angle BKD}\cdot\frac{\sin\angle BKA}{\sin\angle BAK}\cdot\frac{\sin\angle BAD}{\sin\angle BDA}=1\Rightarrow$$

$$\frac{\sin\angle EHA}{\sin\angle BDA}=\frac{\sin\angle EDA}{\sin\angle BKA}\Leftrightarrow$$

$$\frac{\sin\angle ECB\cdot\cos\angle KCB+\sin\angle KCB\cdot\cos\angle ECB}{\sin\angle EDB\cdot\cos\angle EDA+\sin\angle EDA\cdot\cos\angle EDB}=\frac{\sin\angle EDA}{\sin\angle BKA}\Leftrightarrow$$

$$\frac{\sin\angle ECB\cdot\sin 2\angle KCB+2\sin^2\angle KCB\cdot\cos\angle ECB}{\sin\angle EDB\cdot\sin 2\angle EDA+2\sin^2\angle EDA\cdot\cos\angle EDB}=1\Leftrightarrow$$

$$\frac{\tan\angle ECB\cdot\sin\angle KBC+1+\cos\angle KBC}{\tan\angle EDB\cdot\sin\angle DEF+1+\cos\angle DEF}=1\Leftrightarrow$$

$$\tan\angle ECB(\sin\angle KBC-\sin\angle DEF)=\cos\angle DEF-\cos\angle KBC\Leftrightarrow$$

$$\tan\angle ECB\cdot\cos\frac{\angle KBC+\angle DEF}{2}\cdot\sin\frac{\angle KBC-\angle DEF}{2}=$$

$$\sin\frac{\angle KBC+\angle DEF}{2}\cdot\sin\frac{\angle KBC-\angle DEF}{2}$$

故

$$\sin\frac{\angle KBC-\angle DEF}{2}=0\Rightarrow\angle KBC=\angle DEF\Rightarrow\triangle ACB\backsim\triangle AEF\Rightarrow\frac{AE}{EC}=\frac{AB}{BC}$$

84. $\triangle ABC$ 中，D 在 AB 的延长线上，E，F 在 BC 的垂直平分线上，且 $\angle BED=\angle BAE=\angle CAF$，$DM\perp EF$ 于 M，求证：M 是 EF 的中点.（叶中豪，2018－10－04）

证明 如图，以 F 为圆心，FB 为半径作圆 F，交 AC 于 T，连接 FT，FB，FC，FD，CE，由

$$\angle BED=\angle BAE=\angle CAF\Rightarrow\angle DEA=\angle DBE$$

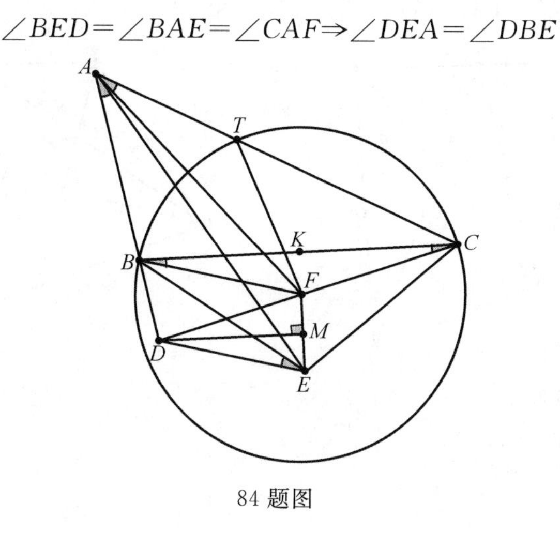

84 题图

由上题可知

$$\triangle ABE\backsim\triangle ATF\Rightarrow\frac{AF}{FT}=\frac{AE}{BE}$$

$$\angle DBE=\angle FTC=\angle DEA\Rightarrow\triangle ADE\backsim\triangle AFC\Rightarrow\frac{AD}{DE}=\frac{AF}{FC}\Rightarrow$$

$$\triangle ADF\backsim\triangle AEC\Rightarrow\frac{AD}{DF}=\frac{AE}{EC}=\frac{AE}{BE}=\frac{AF}{FT}=\frac{AF}{FC}=\frac{AD}{DE}\Rightarrow$$

$DF=DE\Rightarrow M$ 是 EF 的中点

85. 如图 1，已知四边形 $ABCD$，E，F，I，J 分别是四边的中点，连接 AJ，IB，交于点 G，连接 DJ，IC，交于点 H，连接 IJ，EF，交于点 O，求证：$GH\parallel EF$.

证明 如图 2，设 AJ，DJ，IB，IC 分别交 EF 于 M，N，K，L，连接 AO，BO，IM，IN，由梅氏定理，$\triangle IKO$，$\triangle ILO$ 分别被直线 GMJ，HNJ 所截得

$$\frac{KG}{GI}\cdot\frac{IJ}{JO}\cdot\frac{OM}{MK}=1,\frac{LH}{HI}\cdot\frac{IJ}{JO}\cdot\frac{ON}{NL}=1\Rightarrow\frac{KG}{GI}\cdot\frac{OM}{MK}=\frac{LH}{HI}\cdot\frac{ON}{NL}$$

如果

$$\frac{ON}{OL}=\frac{OM}{OK}\Leftrightarrow\frac{S_{\triangle INO}}{S_{\triangle ILO}}=\frac{S_{\triangle IMO}}{S_{\triangle IKO}}\Leftrightarrow\frac{S_{\triangle JNO}}{S_{\triangle ILO}}=\frac{S_{\triangle JMO}}{S_{\triangle IKO}}\Leftrightarrow$$

$$\frac{NJ\cdot\sin\angle NJO}{IL\cdot\sin\angle LIO}=\frac{JM\cdot\sin\angle MJO}{IK\cdot\sin\angle KIO}\Leftrightarrow$$

$$\frac{NJ\cdot\sin\angle NJO}{MJ\cdot\sin\angle MJO}=\frac{IL\cdot\sin\angle LIO}{IK\cdot\sin\angle KIO}\Leftrightarrow$$

$$\frac{NJ\cdot AJ}{MJ\cdot DJ}=\frac{IL\cdot IB}{IK\cdot IC}$$

事实上

$$\frac{AO\cdot\sin\angle EOA}{BO\cdot\sin\angle EOB}=1\Rightarrow\frac{IO\cdot\sin\angle IOK}{BO\cdot\sin\angle EOB}=\frac{JO\cdot\sin\angle JOK}{AO\cdot\sin\angle EOA}\Rightarrow$$

$$\frac{BK}{IK}=\frac{AM}{MJ}\Leftrightarrow\frac{IB}{IK}=\frac{AJ}{MJ}$$

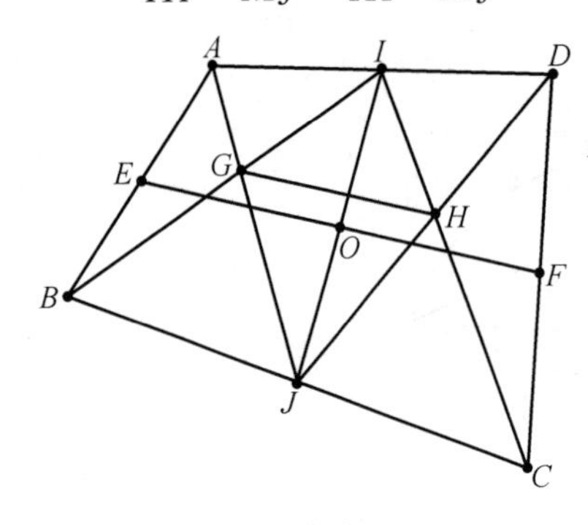

85 题图 1

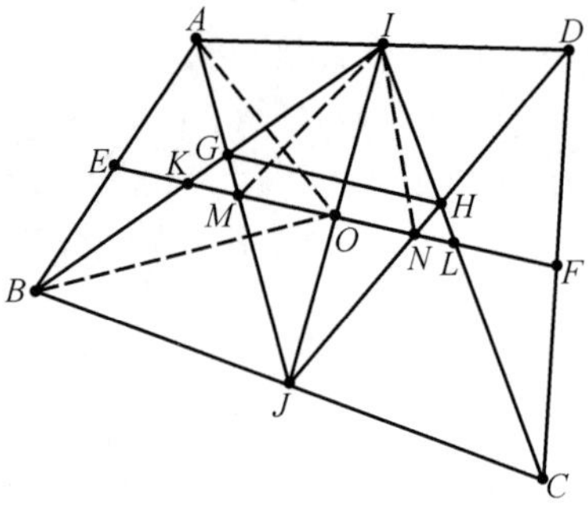

85 题图 2

同理$\frac{NJ}{DJ}=\frac{IL}{IC}$,因此$\frac{KG}{GI}=\frac{LH}{HI}$,所以 $GH/\!/EF$.

86. 如图 1,已知梯形 $ABCD$,且$\triangle ABC$ 为等腰直角三角形,作 $PD\perp BD$,$QD\perp DC$ 且$\triangle PDB\backsim\triangle QDC$,$PM\perp AD$,$R$ 为 PQ 的中点,求证:$AB/\!/RM$.

证明 如图 2,作 $AN\perp BC$,交 BC 于 N,延长 PM,交 BC 于 H,连接 DH,作 $TD\perp BC$,交 BC 于 T,延长 TD,交 PQ 于 R',由

$$\angle PDR'=\angle DBC,\angle R'DQ=\angle DCB$$

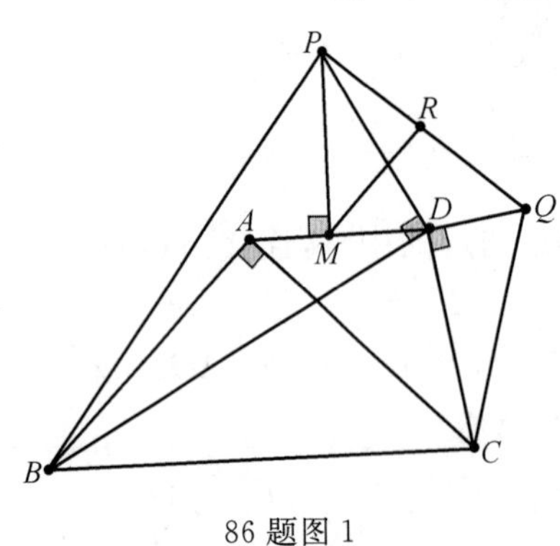

86 题图 1

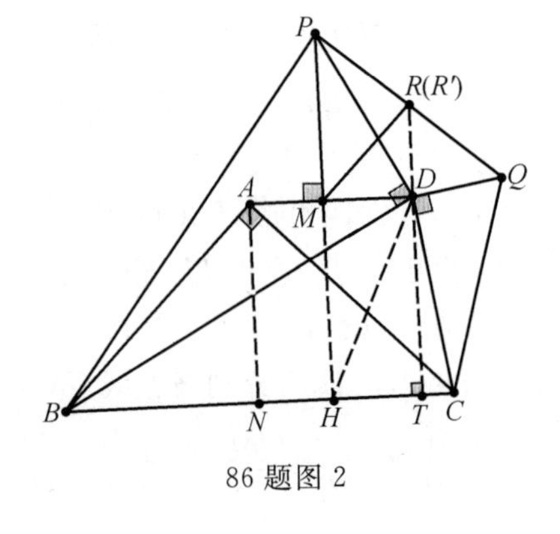

86 题图 2

因此

$$\frac{PD\cdot\sin\angle PDR'}{QD\cdot\sin\angle R'DQ}=\frac{PD\cdot\sin\angle DBC}{QD\cdot\sin\angle DCB}=1$$

故 $R'P=QP$,因此 R,R'重合,由

$$PH/\!/RT\Rightarrow S_{\triangle MDR}=S_{\triangle PDR}$$

由

$$P,B,H,D\text{ 四点共圆}\Rightarrow\angle PBD=\angle MHD\Rightarrow\triangle DMH\backsim\triangle QDC\Rightarrow\frac{MD}{MH}=\frac{DQ}{DC}$$

$$\frac{S_{\triangle DPQ}}{S_{\triangle DBC}}=\frac{PD\cdot DQ}{BD\cdot DC}=\frac{DQ^2}{DC^2}=\frac{2S_{\triangle MDR}}{S_{\triangle ABC}}=\frac{S_{\triangle MDR}}{S_{\triangle ANC}}=\frac{MD\cdot RD}{MH^2}\Rightarrow$$
$$MD=RD\Rightarrow AB /\!/ RM$$

87. 如图 1，$\triangle ABC$ 是等腰直角三角形，$AD/\!/BC$，矩形 $BDPE\backsim$ 矩形 $CDQF$，BQ，CP 交于点 R，求证：$AR/\!/EF$.（叶中豪，2018－10－27）

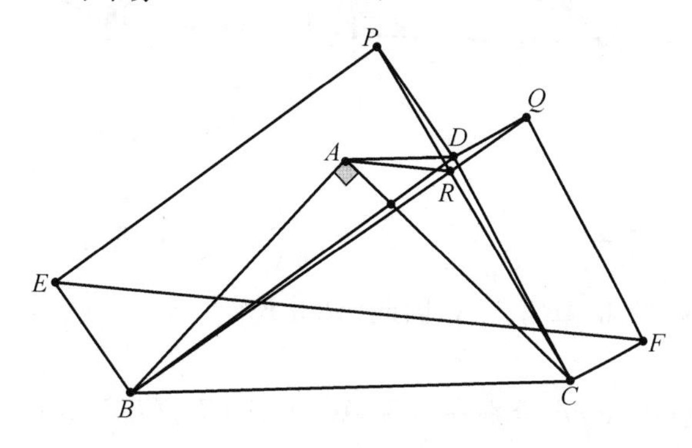

87 题图 1

证明 如图 2，N,H,M,G 分别为 PB,BC,CQ,QP 的中点，连接 GB，交 PH 于 X，连接 QH，交 CG 于 Y，由帕斯卡定理和 X,R,Y 三点共线，点 A 在 XY 上等价 YA，PH，BG 共点 X，设 YA 交 BG 于 X，交 PH 于 X'，则

$$\frac{S_{\triangle GAB}}{S_{\triangle GBY}}=\frac{AX}{YX},\frac{S_{\triangle PAH}}{S_{\triangle PYH}}=\frac{AX'}{YX'}$$

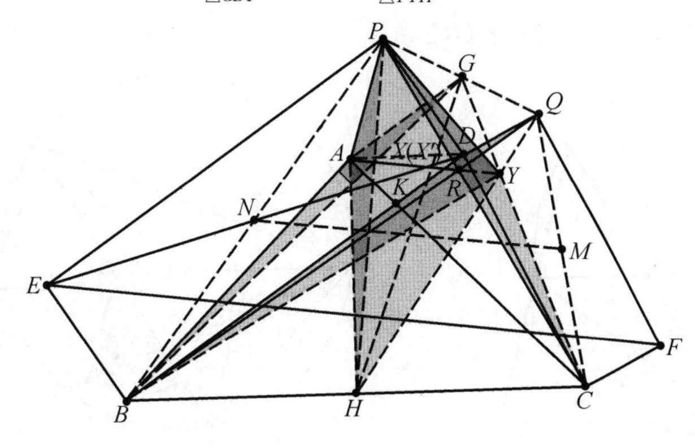

87 题图 2

$$S_{\text{四边形}GBHQ}=S_{\triangle GBH}+S_{\triangle HQG}=S_{\triangle GHC}+S_{\triangle HPG}=S_{\text{四边形}PHCG}$$
$$S_{\triangle GBY}=S_{\text{四边形}GBHQ}-S_{\triangle GYQ}-S_{\triangle YBH}=S_{\text{四边形}PHCG}-S_{\triangle GYP}-S_{\triangle YHC}=S_{\triangle PHY}$$

如图 3，作 $PT\perp BC$，分别交 AD，BC 于 U，T，连接 GU 并延长，交 BC 于 W，由 86 题可知 $GW/\!/AB$，由

$$AD/\!/BC\Rightarrow S_{\triangle GAB}=S_{\triangle UAB}=S_{\triangle UAH}$$

由

$$AH /\!/ PT \Rightarrow S_{\triangle PAH} = S_{\triangle UAH} \Rightarrow S_{\triangle GAB} = S_{\triangle PAH}$$

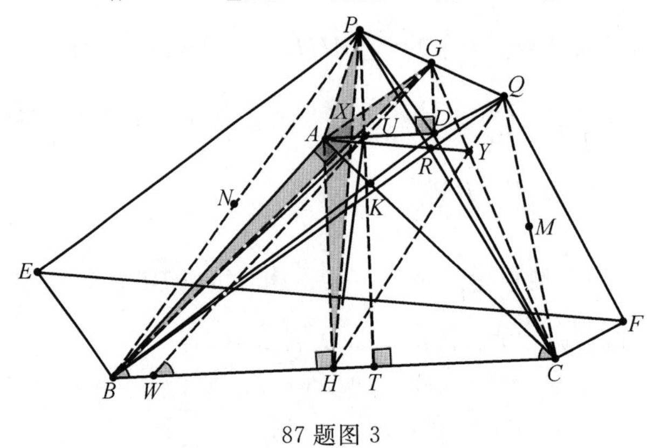

87 题图 3

因此

$$\frac{S_{\triangle GAB}}{S_{\triangle GBY}} = \frac{S_{\triangle PAH}}{S_{\triangle PYH}} = \frac{AX}{YX} = \frac{AX'}{YX'} \Rightarrow X, X' \text{重合}$$

故 A 在 XY 上，由 86 题可知 $AR /\!/ MN$，因此 $AR /\!/ EF$.

88. 如图 1，$\triangle ABC$ 中，E，F 分别在 AB，AC 上且 $EF /\!/ BC$，交$\triangle ABF$ 的外接圆于 D，$EG /\!/ AC$，交 CD 于 G，求证：$\angle ABF = \angle CBG$.

证明 如图 2，连接 AD，延长 BG，分别交 AC 于 K，交 DF 的延长线于 P，作 $BT /\!/ AC$，交 DF 于 T，由

$$\angle BDF = \angle BAC = \angle BEG$$

$$\frac{BE}{DE} = \frac{EF}{AE} = \frac{\sin \angle EAF}{\sin \angle AFE} = \frac{\sin \angle BDT}{\sin \angle DTB} = \frac{BT}{BD} = \frac{FC}{BD} \Rightarrow$$

$$BD \cdot BE = FC \cdot DE$$

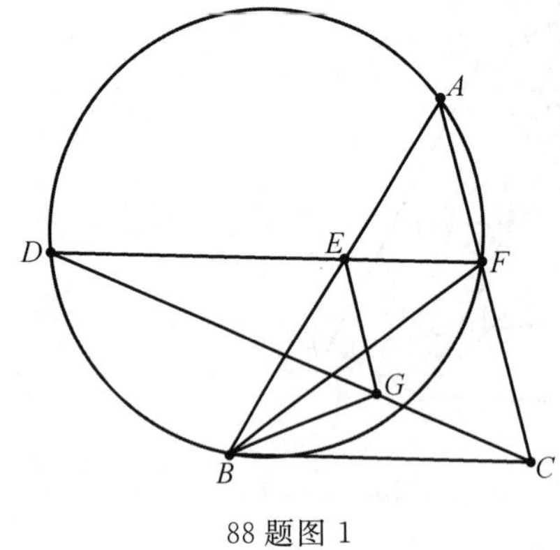

88 题图 1

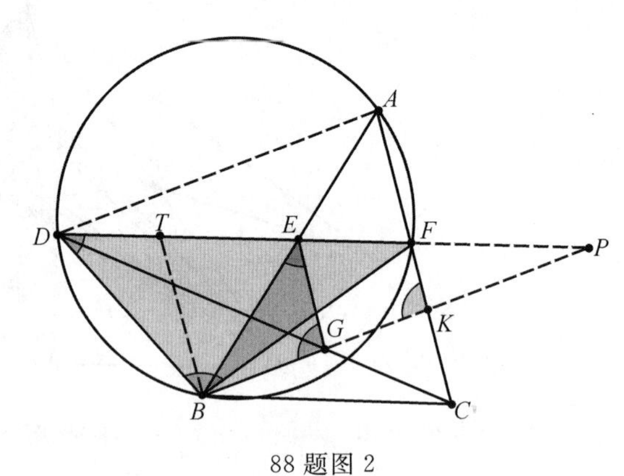

88 题图 2

由

$$\frac{GE}{FC} = \frac{DE}{FD} \Rightarrow GE \cdot FD = FC \cdot DE \Rightarrow BD \cdot BE = GE \cdot FD$$

即

$$\frac{BD}{FD} = \frac{GE}{BE} \Rightarrow \triangle BGE \backsim \triangle FBD \Rightarrow \angle DBF = \angle EGB = \angle AKB$$

$\angle DBF+\angle DAF=\angle AKB+\angle DAF=180^{\circ}\Rightarrow AD /\!/ BK\Rightarrow$
$\angle ABF=\angle ADF=\angle DPB=\angle GBC$

89. $\triangle ABC$ 中,CD 是高,AM 是中线,延长 AM,交$\triangle ABC$ 的外接圆于E,过 E 作AE 的垂线,交 DC 的延长线于 F,求证:$CD\cdot CF=AB\cdot BD$.

证明 如图,过 C 作 $HJ /\!/ AB$,使 $CJ=AB$,$CH=DB$,则四边形 $DCHB$ 为长方形,$DHJA$ 为等腰梯形,且

$$\angle DBC=\angle DHJ=\angle AJH,\angle BAE=\angle BCE=\angle EHM$$

则 D,A,H,E 四点共圆,故 D,E,H,F,J,A 六点共圆,故

$$CD\cdot CF=HC\cdot CJ=AB\cdot BD$$

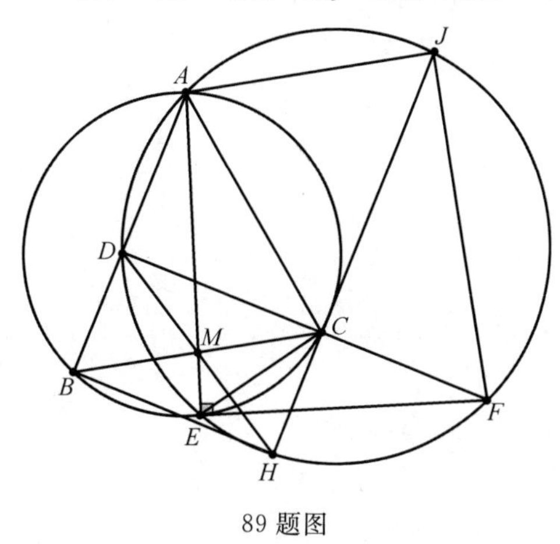

89 题图

90. 梯形 $ABCD$ 中,$AD /\!/ BC$ 且 $AD<BC$,过点 E 作 $AE /\!/ CD$,$\angle ABE=\angle CBD$,过点 F 作 $DF /\!/ AB$,$\angle DCF=\angle BCA$,求证:$\angle BCE=\angle CBF$.(万喜人,2018-12-07)

证明 如图,延长 BA,CD 交于点 P,延长 BE,CF,分别交 PC,PA 于 G,H,分别作$\triangle BDP$ 和$\triangle CAP$ 的外接圆,交直线 AD 于 V,W,连接 BV,CW,易证四边形 $BCWV$ 为等腰梯形,连接 PV,VE,则

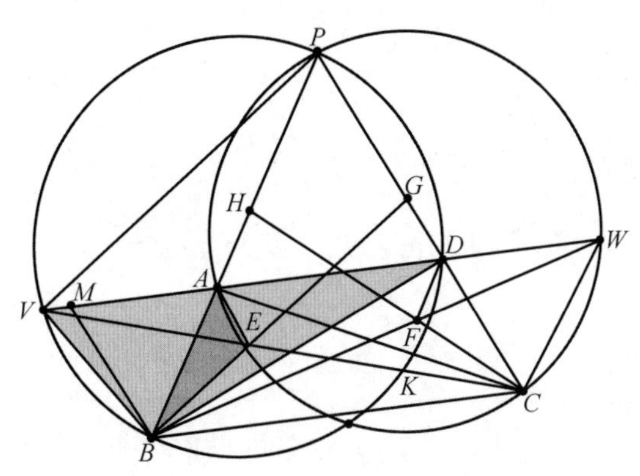

90 题图

$$\angle PVD=\angle PBD=\angle GBC,DV /\!/ BC\Rightarrow\angle PDV=\angle GCB$$

$$\triangle PVD \backsim \triangle GBC \Rightarrow PV /\!/ GB \Rightarrow \angle BDV = \angle VPB = \angle PBE$$

$$\angle BAE = \angle BPD = \angle BVD \Rightarrow \triangle ABE \backsim \triangle VDB \Rightarrow \frac{AE}{VB} = \frac{AB}{VD}$$

$$AE \cdot VD = AB \cdot VB$$

作 $BM /\!/ DC$，交 VW 于 M，则

$$\frac{AV}{AB} = \frac{AP}{AD} = \frac{\sin\angle PDA}{\sin\angle APD} = \frac{\sin\angle VMB}{\sin\angle MVB} = \frac{VB}{MB} = \frac{VB}{DC} \Rightarrow$$

$$AB \cdot VB = AV \cdot DC \Rightarrow AE \cdot VD = AV \cdot DC \Rightarrow \frac{AV}{VD} = \frac{AE}{DC} \Rightarrow$$

V, E, C 三点共线

同理 W, F, B 三点也共线，因此 $\angle BCE = \angle CBF$.

几何研究集四

91. 如图 1,已知四边形 $ABCD$,$BC\perp DC$,$\angle DBC=\angle BAD$,E 为 AD 的中点,若 $BD=kAB$,$CD=mAD$,求$\frac{CE}{CD}$的值.

解法 1 如图 2,作$\triangle BCD$ 的外接圆 O,交 AD 于 F,作圆 E,AE 为半径,交圆 O 于 G,交 CE 于 I,交 CE 的延长线于 J,连接 GD,GE,GB,CF,BF,显然$\triangle BCD\backsim\triangle AFB$.

$$DG\perp GB\Rightarrow A,B,G\text{ 三点共线}\Rightarrow AG/\!/CF\Rightarrow FB=CG$$

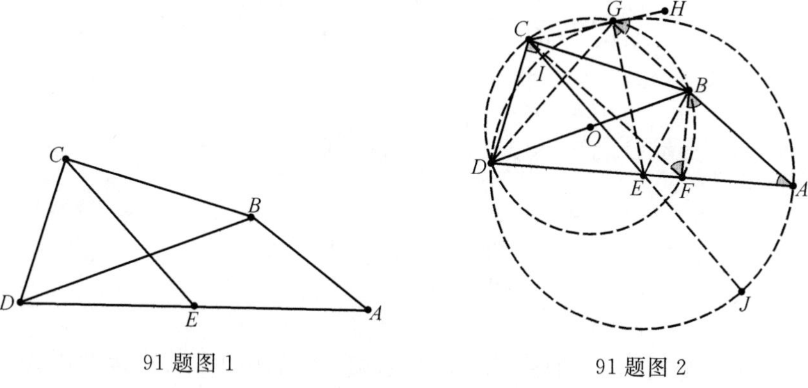

91 题图 1　　91 题图 2

而$\angle HGB=\angle CFB=\angle FBA$,由$\angle EGA=\angle EAG$,则

$$\angle HGB+\angle EGA=\angle FBA+EAG=90^\circ\Rightarrow CH\text{ 与圆 }E\text{ 相切}$$

G 为切点,因此

$$CG^2=FB^2=CI\cdot CJ=CE^2-IE^2=CE^2-DE^2$$

由相似比知

$$\frac{AB}{BD}=\frac{BF}{DC}\Rightarrow\left(\frac{AB}{BD}\right)^2=\frac{BF^2}{DC^2}=\frac{CE^2-DE^2}{DC^2}$$

所以

$$\frac{CE}{DC}=\sqrt{\frac{1}{4m^2}+\frac{1}{k^2}}$$

解法 2 如图 3,作 $BF\perp AD$,显然$\triangle BCD\backsim\triangle AFB$.由

$$DB^2-DF^2=BA^2-(AD-DF)^2\Rightarrow DF=\frac{AD^2+DB^2-AB^2}{2\cdot AD}$$

由余弦定理得

$$CE^2=DC^2+DE^2-2DC\cdot DE\cdot\cos\angle CDE$$

即

$$4\left(\frac{CE}{DC}\right)^2=4+\frac{1}{m^2}-\frac{4}{m}\cos\angle CDE$$

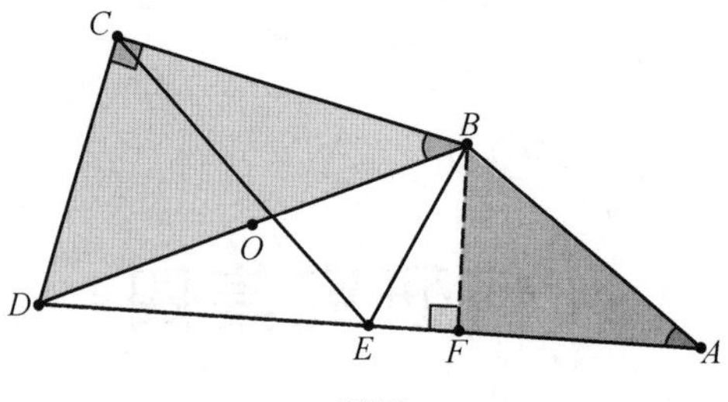

91 题图 3

$$\cos\angle CDE=\cos\angle CDB\cdot\cos\angle BDF-\sin\angle CDB\cdot\sin\angle BDF=$$
$$\frac{DC\cdot DF-CB\cdot BF}{BD^2}=\frac{DC\cdot DF-AF\cdot DC}{BD^2}=$$
$$\frac{DC\cdot DF-[(AD-DF)\cdot DC]}{BD^2}=\frac{2\cdot DC\cdot DF}{BD^2}-\frac{AD\cdot DC}{BD^2}=$$
$$\frac{DC}{AD}\cdot\left(\frac{AD^2}{BD^2}+1-\frac{AB^2}{BD^2}\right)-\frac{AD^2\cdot DC}{BD^2\cdot AD}=m-\frac{m}{k^2}$$

因此

$$4\left(\frac{CE}{DC}\right)^2=\frac{1}{m^2}+\frac{4}{k^2}$$

所以

$$\frac{CE}{DC}=\sqrt{\frac{1}{4m^2}+\frac{1}{k^2}}$$

92. 如图 1,圆 Q 为$\triangle ABC$ 的外接圆,D 为劣弧 BC 的中点,E,F 在直线 AD 上,$DE=DF$,$EG\perp AC$ 于 G,$EI\perp BC$ 于 I,$FH\perp BC$ 于 H,$FK\perp AB$ 于 K,HK 交直线 GI 于 L,求证:$AL\perp BC$.(姚佳斌,2019－01－05)

证明 如图 2,作 $EN\perp AB$ 于 N,连接 DN,BD,DK,DC,DG,QD 交 BC 于 R,AF 交 BC 于 S,易证 $IC=BH$,$NEFK$ 为直角梯形,D 为腰 EF 的中点$\Rightarrow DN=DK=DG$,$BD=DC$,$\angle ACD=\angle DBK\Rightarrow BK=GC$,由梅氏定理:$\triangle ABM$,$K,L,H$ 和$\triangle AMC$,G,I,L 得

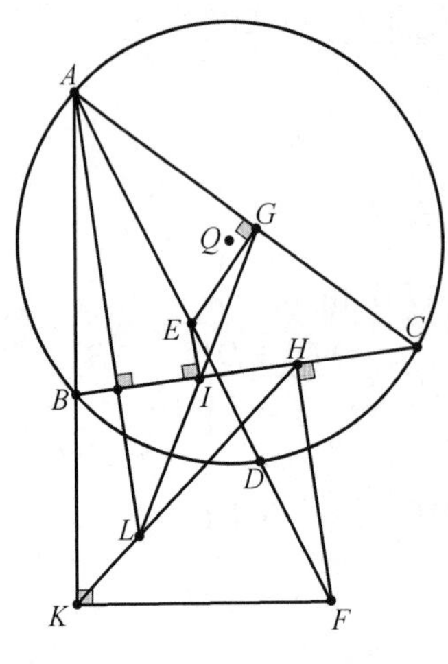

92 题图 1

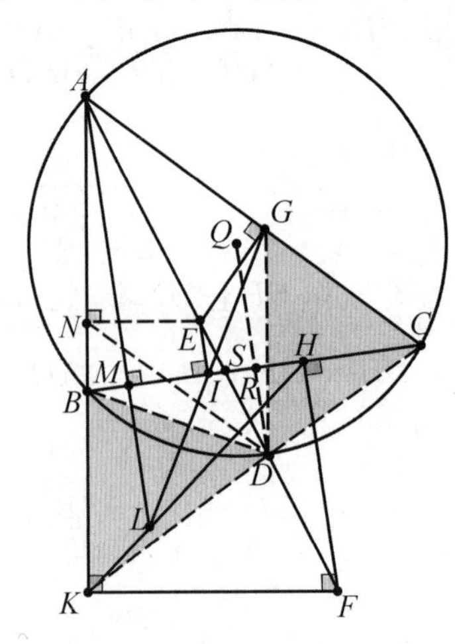

92 题图 2

$$\frac{AK}{KB}\cdot\frac{BH}{HM}\cdot\frac{ML}{LA}=1$$

$$\frac{AL}{LM}\cdot\frac{MI}{IC}\cdot\frac{CG}{GA}=1\Rightarrow\frac{AK}{AG}=\frac{MH}{MI}\Rightarrow\frac{AF}{AE}=\frac{MH}{MI}$$

$$\frac{EF}{AE}=\frac{IH}{MI}\Rightarrow\frac{ED}{AE}=\frac{IR}{MI}$$

由

$$\frac{SR}{IS}=\frac{SD}{ES}\Rightarrow\frac{IR}{IS}=\frac{ED}{ES}$$

故

$$\frac{AE}{ES}=\frac{MI}{IS}\Rightarrow\frac{AS}{ES}=\frac{SM}{IS}\Rightarrow AL\perp BC$$

93. 如图 1,D 是$\triangle ABG$ 外接圆 T 上一点,C 是 B 关于 AD 的对称点,圆(AGC)再次交 AD 于 F,S 是 AF 的中点,$SK\perp TS$ 且 SK 交直线 BG 于 K,求证:DK 是圆 T 的切线.(苏林,2019-01-11)

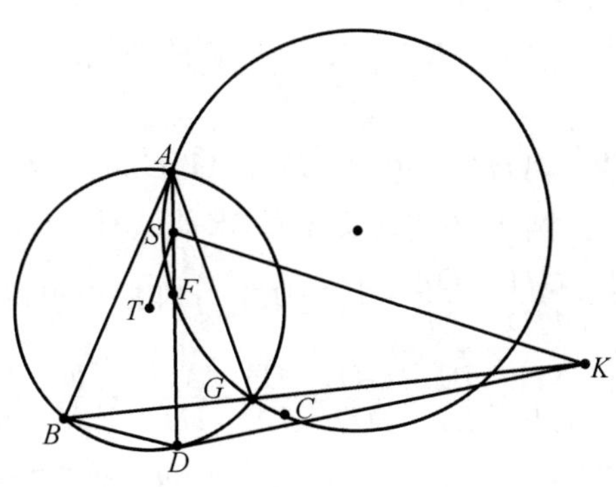

93 题图 1

证明 如图 2,设 AC 交圆 T 于 E,连接 DE,GE,GF,GC,作 $TW\perp AD$ 于 W,延长 DC 交圆(AGC)于 N,连接 FN 交 FD 的垂直平分线 HP 于 P,则 $FP=PD$,由

$$\triangle FND\backsim\triangle ADC\Rightarrow\angle DFP=\angle DCE\Rightarrow\triangle DEC\backsim\triangle PDF\Rightarrow\frac{EC}{DF}=\frac{DE}{DP}$$

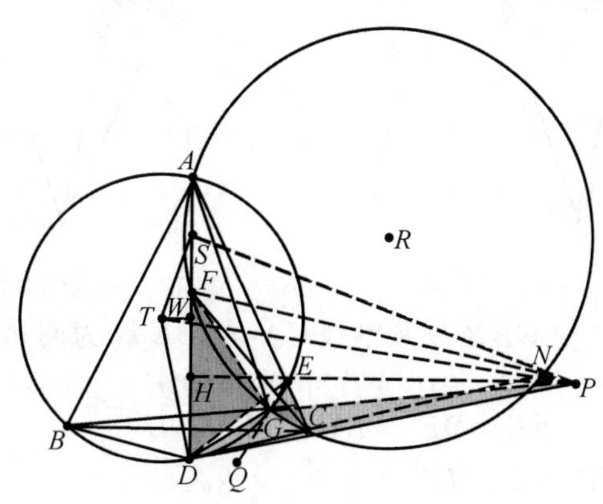

93 题图 2

连接 GP，由 $\angle ACD=\angle ABD=\angle ADP\Rightarrow DP$ 是点 D 的切线，$\angle GDP=\angle DEG$，弦切角定理得

$$\angle DFG=\angle EVG,\angle FDG=\angle CEG\Rightarrow\frac{EC}{DF}=\frac{EG}{DG}\Rightarrow\frac{DE}{EG}=\frac{DP}{DG}\Rightarrow\triangle EDG\backsim\triangle DPG$$

延长 EG 至 Q，则

$$\angle QGD=\angle DAE=\angle BAD=\angle BGC$$

故

$$\angle BGD+\angle DGP=180^\circ$$

B,G,P 三点共线，连接 SP，弦切角定理得

$$\angle HFP=\angle ADP=\angle ABD=\angle WTD\Rightarrow\triangle TWD\backsim\triangle FHP\Rightarrow\frac{WD}{HP}=\frac{TD}{FP}$$

即

$$\frac{SH}{HP}=\frac{TD}{DP}\Rightarrow\triangle TDP\backsim\triangle SHP\Rightarrow\angle SPT=\angle HPD=\angle FPH$$

且

$$\frac{SP}{TP}=\frac{HP}{DP}=\frac{HP}{FP}\Rightarrow\triangle TSP\backsim\triangle FHP\Rightarrow TS\perp SP$$

因此，SP,TP,HP,BG,DP 共点 $P=K\Rightarrow DK$ 是圆 T 的切线.

94. 如图 1，E,D,G 是在 $\triangle AIH$ 三边上，$GB\perp AI$，$GD\perp AH$，且 AG,ID,HE 共点，记 $AEGD$ 所共圆为 L，自 B,D 作圆 T 的切线交于 C，求证：$AC\perp IH$.（叶中豪，2019－02－07）

证明 由锡瓦定理：$\frac{BI}{IG}\cdot\frac{GH}{HD}\cdot\frac{DA}{AB}=1$，设 IH 与圆 L 交于点 E，则由割线定理得

$$\frac{IB}{IG}=\frac{IE}{IA},\frac{GH}{GD}=\frac{AH}{HE}\Rightarrow\frac{BI}{IG}\cdot\frac{GH}{HD}=\frac{IE}{IA}\cdot\frac{AH}{HE}\Rightarrow\frac{IE}{IA}\cdot\frac{AH}{HE}\cdot\frac{DA}{AB}=1$$

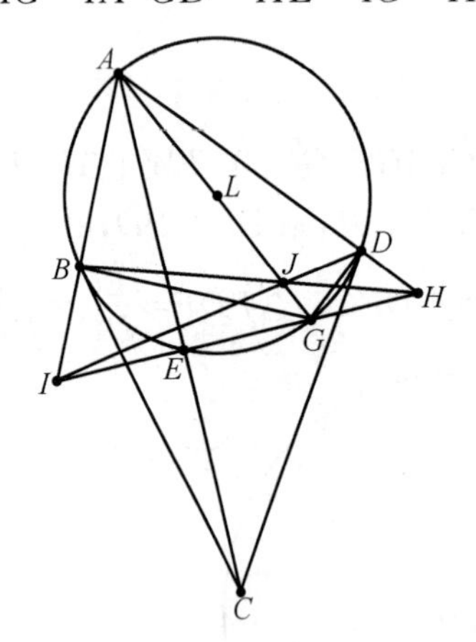

94 题图 1

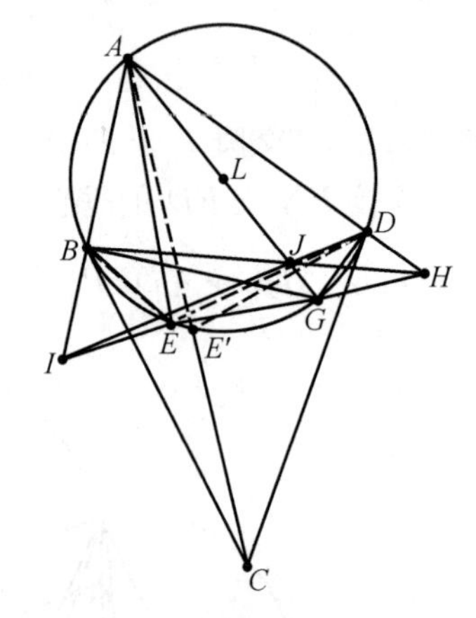

94 题图 2

又设 AC 交圆 L 于 E'，由切线 CB,CD 和割线 $CA\Rightarrow ABE'D$ 为调和四边形，则

$$\frac{DA}{AB}=\frac{BE'}{DE'}\Rightarrow\frac{IE}{IA}\cdot\frac{AH}{HE}\cdot\frac{BE'}{DE'}=1$$

AG 是圆 L 的直径，$AE\perp IE$，$AE\perp HE$

$$\frac{\sin\angle IAE}{\sin\angle HAE}\cdot\frac{AG\cdot\sin\angle HAE'}{AG\cdot\sin\angle IAE'}=1$$

即

$$\frac{\sin\angle IAE\cdot\sin\angle HAE'}{\sin\angle HAE\cdot\sin\angle IAE'}=1$$

经积化和差及简单的调整再和差化积易得$\angle EAE'=0°$,因此 E,E'重合,故 $AC\perp IH$.

95. 如图,四边形 $ABCD$ 内接于圆 O,BC 交 AD 于 Q,DC 交 AB 于 P,M 为 PQ 的中点,Y 为 PQ 上一点,AY 再次交圆 O 于 R,AM 再次交圆 O 于 L,圆 O 在点 B,D 处切线相交于 E,求证:E,L,R,Y 四点共圆.(叶中豪,2019-02-09)

证明 如图 2,连接 LB,LD,LR,LC,LP,LE,LQ,由正弦定理得

$$\frac{\sin\angle BAL}{\sin\angle DAL}=\frac{BL}{DL}$$

由面积

$$\frac{\sin\angle BAL}{\sin\angle DAL}=\frac{AQ}{AP}\Rightarrow\frac{BL}{DL}=\frac{AQ}{AP}$$

$$PB\cdot PA=PC\cdot PD,QD\cdot QA=QC\cdot QB\Rightarrow\frac{PB}{QD}\cdot\frac{PA}{QA}=\frac{PC}{QC}\cdot\frac{PD}{QB}\Rightarrow$$

$$\frac{PB}{QD}\cdot\frac{DL}{BL}=\frac{PC}{QC}\cdot\frac{PD}{QB},\frac{PB}{\sin\angle BCP}=\frac{PC}{\sin\angle PBC}$$

$$\frac{DQ}{\sin\angle BCP}=\frac{CQ}{\sin\angle PBC}\Rightarrow\frac{PB}{DQ}=\frac{PC}{CQ}\Rightarrow\frac{DL}{BL}=\frac{PD}{BQ}\Rightarrow$$

$\triangle DLP\backsim\triangle BLQ\Rightarrow L,P,Q,C$ 四点共圆

$\angle LCP=\angle LDE=\angle DAL=\angle EQL\Rightarrow D,L,E,Q$ 四点共圆

$$\angle ADL=\angle LEQ=\angle PBL$$

由$\angle ARL=\angle ADL$,因此 E,L,R,Y 四点共圆.

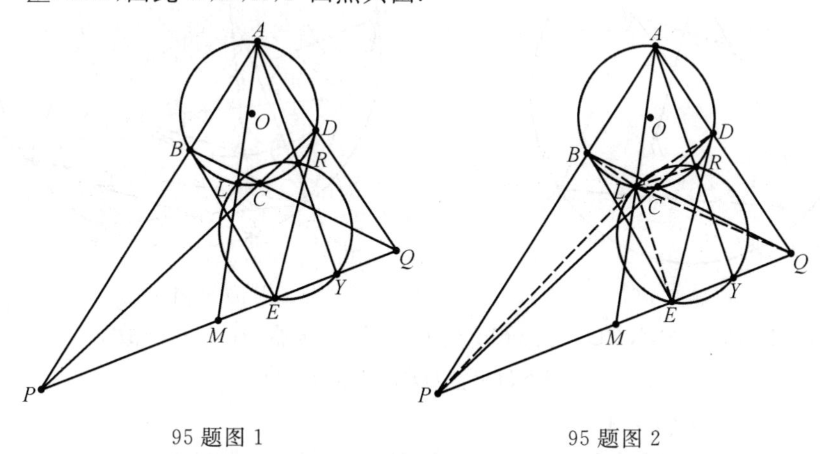

95 题图 1　　95 题图 2

96. 如图,在$\triangle ABC$ 中,P 为高线 AD 上不同于 A 的一点,作 $PE\perp PB$ 交直线 AC 于点 E(不同于 C),$PF\perp PC$,交直线 AB 于点 F,求证:$EF/\!/BC$.(万喜人,2019-02-18)

证明 分别延长 PF,PE 交 BC 于 Y,Z,由 $PE\perp PB,PF\perp PC$ 知

$$\angle FPB=\angle EPC\Rightarrow\frac{PY\cdot PB}{YB}=\frac{PZ\cdot PC}{CZ}$$

由

$$BD \cdot DZ = PD^2 = YD \cdot DC \Rightarrow \frac{YD}{BD} = \frac{DZ}{DC} \Rightarrow$$

$$\frac{YB}{CZ} = \frac{YD}{DZ} = \frac{PY\sin\angle DPY}{PZ\sin\angle DPZ} =$$

$$\frac{PY\sin\angle APF}{PZ\sin\angle APE} = \frac{PY \cdot PB}{PZ \cdot PC} \Rightarrow$$

$$\frac{\sin\angle APF}{\sin\angle APE} = \frac{PB}{PC}$$

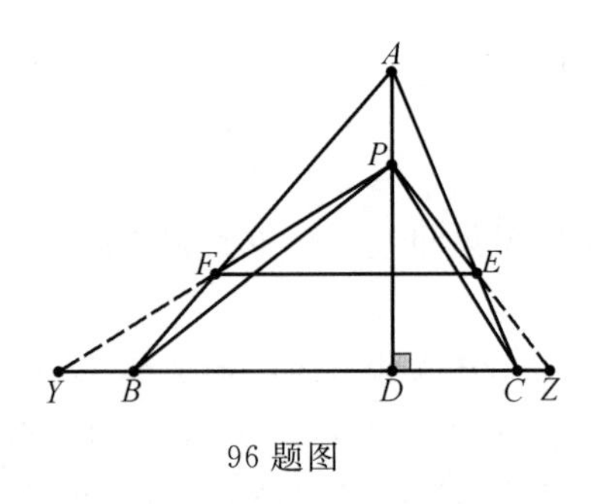

96 题图

由

$$\frac{AP\sin\angle APE}{PC\sin\angle CPE} = \frac{AE}{EC}, \frac{AP\sin\angle APF}{PB\sin\angle BPF} = \frac{AF}{FB} \Rightarrow \frac{AE}{EC} = \frac{AF}{FB}$$

因此 $EF /\!/ BC$.

97. 如图 1,已知 O,H 分别为$\triangle ABC$ 外心、垂心,P 是$\triangle ABC$ 外接圆 O 上一点,PH 中垂线交 AB,AC 分别于 E,F,求证:$\angle EOF + 2\angle BAC = 180°$.(潘成华,2019－02－20)

证明 如图 2,连接 BH,OP,OB,ES,延长 CH 交圆 O 于 U,设$\triangle PUH$ 外接圆为圆 E,UB 交圆 E 于 S,PE 延长线交圆 E,圆 O 于 V,T,PH 延长线交圆 O 于 X,由

$$\angle EOF + 2\angle BAC = 180° \Leftrightarrow \angle UBH + 2\angle BUH = 180°$$

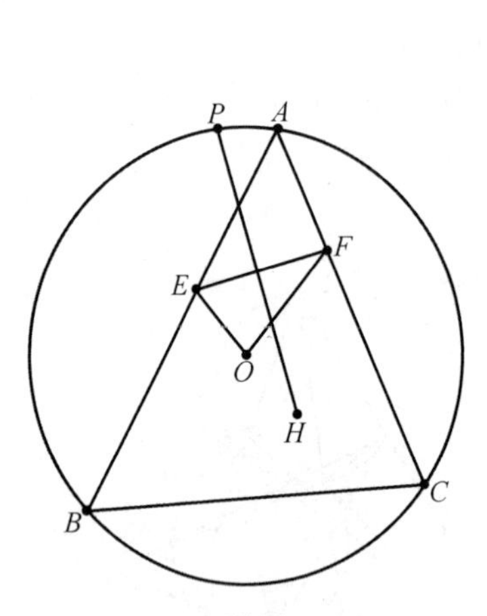

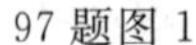

97 题图 1

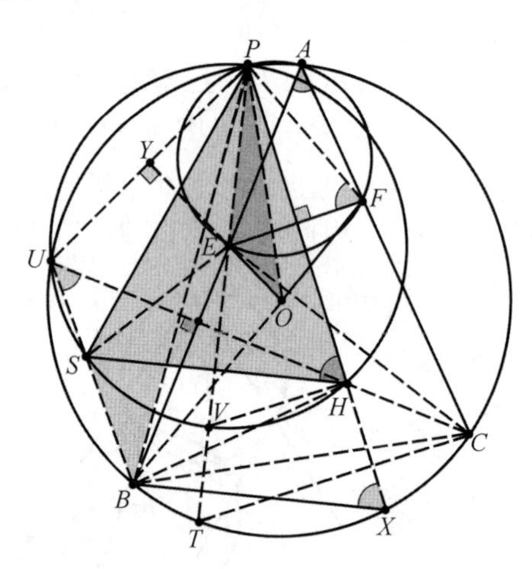

97 题图 2

连接 PB,TC,VH,PF,PU,延长 OE 交 PU 于 Y,显然 $PU \perp EY$,故

$$\angle BSH = \angle UPH = \angle FEO$$

PV 为圆 E 直径,$VH /\!/ EF$,由

$$\angle PTC = \angle PUC = \angle PVH \Rightarrow VH /\!/ TC /\!/ EF$$

$$\angle PTC + \angle PAC = 180° = \angle PEF + \angle PAF \Rightarrow A,P,E,F \text{ 四点共圆}$$

易证

$$\angle BXP = \angle SHP = \angle PAB = \angle PFE \Rightarrow \angle PSH = \angle PVH = \angle PEF \Rightarrow \triangle PSH \backsim \triangle PEF$$

由

$$\angle PXB = \angle SHP \Rightarrow \angle BOP = \angle SEP \text{(圆心角,圆周角)}$$

$$\triangle POB \backsim \triangle PES \Rightarrow \angle SPB = \angle OPE$$

$$\angle PSB = \angle PEO \Rightarrow \triangle PSB \backsim \triangle PEO, \angle SBP = \angle EOP$$

由

$$\angle SPE = \angle HPF \Rightarrow \angle BPH = \angle OPF, \frac{PF}{PH} = \frac{PE}{PS} = \frac{PO}{PB} \Rightarrow \triangle PBH \backsim \triangle POF$$

$$\angle PBH = \angle POF \Rightarrow \angle SBH = \angle EOF$$

因此

$$\angle EOF + 2\angle BAC = 180^\circ$$

98. 如图 1,AB,AC 是圆 O 的切线,B,C 是切点,AF 交圆 O 于 E,F,AG 交 BC 于 K,交切线 FG 于 G,GT 是圆 O 的切线,T 为切点,求证:E,K,T 三点共线.

证明 如图 2,由已知可作圆 $I(ABOC)$ 交 AG 于 H,连接 OH,显然 $OH \perp AG$,再作圆 $I(TGFO)$.

易证 H 也在圆 Q 上,连接 TF,故

$$\angle TEF = \angle TFG = \angle THG \Rightarrow \angle AET = \angle AHT$$

因此 A,E,H,T 四点共圆(记为圆 W)$\Rightarrow$圆 I,圆 W,圆 O 三圆两两相交,由根心定理:BC,AH,ET 共点 K,故 E,K,T 三点共线.

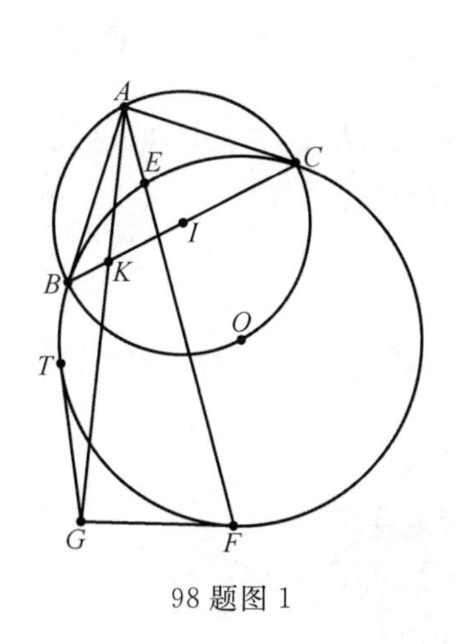

98 题图 1

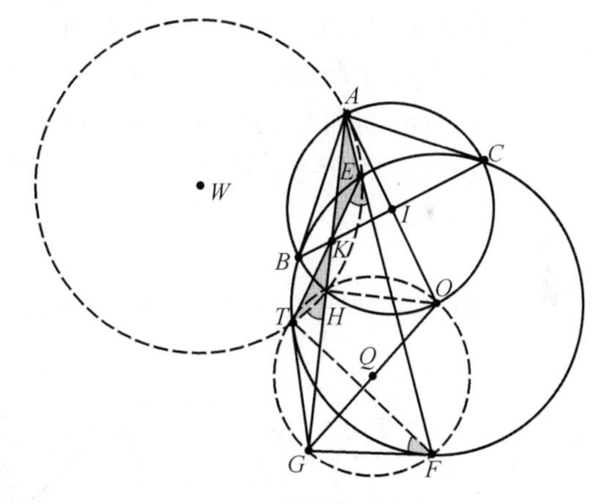

98 题图 2

99. 如图 1,圆 O 切线 $AB \perp AC$,ADE 是割线,D,E 处切线交于 F,PQ 是圆 O 任一切线,求证:$\angle EAP = \angle FAQ$.(叶中豪,2019-04-02)

证明 如图 2,连接 BC,设 AE 交 BC 于 S,显然 A,D,S,E 为调和点列 F,B,S,C 四点共线,由

$$AB \perp AC \Rightarrow \angle FAB = \angle SAB$$

设 QP 切点为 R,AP 交 FC 于 H,圆 $T(QROD)$ 交圆 $W(ABOC)$ 于 K,由 98 题可知:RD,AP,FC 共点 H,四边形 $ABOC$ 为正方形,而圆 T,圆 W,圆 O 由根心定理:KO 也过点 H,因此$\angle BAH = \angle HOB = \angle KAB$,故$\angle EAP = \angle FAQ$.

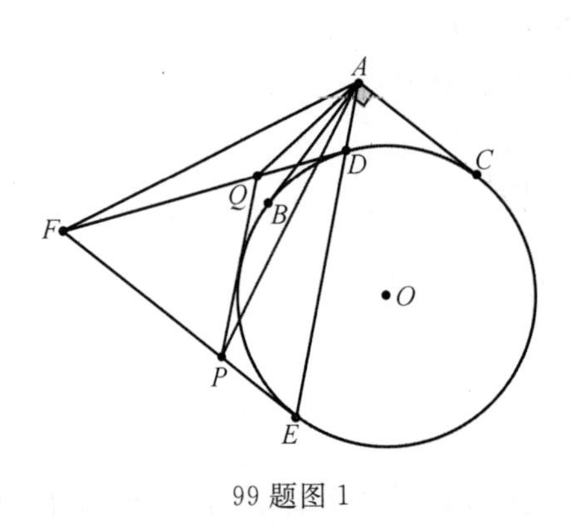

99 题图 1

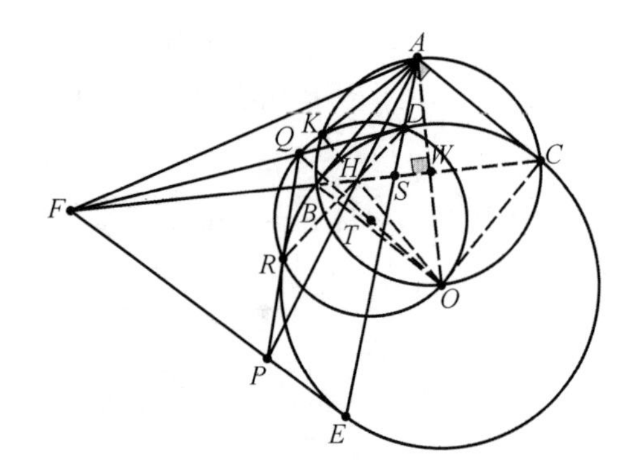

99 题图 2

100. 如图 1,I 是$\triangle ABC$ 的内心,内切圆与 AB,AC 切于 E,F,D 在 EF 延长线上,且 $ID=\sqrt{2}\,r$(r 为内切圆半径),求证:$\angle ADB+\angle EDC=180°$.(叶中豪,2019-04-21)

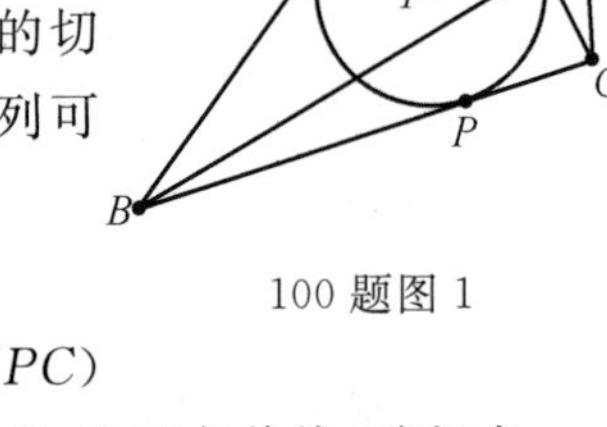

100 题图 1

证明 如图 2,延长 AD 至 G,BC 切圆 I 于 P,过 D 作圆 I 的切线 DL,DH,L,H 为切点,则四边形 $IHDL$ 为正方形,由调和点列可知 A,L,H 三点共线,由

$$LD\perp DH\Rightarrow\angle ADL=\angle EDL\Rightarrow\angle EDH=\angle HDG$$

只要$\angle BDH=\angle HDC$ 本题就得证,作圆 $U(DLIH)$交圆 $T(FIPC)$于 R,易证圆 $S(BPIE)$与圆 U 的交点 K 在 BD 上,同样易证 D,R,C 三点共线,弦切角

$$\angle BEP=\angle EFP=\angle BKP\Rightarrow P,K,F,D\text{ 四点共圆}$$

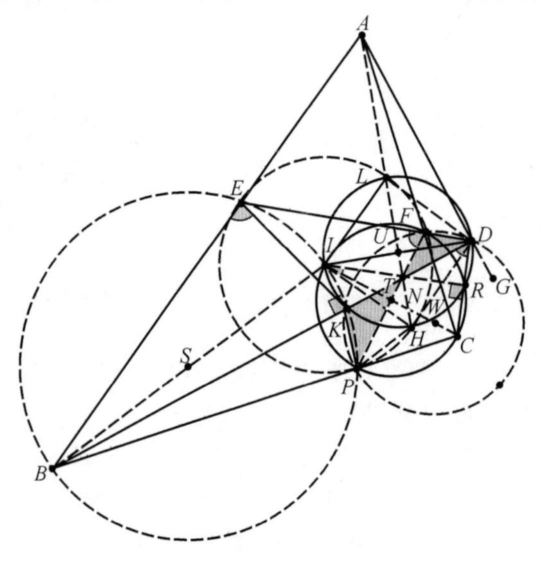

100 题图 2

记为圆 W,由根心定理:LH,DK,IR,FP 都共点 N,所以

$$\angle KDH=\angle RIH=\angle RDH$$

因此

$$\angle ADB+\angle EDC=180°$$

101. 如图 1,P 是圆 H,圆 I 的一个交点,一直线依次交两圆于点 A,B,C,D,点 G 满足 $GB=GC$,过 B 作 IG 的垂线交 PA 于 E,过 C 作 HG 的垂线交 PD 于 F,求证:$EF/\!/AD$.(叶中豪,2019-04-25)

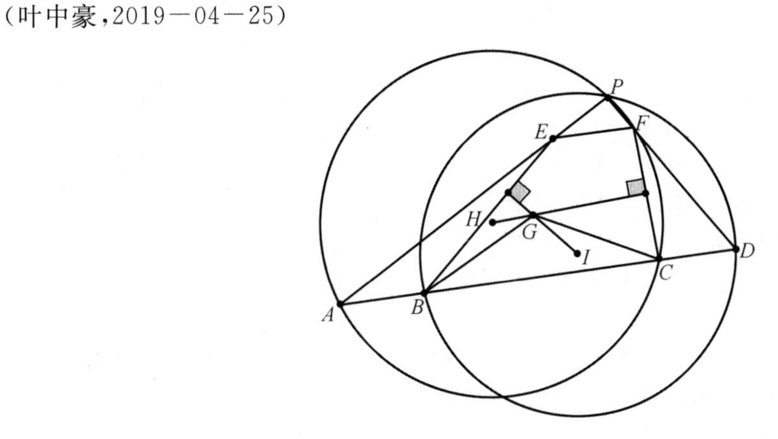

101 题图 1

证明 如图 2,以 GB 为半径作圆 G 交 BE,CF 于 N,M,设圆 H,圆 I 的另个交点为 W,则由根心定理 BN,WP,CM 共点 K,连接 MN,MP,得

$$\angle ENM=\angle MCD=\angle EPM\Rightarrow E,N,P,M\text{ 四点共圆圆 }S$$

设圆 S 交 PW 为 T,易证

$$ET/\!/BW \tag{1}$$

若设圆 S 交 PD 为 F,则

$$\angle PFE=\angle KNP=\angle PDB\Rightarrow EF/\!/AD \tag{2}$$

若设圆 S 交 MC 为 R,则

$$\angle PWC=\angle PMR=\angle PTR\Rightarrow TR/\!/WC$$

由

$$\frac{KR}{RC}=\frac{KT}{TW}=\frac{KE}{EB}\Rightarrow ER/\!/BC$$

因此 F 和 R 是重合的,故 $EF/\!/AD$.

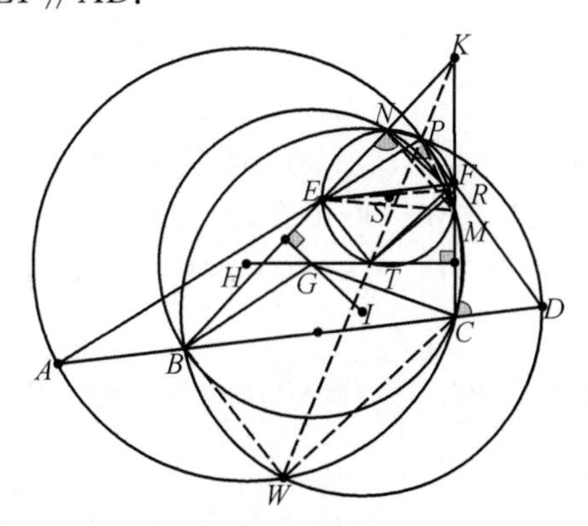

101 题图 2

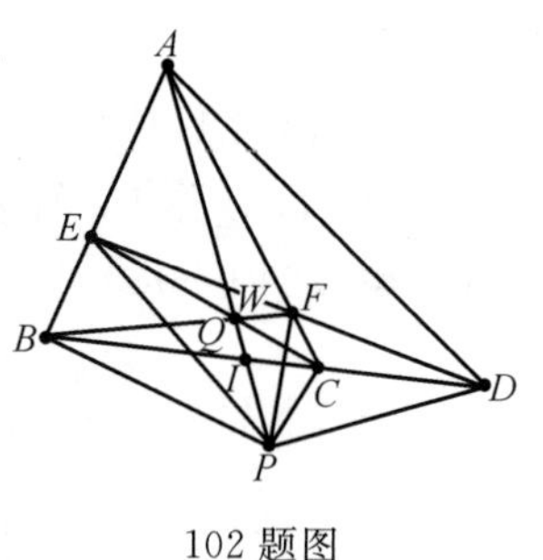

102 题图

102. $\angle APE=\angle APF$，$\angle BPE=\angle CPF$，BC，EF 延长交于 D，求证：$AP\perp PD$.（叶中豪，2019－04－29）

证明 如图，连接 BF 交 AP 为 Q，连接 EC 交 AP 为 W，考察

$$\frac{AQ}{PQ}\cdot\frac{PW}{AW}=\frac{S_{\triangle ABF}}{S_{\triangle PBF}}\cdot\frac{S_{\triangle PCE}}{S_{\triangle ACE}}=\frac{AB\cdot AF\cdot PC\cdot PE}{PB\cdot PF\cdot AC\cdot AE}$$

由面积

$$\frac{PB}{PC}=\frac{AB\cdot\sin\angle BAI}{AC\cdot\sin\angle CAI}$$

$$\frac{PE}{PF}=\frac{AE\cdot\sin\angle BAI}{AF\cdot\sin\angle CAI}\Rightarrow\frac{AQ}{PQ}\cdot\frac{PW}{AW}=1$$

因此 Q 和 W 重合 $\Rightarrow B,I,C,D$ 调和点列 $\Rightarrow AP\perp PD$.

103. 如图 1，圆 O 的内接 $\triangle ABC$，AH 过垂心 K 交圆 O 于 H，AO 交 BC 于 D，$OG/\!/BC$，$AN/\!/DK$ 交圆 O 于 N，HN 交 OG 于 G，求证：$\angle OGH=\angle KDA$.

证明 如图 2，连接 HD 交圆 O 于 J，由 K,H 关于 BC 对称，A,H 关于 OG 对称 $\Rightarrow J,N$ 关于 OG 对称 $\Rightarrow OG,HJ,AN$ 共点 $I\Rightarrow A,J,G$ 三点共线，连接 OJ,OH，则

$\angle OHN=\angle OAJ=\angle OJA\Rightarrow J,O,H,G$ 四点共圆 $\Rightarrow\angle OGJ=\angle OGH=\angle OJH\Rightarrow$

$\triangle OGJ\backsim\triangle OIJ\Rightarrow JO^2=OI\cdot OG\Rightarrow AO^2=OI\cdot OG\Rightarrow$

$\triangle AGO\backsim\triangle IAO\Rightarrow\angle AGO=\angle OAI=\angle KDA(DK/\!/AN)$

即 $\angle OGH=\angle KDA$.

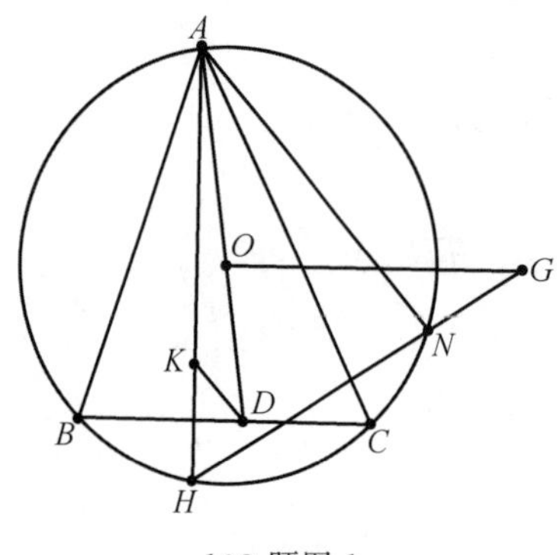

103 题图 1

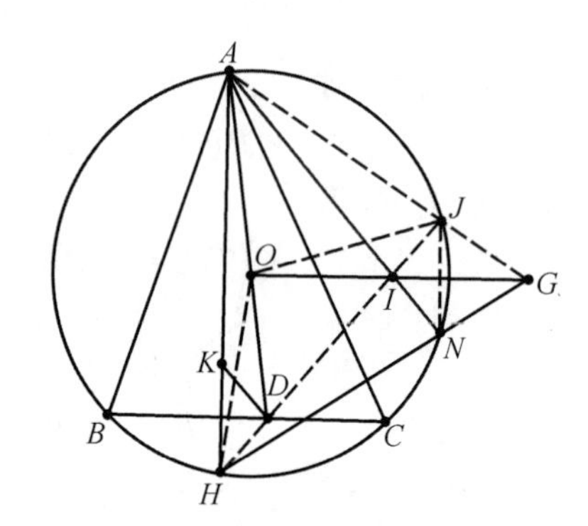

103 题图 2

104. 如图 1，圆 O 外切四边形 $ABCD$，M 是 AC 中点，E,F 分别在 $\angle B$，$\angle D$ 平分线上，且 $EM/\!/DF$，$FM/\!/BE$，求证：$EF/\!/BD$.（叶中豪，2019－06－02）

如图 2，引理：圆 O 外切四边形 $ABCD$，E,F 分别是 AC,BD 中点，求证：E,O,F 三点共线.

证明

$$S_{\triangle BOE}=S_{\triangle OBC}-S_{\triangle BEC}-S_{\triangle OEC},S_{\triangle DOE}=S_{\triangle EAD}-S_{\triangle AOD}-S_{\triangle AOE}$$

显然

$$S_{\triangle OBC}+S_{\triangle AOD}=S_{\triangle BEC}+S_{\triangle EAD}=\frac{1}{2}S_{\text{四边形}ABCD},S_{\triangle AOE}=S_{\triangle COE}$$

因此

$$S_{\triangle BOE}=S_{\triangle DOE}\Rightarrow E,O,F\text{ 三点共线}$$

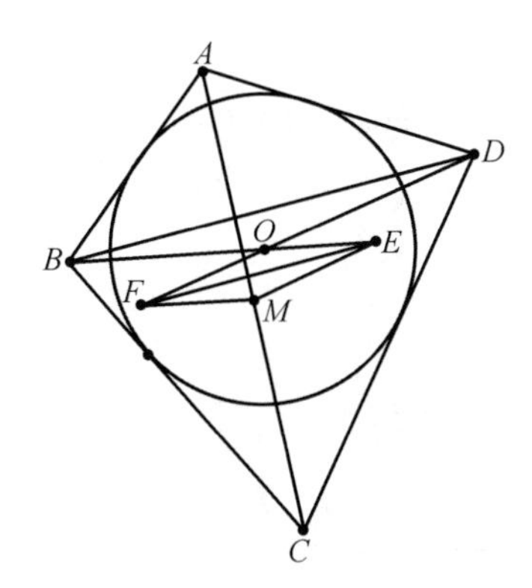

104 题图 1

104 题图 2

回到原题：如图 3，设 BD 中点 N，则 N,O,M 三点共线，连接 NM 交 BF 于 K，延长 MN 至 H，使 $HN=NO$，则 $BH /\!/ FO, HD /\!/ OE$，故

$$\frac{KF}{KB}=\frac{KM}{KO}=\frac{KO}{KH}=\frac{OE}{HD}=\frac{KE}{KD} \Rightarrow BD /\!/ EF$$

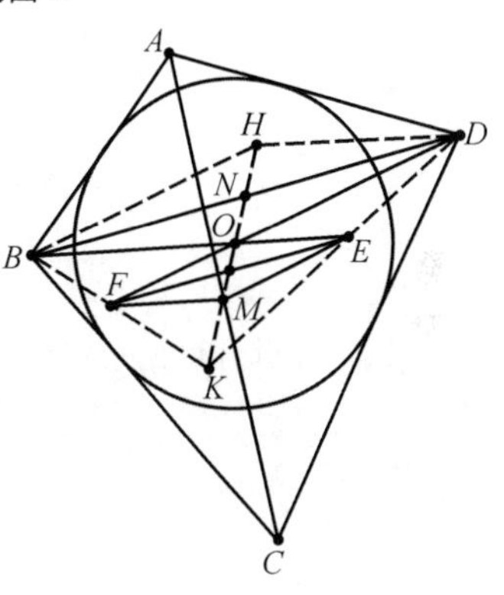

104 题图 3

105. 如图 1，在 $\triangle ABC$ 中，$\angle BAC=60^\circ$，$AB>AC$，$\angle BAC$ 的内外角平分线交直线 BC 分别于点 D,E，圆 $I(ADE)$ 与圆 $O(ABC)$ 交于 A,F；P 为 AF 的中点，求证：$AE=EP$.（万喜人，2019－05－07）

证明 如图 2，延长 EA 交圆 O 于 J，连接 JB,JC，由已知易知 $\triangle JBC$ 为等边三角形，延长 AD 交圆 O 于 M，显然 JM 为圆 O 直径且交 BC 于 K，连接 MF,DF，由

$$DA \perp AE \Rightarrow DF \perp FE \Rightarrow J,D,F \text{ 三点共线} \Rightarrow F,E,J,K \text{ 四点共圆} \Rightarrow$$

$$MD \cdot MA=MF \cdot ME=MK \cdot MJ=OM^2 \Leftrightarrow$$

$$\frac{1}{2}JM=2DM \cdot \frac{AM}{JM} \Leftrightarrow$$

$$\frac{1}{2}JM^2=2DM \cdot DM \cdot \cos \angle JMD$$

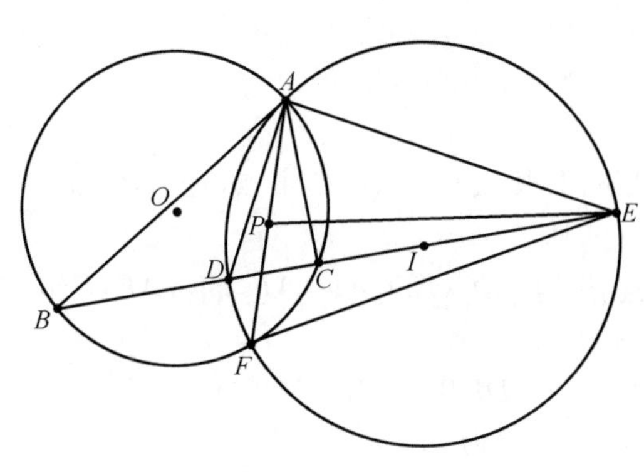

105 题图 1

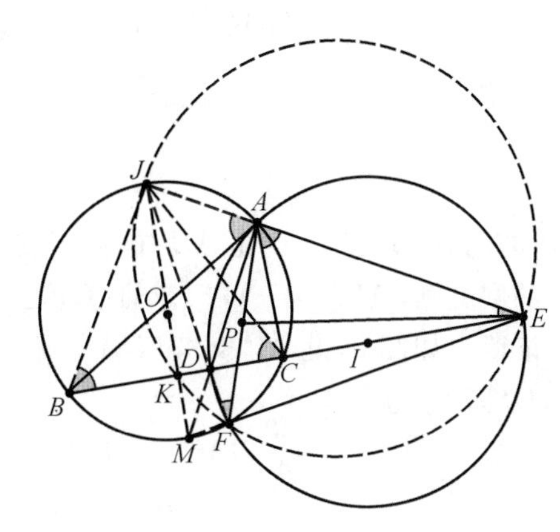

105 题图 2

由余弦定理得

$$JD^2=JM^2+DM^2-2DM\cdot DM\cdot\cos\angle JMD\Rightarrow$$
$$\frac{1}{2}JM^2+JD^2-DM^2=0$$

由中线

$$AE^2+EF^2=2AP^2+2EP^2\Leftrightarrow$$
$$2AE^2-2EP^2=2AP^2+AE^2-EF^2=$$
$$\frac{AF^2}{2}+DE^2-AD^2-EF^2=$$
$$\frac{AF^2}{2}+DF^2-AD^2=$$
$$AF^2\left(\frac{1}{2}+\frac{DF^2}{AF^2}-\frac{AD^2}{AF^2}\right)=AF^2\left(\frac{1}{2}+\frac{DM^2}{JM^2}-\frac{JD^2}{JM^2}\right)=$$
$$\frac{AF^2}{JM^2}\left(\frac{1}{2}JM^2+JD^2-DM^2\right)=0\Rightarrow AE=EP$$

106. 如图，已知$\triangle ADB\backsim\triangle AEC$，$M,N$是$DE,BC$中点，求证：$AO/\!/MN$.

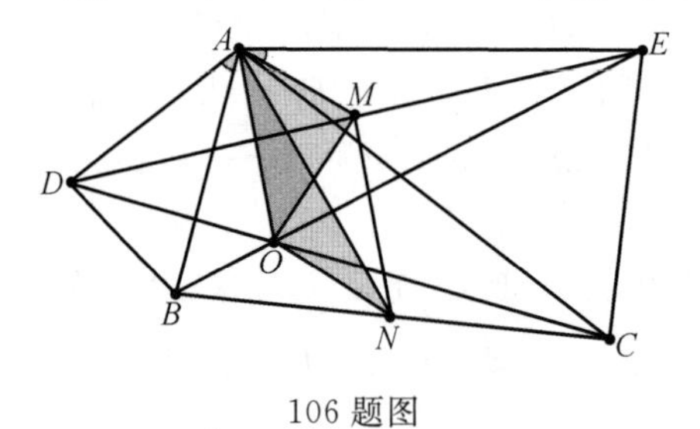

106题图

证明

$$2S_{\triangle AMO}=S_{\triangle AEO}-S_{\triangle ADO}$$
$$S_{\triangle ABN}-S_{\triangle BON}=(S_{\triangle ANO}+S_{\triangle ANC}-S_{\triangle ONC})-S_{\triangle ANO}\Leftrightarrow$$
$$S_{\triangle ANO}+S_{\triangle ABO}=S_{\triangle ACO}-S_{\triangle ANO}\Leftrightarrow$$
$$2S_{\triangle ANO}=S_{\triangle ACO}-S_{\triangle ABO}$$
$$\triangle ADB\backsim\triangle AEC\Leftrightarrow\frac{AD}{AB}=\frac{AE}{AC}\Leftrightarrow S_{\triangle ABE}=S_{\triangle ADC}\Leftrightarrow$$
$$S_{\triangle AEO}-S_{\triangle ADO}=S_{\triangle ACO}-S_{\triangle ABO}\Leftrightarrow$$
$$S_{\triangle ANO}=S_{\triangle AMO}\Rightarrow AO/\!/MN$$

107. 如图1，已知D是AB中点，E是$\triangle ABC$外接圆O上BAC中点，过A,C且与BA相切的圆交圆(ADE)于A,F，求证：$OF\perp AC$.（苏林，2020－03－27）

证明 如图2，设AC交圆(DAE)于K，连接$EB,EC,ED,EK,AF,FK,AE,EF,FC,DK,DF,FC$，由

$$\angle BAC=\angle BEC=\angle DEK\Rightarrow\angle DEB=\angle KEC$$
$$\angle ABE=\angle ACE\text{ 且 }EB=EC\Rightarrow DB=KC$$

由

$$\angle DAF=\angle FCA$$

$$\angle ADF=\angle FKC \Rightarrow AF=FC \Rightarrow OF \perp AC$$

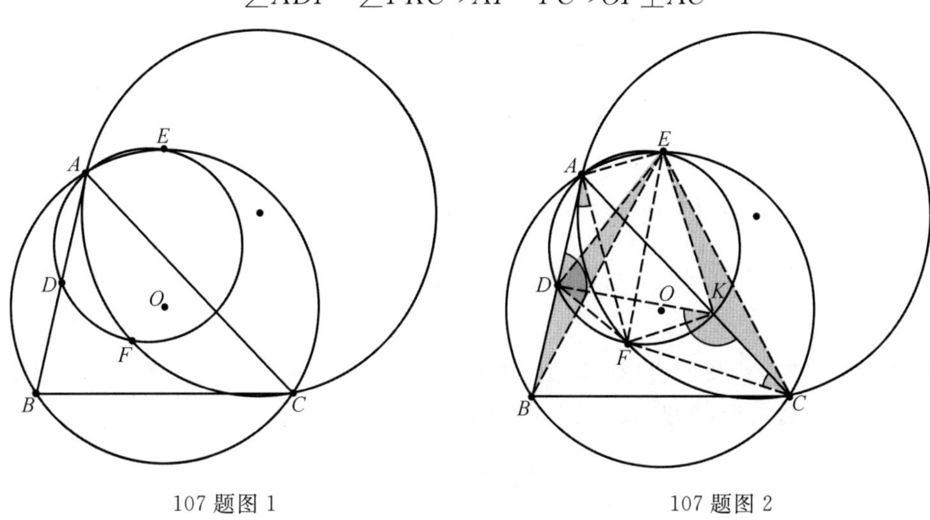

107 题图 1　　　　107 题图 2

108. 如图 1,已知$\triangle ABC$内心I,过I作直线交AB,AC边于E,F,BC边上点P,使AP,BF,CE共点,$PQ \perp EF$于Q,求证:$\angle AQE=\angle IPB$.(杨运新,2020－03－21)

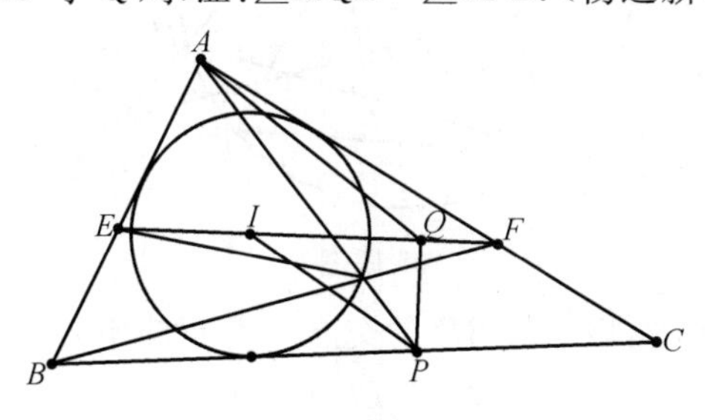

108 题图 1

证明　如图 2,设$IH \perp BC$于H;AP交EF,BF于K,L;AQ交圆I,圆$(IHPQ)$于G,T,由完全四边形$AEBLCF$可知A,K,L,P为调和点列,则QA,QK,QL,QP为调和线束,由$PQ \perp EF \Rightarrow \angle AQK=\angle KQL$,延长$QL$交圆$I$,圆$(IHPQ)$于$N$,$M$,不妨假设$QG \neq QN$,由

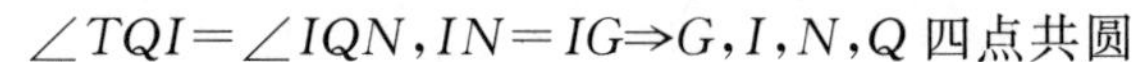

$$\angle TQI=\angle IQN, IN=IG \Rightarrow G, I, N, Q \text{ 四点共圆}$$

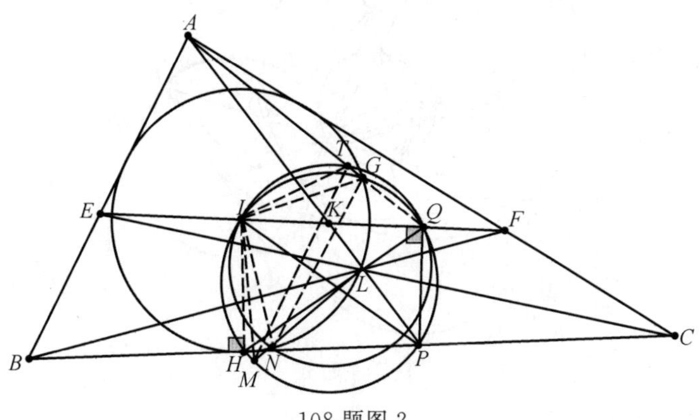

108 题图 2

因此

$$\angle ITM=\angle IQM=\angle IGN$$

同理

$$\angle IMT=\angle ING\Rightarrow T,G\text{ 重合}$$

M,N 重合,由

$$IH=IG\Rightarrow\angle GQI=\angle IQH\Rightarrow H,N,M\text{ 重合}$$

故

$$\angle AQE=\angle IQH=\angle IPB$$

109. 如图 1,圆 O 内接四边形 $ABCD$,AD,BC 交于 E,$EF\perp AB$,K,H 为 AC,BD 的中点,HK 交 AD 于 I,求证:A,F,K,I 四点共圆.

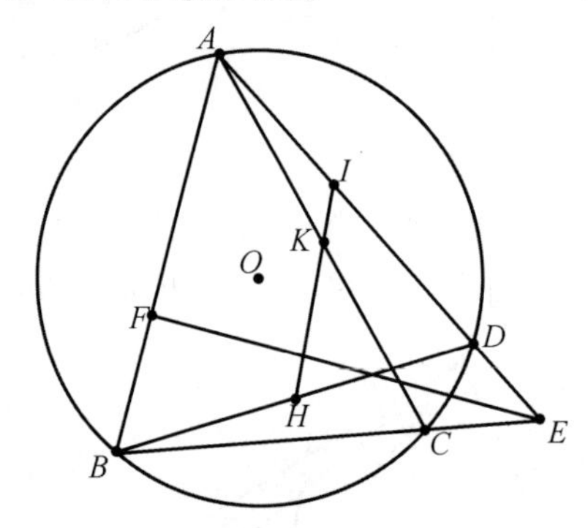

109 题图 1

证明 (反演变换)如图 2,以 AC,BD 的交点 G 为反演中心

$$CG\cdot AG=BG\cdot GD=r^2$$

为反演幂,则 $A\leftrightarrow C$,$B\leftrightarrow D$,$F\leftrightarrow F_1$,$K\leftrightarrow K_1$,$E\leftrightarrow E_1$,$H\leftrightarrow H_1$,$I\leftrightarrow I_1$,由 K,H 是 AC,BD 中点作圆(K,O,E_1,H,G),它的反形为直线(H_1EK_1),过 A,K,E_1 作圆交 AB 于 W

$$\angle E_1HG=\angle GKE_1=\angle AWE_1\Rightarrow W,B,H,E_1\text{ 四点共圆}$$

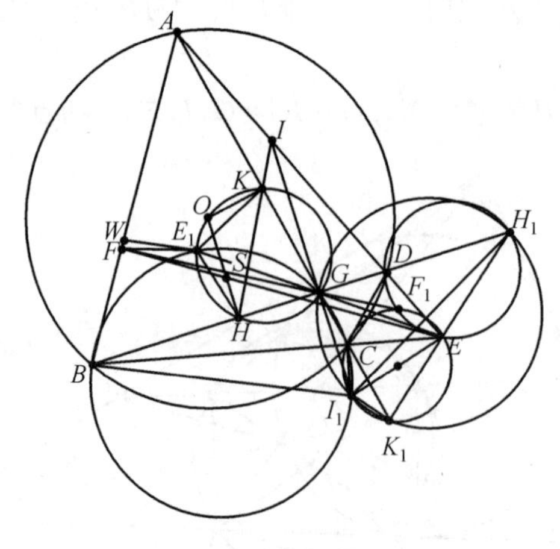

109 题图 2

连接 OH 交 EF 于 $S\Rightarrow B,H,S,F$ 四点共圆,由

$$\angle WE_1H+\angle ABH=\angle FSH+\angle ABH=180^\circ\Rightarrow$$
$$\angle WE_1H=\angle FSH\Rightarrow W \text{ 与 } F \text{ 重合}$$

由直线 AE 的反形为

$$\text{圆}(B,I_1,C,E_1)\Rightarrow\angle CBI_1=\angle I_1GC$$

由直线 IH 的反形

$$\text{圆}(I_1,K_1,H_1,G)\Rightarrow\angle I_1GK_1=\angle I_1H_1K_1\Rightarrow H_1,B,I_1,E \text{ 四点共圆}\Rightarrow$$
$$\angle BEI_1=\angle BH_1I_1=\angle I_1K_1G\Rightarrow I_1,K_1,E,C \text{ 四点共圆}\Rightarrow$$
$$I,K,E,A \text{ 四点共圆(反形圆)}\Rightarrow A,F,E_1,K,I \text{ 五点共圆}$$

110. 如图 1,梯形 $ABCD$ 中,$AD\parallel BC$,且 $AB\cdot CD=AC\cdot BD$,M 是 AD 的中点,$MN\perp BC$于 N,E 在 BD 上,且$\angle DAE=\angle CAN$,求证:$AE\perp CE$.(叶中豪,2020—08—09))

证明 如图 2,延长 AN 至 T 使 $AN=NT$,延长 BN 至 I 使 $CN=NI$,连接 BT,CT,IT,AI,DI,由

$$S_{\triangle ABI}=S_{\triangle BDI}$$
$$AB\cdot CD=AC\cdot BD\Rightarrow AB\cdot AI=AC\cdot DI\Rightarrow\angle BAI+\angle BDI=180^\circ$$

显然 D,T 关于 BC 对称,故

$$\angle BAI+\angle BTI=180^\circ\Rightarrow A,B,T,I \text{ 四点共圆}$$
$$\angle ADB=\angle IBT=\angle TAI=\angle CTA(\text{平行四边形 } ACTI)\Rightarrow$$
$$\triangle ACT\backsim\triangle AED\Rightarrow\frac{AC}{AE}=\frac{AT}{AD}=\frac{AT/2}{AD/2}=\frac{AN}{AM}\Rightarrow$$
$$\triangle ACE\backsim\triangle ANM\Rightarrow AE\perp CE$$

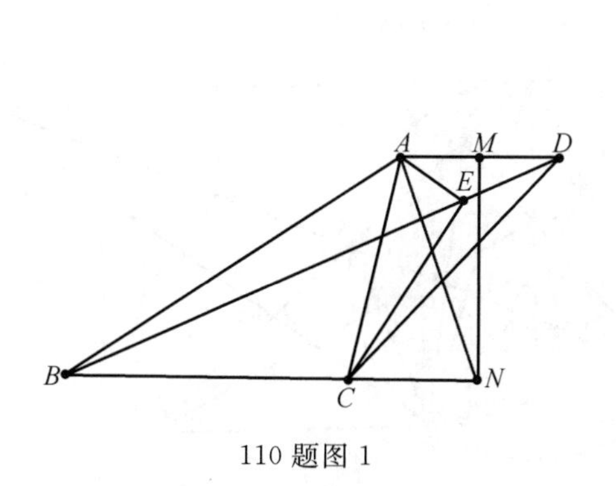

110 题图 1

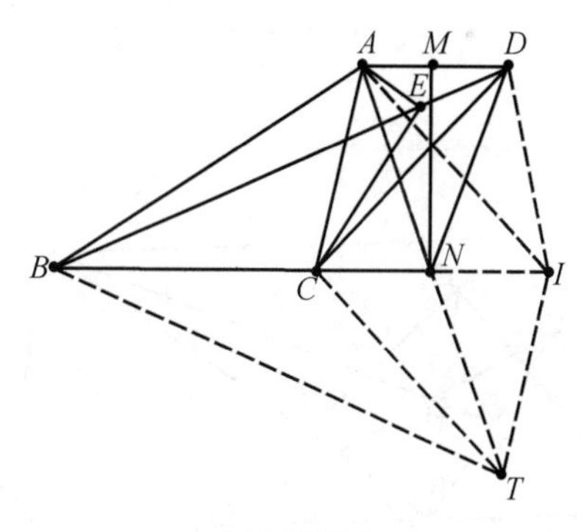

110 题图 2

111. 如图 1,在$\triangle ABC$ 中,$\angle BAC$ 的平分线交 BC 于 D,$BE\perp AB$ 交 $CE\parallel AD$ 于 E,求证:$AE\cdot DC=DE\cdot AC$.

证明 如图 2,设 N 为$\triangle ABC$ 内心,作圆(BNC)交 AB 于 F,显然 $FN=CN$,因此 AD 通过圆(BNC)圆心,交圆于 G,由

$$NB\perp BG\Rightarrow\angle GBE=\angle FBN=\angle NBC$$

由 $AD\parallel CE\Rightarrow E$ 在圆(BNC)上,故 N,B,E,C 到 D,A 的距离比是定值,该圆叫阿波罗圆,故

$$\frac{AE}{DE}=\frac{AC}{DC}=\frac{AB}{BD}$$

故

$$AE \cdot CD = DE \cdot AC$$

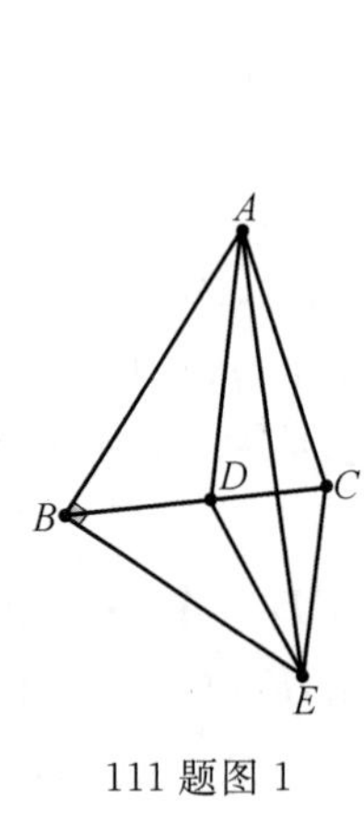

111 题图 1

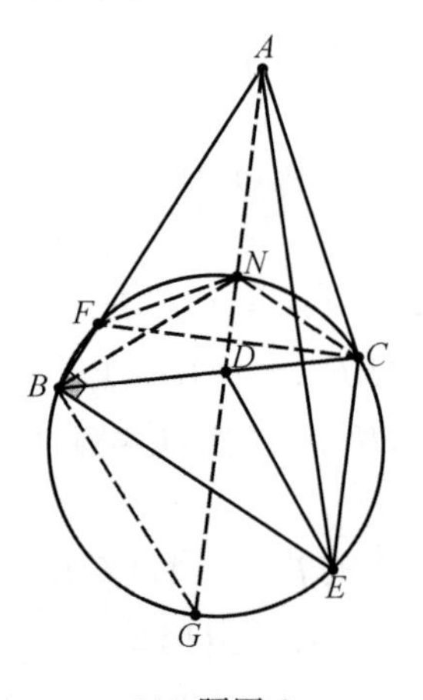

111 题图 2

112. 如图 1,在锐角$\triangle ABC$中,$\angle B > \angle C$,F 是 BC 的中点,BE,CD 是高,G,H 分别是 FD,FE 的中点,若过 A 且平行 BC 的直线交 GH 于 I,求证:$AI = FI$.

证明 连线段如图 2,由

$$DE /\!/ MK \Rightarrow \angle DGM = \angle EHK = \angle BAC$$

$$\angle AKM = \angle ABC = \angle BDF$$

$$\angle AMK = \angle ACB = \angle CEF \Rightarrow \triangle DMG \backsim \triangle KHE \Rightarrow$$

$$\frac{DG}{MG} = \frac{HK}{EH} \Rightarrow \frac{GF}{MG} = \frac{HK}{HF} \Rightarrow \triangle GMF \backsim \triangle HFK \Rightarrow$$

$$\angle MFK + \angle BAC = 180^\circ \Rightarrow A, M, F, K \text{ 四点共圆}$$

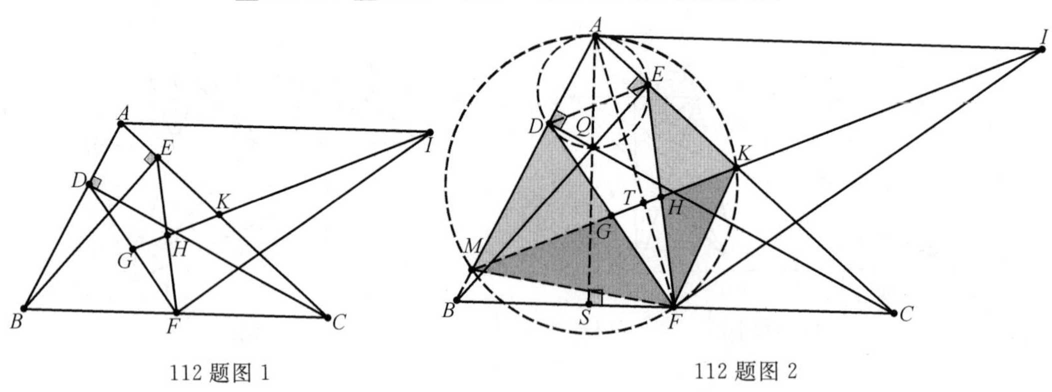

112 题图 1　　112 题图 2

显然

$$AI \perp AQ \Rightarrow AI \text{ 切圆}(ADQE) \Rightarrow AI \text{ 切圆}(AMFK)$$

由 F 为 BC 中点,$AI /\!/ BC \Rightarrow I, K, T, M$ 为调和点列,因此 IF 也切圆$(AMFK) \Rightarrow AI = FI$.

几何研究集五

113. 如图1,$ABCD$外接圆O,AC为直径,E在圆O上且CE被BD平分($CH=HE$),$EF\perp AB$交AD于F,FG平行CE交BD于G,证明:G,F,D,C四点共圆.

证明 如图2,延长EF交AB,圆O于I,T,连接BT,作$BP\perp AE$交圆O于$P\Rightarrow BP/\!/EC/\!/FG$,再由

$$AB\perp ET,ET/\!/BC\Rightarrow\angle TBA=\angle PBA$$

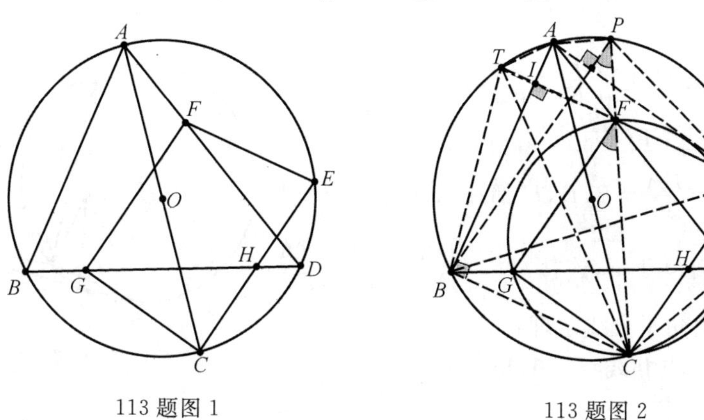

113题图1　　113题图2

则

$$AT=AP,BE=TC,PE=BC,\frac{PA}{AT}\cdot\frac{TC}{CD}\cdot\frac{DE}{EP}=\frac{BE}{BC}\cdot\frac{DE}{CD}=1(EH=HC)$$

由三弦共点定理:P,F,C共点,故$\angle BPC=\angle GFC=\angle BDC\Rightarrow G,F,D,C$四点共圆.

114. 如图1,$\triangle ABC$中,$AB=AC$,D在AB上且$DO/\!/BC$,E是圆(ADO)上一点,圆(COE)交DO于F,AE交圆O于T,交OD于S,求证:$\frac{AE}{ET}=\frac{FS}{SD}$.

证明 如图2,连接AO交圆O于M,再连接MT,DE交AM,AC于P,K,连接MC交AT于H,连接HF,由

$$\angle DOA=\angle DEA=\angle ACM=90^\circ\Rightarrow K,H\in\text{圆}(COE)\text{上}$$

由

$$\angle OFH=\angle OEH=\angle ADO\Rightarrow AD/\!/FH,MT/\!/DE$$

所以$\frac{AE}{ET}=\frac{AP}{PM}$,在$OM$上取点$W$使$PO=OE$,则$SP=SM$,显然

$$P,O,S,E\text{四点共圆}\Rightarrow\angle WSO=\angle PSO=\angle PEO=\angle DAO=\angle BCM\Rightarrow$$

$$WS/\!/MC\Rightarrow\frac{DS}{SF}=\frac{AS}{SH}=\frac{AM}{WM}=\frac{PM}{AP}=\frac{ET}{AE}$$

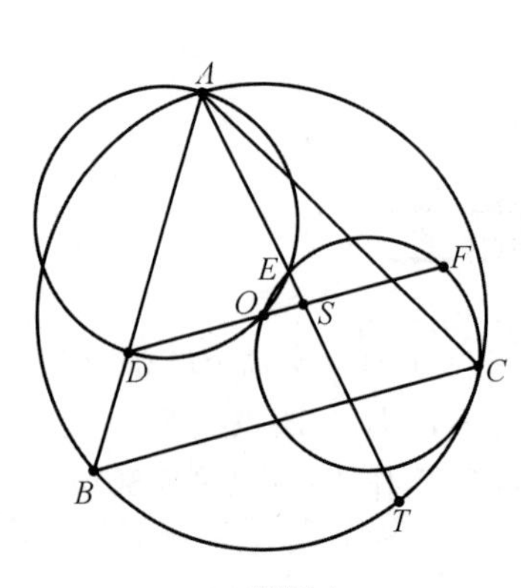

114 题图 1

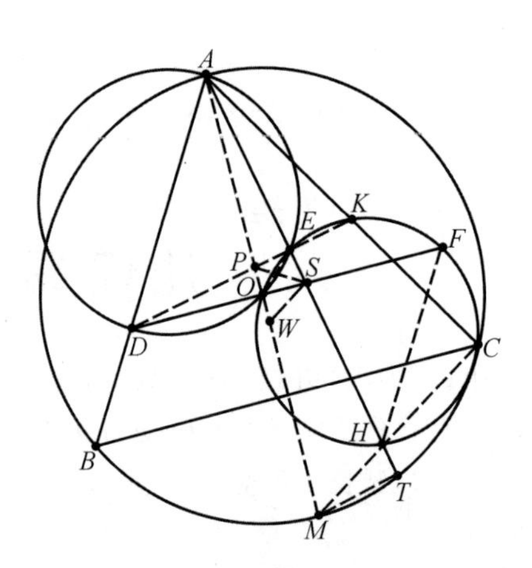

114 题图 2

115. 如图，$\triangle ABC$ 中，$\dfrac{AE}{CE}=\dfrac{BA}{BC}$，$D$，$B$ 关于 AC 对称，求证：$\angle ADE=\angle EBC$.

证明 由 $\dfrac{AE}{CE}=\dfrac{BA}{BC}\Rightarrow B,D,E$ 都在 AC 的阿波罗尼圆 O 上，设 BC 交圆 O 于 F，连接 $AF\Rightarrow\dfrac{DA}{DC}=\dfrac{BA}{BC}=\dfrac{FA}{FC}$，$\angle DCA=\angle BCA$ 由角平分线定理：

D,A,F 三点共线 $\Rightarrow\angle ADE=\angle EBC$

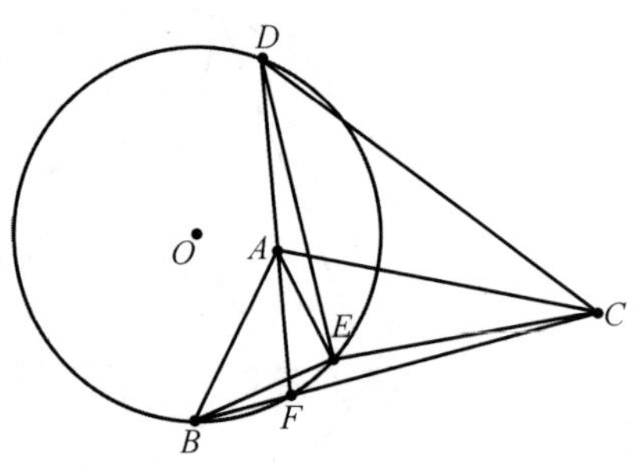

115 题图

116. 如图 1，$\triangle PAB\backsim\triangle PCA$，$Q$ 是 $\triangle ABC$ 内一点，$\angle AQB=\angle AQC$，求证：$\angle BPQ=2\angle BAQ$.（叶中豪）

证明 如图 2，分别作圆(PQC)和圆(PQB)交 AC，AB 于 J，I，连接 IJ 交 AP 于 H，延长 QP 交 IJ 于 G，连接 QI，QJ，PI，PJ，设 $\angle BAP=\alpha$，$\angle CAP=\beta$，由

$$\angle ADE=\angle EBC\Rightarrow\frac{\sin\angle ABQ}{\sin\angle ACQ}=\frac{AC}{AB}$$

由 $$\triangle ABP\backsim\triangle ACP\Rightarrow\frac{AP}{AB}=\frac{CP}{AP}=\frac{\sin\beta}{\sin\alpha},\frac{\sin\angle JPG}{\sin\angle IPG}=\frac{\sin\angle ABQ}{\sin\angle ACQ}=\frac{AC}{AB}\Rightarrow$$

$$\frac{\sin\angle JPG}{\sin\angle IPG}=\frac{\sin\beta}{\sin\alpha}\Rightarrow\frac{QI}{QJ}=\frac{PI}{PJ}$$

(1)若 A，Q 关于 IJ 对称，则

$$\angle BPQ=\angle BIQ=\angle IAQ+\angle IQA=2\angle IAQ$$

(2)若 A，Q 关于 IJ 不对称，作点 Q 以 IJ 为对称轴的对称点 T，如图 2 所示.

则 Q，P，T 都在 IJ 的阿波罗尼圆上，由 115 题结论可知

$$\angle ITP=\alpha$$

$\angle JTP=\beta\Rightarrow I,P,J,A$ 四点共圆 $\Rightarrow\angle IJP=\angle IAP=\angle ACP\Rightarrow IJ$ 与圆($JPQC$)相切于 $J\Rightarrow\angle IJQ=\angle JCQ$

同理

$\angle JIQ = \angle IBQ$（弦切角定理）$\Rightarrow \angle PJC + \angle PIB = 180^\circ \Rightarrow$

$\angle JIQ + \angle KCQ = 180^\circ \Rightarrow B, Q, C$ 三点共线

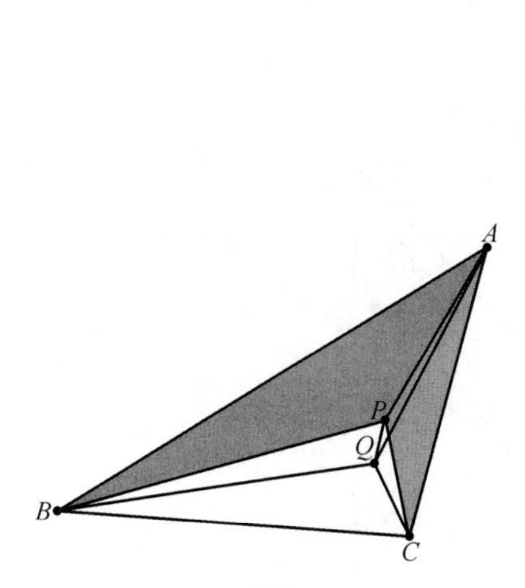

116 题图 1

116 题图 2

因此$\triangle ABC \backsim \triangle QIJ$，易证 $IJ \parallel BC$（不然过点 J 作 $JX \parallel BC$ 交 AB 于 X，则$\triangle AXJ \backsim \triangle ABC$，利用相似比推出矛盾），这样$\triangle QIJ \cong \triangle AIJ$，则 A, Q 关于 IJ 对称与假设矛盾，因而 A, Q 关于 IJ 对称，故$\angle BPQ = 2\angle BAQ$.

117. 如图，O 为$\triangle ABC$ 的外心，BO, CO 交 AC, AB 分别于 E, F，圆(BOF)交圆(COE)于 M，AO 交 EF 于 K，求证：$KA = KM$.

证明　如图，显然 M 是密克点，设圆(AEB)和圆(AFC)的圆心为 I, J，连接 IJ 与 AO, EF 交于 K', K''，延长 FJ, EI 分别交圆 J，圆 I 于 H, W，延长 CF 交圆 O 于 N，$\mathrm{Rt}\triangle FHC, \mathrm{Rt}\triangle EWB, \mathrm{Rt}\triangle CNB$ 中

$$\angle HFC = \angle WEB = \angle NCB = \angle IBO = \angle IAO =$$
$$\angle JCO = \angle JAO \Rightarrow \frac{AI}{AJ} = \frac{IK'}{JK'}$$
$$IE \parallel FJ \Rightarrow \frac{AI}{AJ} = \frac{IE}{FJ} = \frac{IK''}{JK''} = \frac{FK''}{EK''}$$

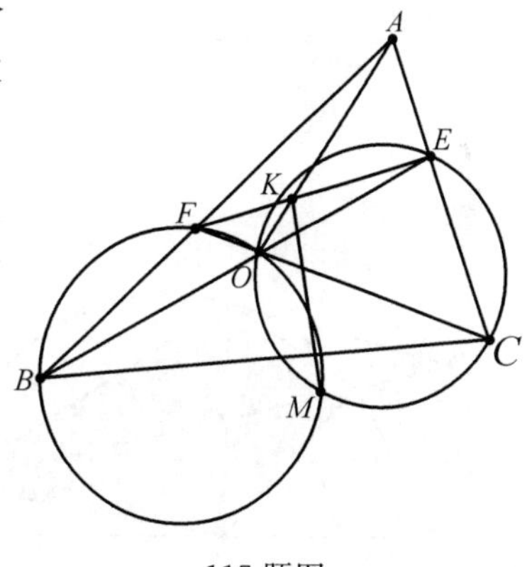

117 题图

因此 K, K', K'' 三点重合，故 $KA = KM$.

118. 如图 1，在$\triangle ABC$ 外作正$\triangle ABE$ 及$\triangle ACF$，延长 EB, FC 交于点 D，点 P 满足$\angle PBC = \angle PCB = 60^\circ - \angle BAC$，求证：$A, P, D$ 三点共线.（叶中豪）

证明　如图 2，作 $DG \parallel AB$ 交 BP 延长线于 G，由$\angle BAC + \angle BDC = 120^\circ$及已知条件$\Rightarrow \angle BDG = 60^\circ \Rightarrow B, D, C, G$ 四点共圆$\Rightarrow \angle ABP = \angle BCD \Rightarrow \angle ACP = \angle DBC$，由锡瓦角定理

$$\frac{\sin\angle CAP}{\sin\angle PAB} \cdot \frac{\sin\angle ABP}{\sin\angle PBC} \cdot \frac{\sin\angle BCP}{\sin\angle PCA} = 1$$

$$\frac{\sin\angle CAD}{\sin\angle DAB}\cdot\frac{\sin\angle DBA}{\sin\angle DBC}\cdot\frac{\sin\angle DCB}{\sin\angle DCA}=1\Rightarrow\frac{\sin\angle CAP}{\sin\angle PAB}\cdot\frac{\sin\angle ABP}{\sin\angle PCA}=1$$

及
$$\frac{\sin\angle CAD}{\sin\angle DAB}\cdot\frac{\sin\angle DCB}{\sin\angle DBC}=1\Rightarrow\frac{\sin\angle CAP}{\sin\angle PAB}=\frac{\sin\angle CAD}{\sin\angle DAB}$$

因此 A,P,D 三点共线.

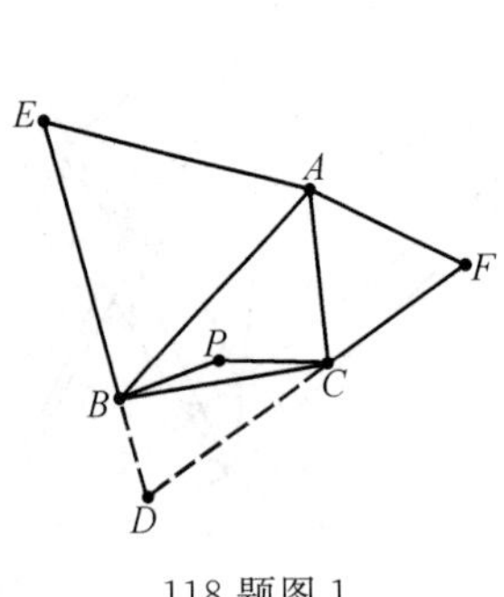

118 题图 1

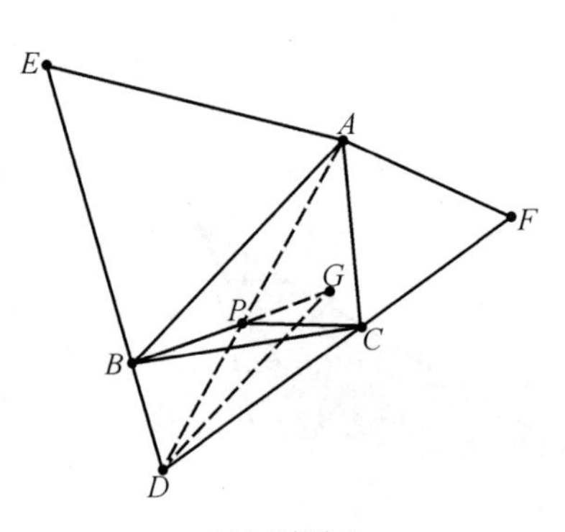

118 题图 2

119. 如图 1,PC 与半圆 AB 切于 C,$CD\perp AB$ 于 D,M 是 CD 中点,PM 交半圆于 E,F,若 $PC=PM$,求证:$\triangle CDE\backsim\triangle CFD$.(叶中豪)

证明 如图 2,作圆(ACB),延长 ED,CD,FD 分别交圆于 H,K,Q,QH 交 CK 于点 N

$$PC^2=PM^2=PE\cdot PF=PE\cdot PM+PE\cdot FM\Rightarrow PM\cdot EM=PE\cdot MF$$

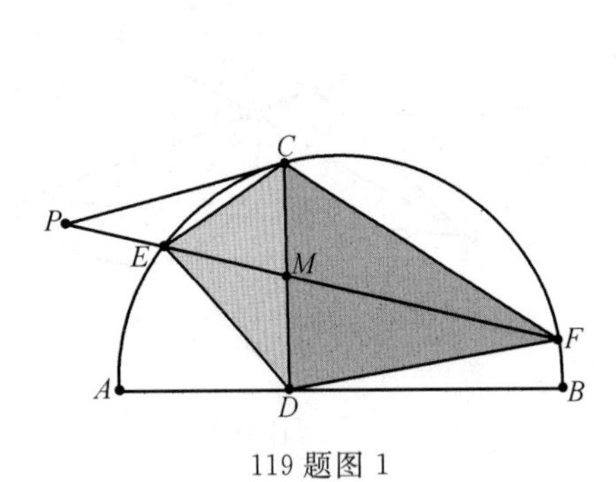

119 题图 1

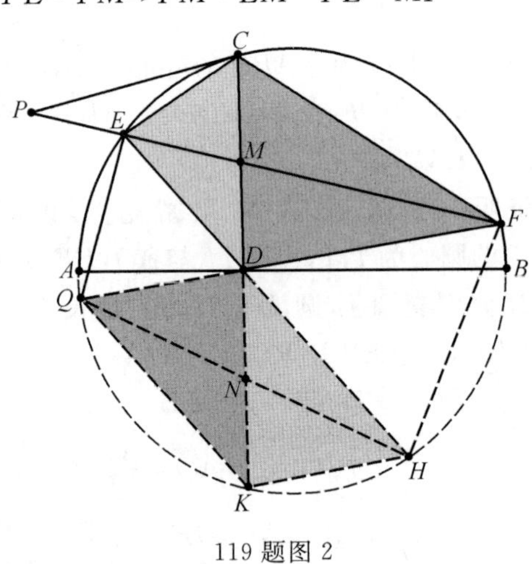

119 题图 2

即

$$\frac{PM}{PE}=\frac{MF}{ME}\Rightarrow\frac{CF}{EC}=\frac{PC}{PE}=\frac{MF}{ME}\Rightarrow$$

$$\angle ECM=\angle FCM\Rightarrow\angle DQK=\angle DHK$$

D 为 CK 中点,由蝴蝶定理得

$$MD=ND=NK\Rightarrow QKHD\text{ 为平行四边形}$$

因此

$$\triangle CDE\backsim\triangle HDK\cong\triangle QKD\backsim\triangle CFD$$

120. 如图 1,O 为$\triangle ABC$外心,BC 中点为 M,AC,AB 边上分别有点 E,F,使得 $BE=CF=BC$,圆(AEF)另交圆 O 于 K,求证:$AK\perp KM$.

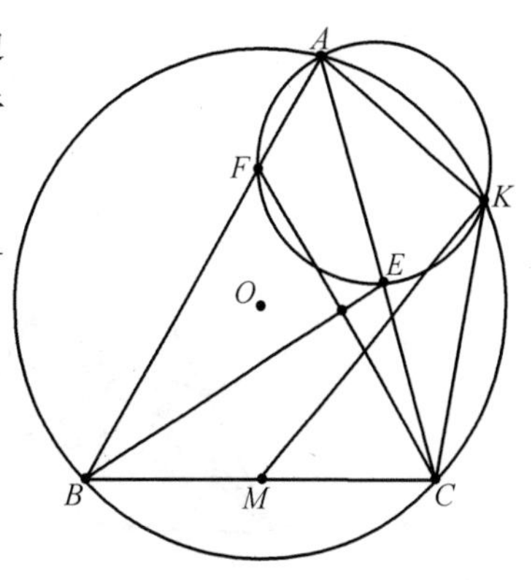

120 题图 1

证明 如图 2,作 AO 交圆 O 于 H,作 $FT\perp AB$,$EP\perp AC$ 分别交 HC,HB 于 T,P;PE,FT 交于点 N,显然

$$FT /\!/ HP; NP /\!/ HT \Rightarrow NPHT \text{ 为平行四边形}$$

连接 PT,NH,由

$$BE=BC\Rightarrow \angle PEB=\angle BCH=\angle BAH$$

由

$$A,P,B,E \text{ 四点共圆}\Rightarrow \angle PAB=\angle PEB\Rightarrow$$
$$\angle PAB=\angle HAB\Rightarrow PB=HB$$

同理 $HC=TC\Rightarrow BC /\!/ PT$ 且 $BC=\frac{1}{2}PT\Rightarrow NH$ 平分 BC 并延长交圆 O 于 K',交圆(AEF)于 K,连接 AK',AK,则$\angle AK'M=\angle AKN=90^\circ$,因此 K',K 重合,故 $AK\perp KM$.

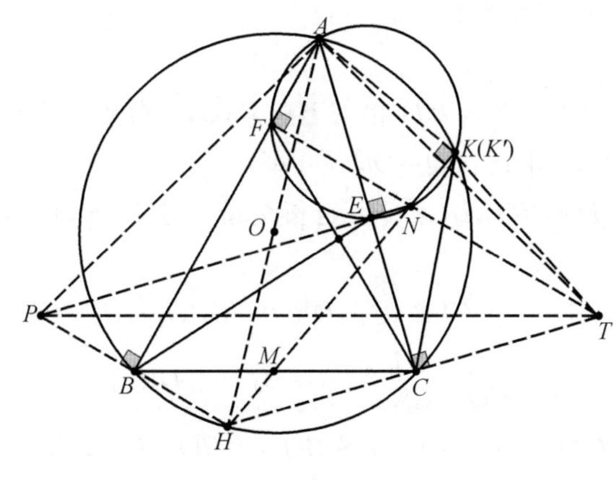

120 题图 2

121. 如图 1,$\triangle ABC$ 中,E,F 分别在 AB,AC 上,D 是线段 EF 上的动点,求证:$S_{\triangle DBC}-S_{\triangle DEC}-S_{\triangle DFB}$为定值.

证明 如图 2,作 $BH\perp EF$,$CI\perp EF$ 分别交 EF 于 H,I

$$S_{\text{梯形}BHIC}=\frac{(BH+CI)\cdot HI}{2}=\frac{(BH+CI)(HD+DI)}{2}=$$

$$\frac{BH\cdot HD}{2}+\frac{CI\cdot DI}{2}+\frac{CI\cdot HD+BH\cdot DI}{2}\Rightarrow$$

$$S_{\triangle DBC}=\frac{CI\cdot HD+BH\cdot DI}{2}$$

$$S_{\triangle DBC}-S_{\triangle DEC}-S_{\triangle DFB}=\frac{CI\cdot HD+BH\cdot DI}{2}-\frac{DF\cdot BH}{2}-\frac{ED\cdot IC}{2}=$$

$$\frac{(DI-DF)\cdot BH}{2}+\frac{(HD-ED)\cdot IC}{2}=$$

$$\frac{IF \cdot BH}{2}+\frac{HE \cdot CI}{2}$$

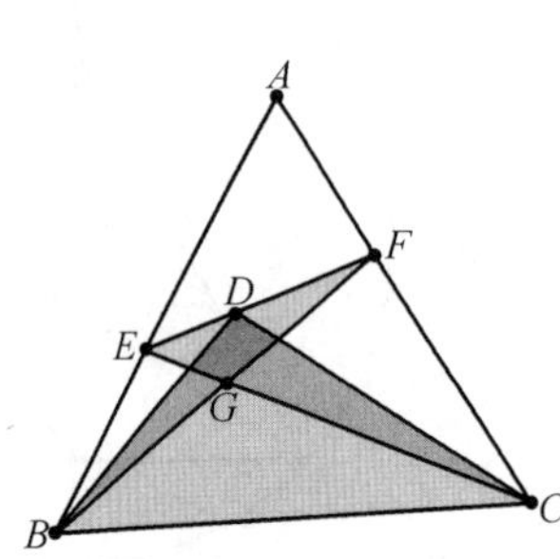

121 题图 1

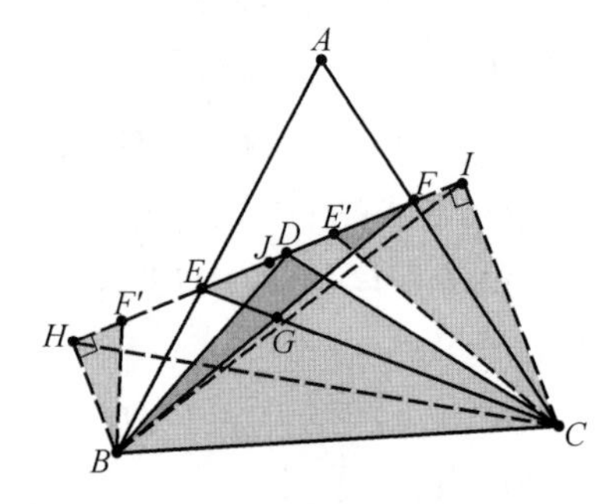

121 题图 2

取 IH 中点 J，作 F，E 分别关于 J 的对称点 F'，E'，则

$$S_{\triangle BHF'}=S_{\triangle BIF}, S_{\triangle CIE'}=S_{\triangle CHE}$$

因此

$$S_{\triangle DBC}-S_{\triangle DEC}-S_{\triangle DFB}=S_{\triangle BHF'}+S_{\triangle CIE'}$$

而 $S_{\triangle BHF'}+S_{\triangle CIE'}$ 不受 D 的变化影响.

122. 如图 1，圆 O 的两弦 AB 与 CD 相交于点 P；Q，R 分别为 $\triangle PCB$ 与 $\triangle PAD$ 外接圆上的点，且 $\angle BPQ=\angle DPR$，求证：$OQ=OR$.（叶军）

证明 如图 2，连接 DR，BQ，AR，CQ 并延长交圆 O 于 L，K，I，J，$OD=OB=OI=OJ$，连接 DI，BJ，由

$$\angle ADL=\angle CBK, \triangle ADR \backsim \triangle CBQ \Rightarrow AL=CK$$

$$\frac{DR}{AR}=\frac{DI}{AL}, \frac{BQ}{CQ}=\frac{BJ}{CK} \Rightarrow DI=BJ \Rightarrow \triangle DRI \cong \triangle BQJ$$

$$\angle RIO=\angle QBO, OD=OB, IR=BQ \Rightarrow \triangle ROI \cong \triangle QOB \Rightarrow RO=OQ$$

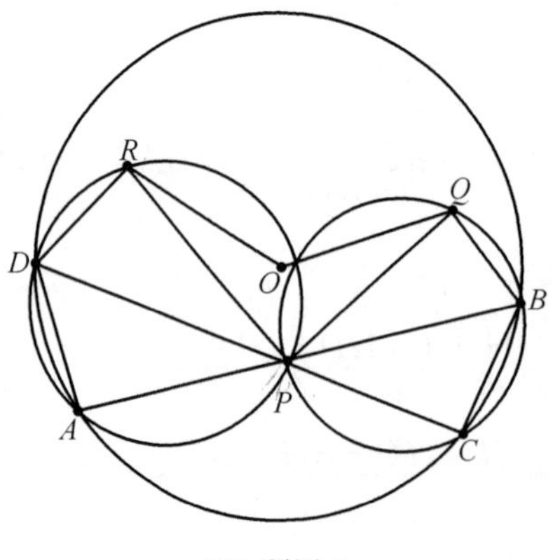

122 题图 1

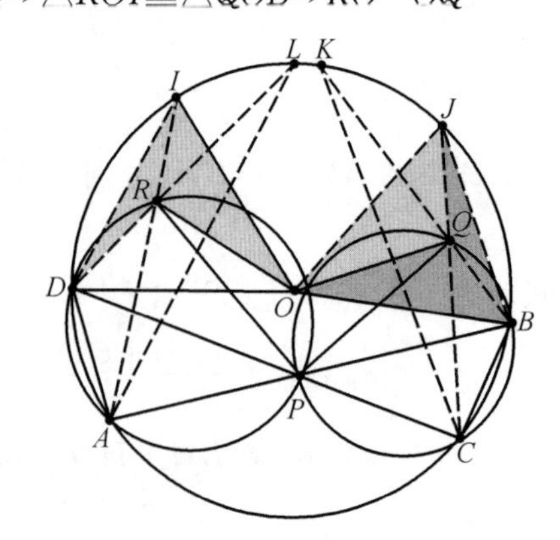

122 题图 2

123. 如图 1，在凸四边形 $ABCD$ 中，$\angle BAD=60°$，$\triangle BCD$ 为正三角形，E，F 分别 BC，CD 的中点，$\angle BAD$ 的平分线交直线 EF 于 G，AC 的中垂线交 AG 于 H，求证：$AH=2HG$.

证明 如图 2,作圆(ABD)和圆(BCD),由已知得两个圆是等圆且圆心在对方圆上分别是 O,W;W 显然为 BF,DE,AG 的公共点,CW 交 BD 于 T,T 为 BD 中点,连接 AT 交圆 W 于 Q,M,连接 CG 交 BD 于 R,由 $BD/\!/EF$ 且

$$BD=2EF\Rightarrow\frac{PD}{EG}=\frac{DW}{WE}=\frac{2}{1}$$

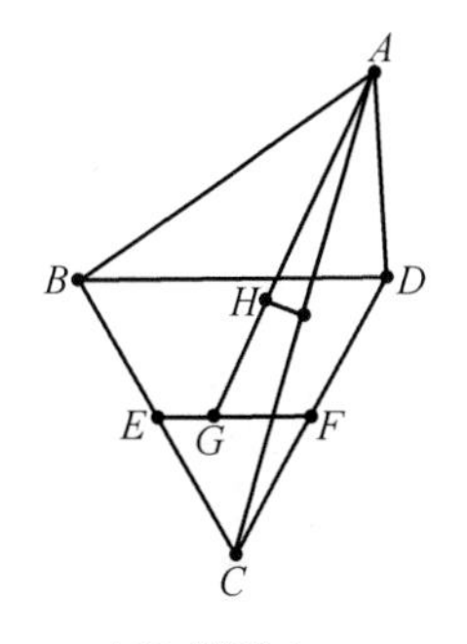

123 题图 1

而$\frac{RB}{WE}=\frac{2}{1}\Rightarrow RB=PD$,连接 QW,AR,显然 A,M 关于点 T 对称$\Rightarrow AR=MP$,由

$$QP\cdot PC=BP\cdot PD=AP\cdot PW\Rightarrow\triangle AQP\backsim\triangle CWP$$

由

$$\angle WQC=\angle WCQ\Rightarrow\angle QAP=\angle CAP$$

由等圆性质

$$MN=CN\Rightarrow MP=CP=CR\Rightarrow R,H,K\text{ 三点共线}\Rightarrow$$
$$\text{在}\triangle ARC\text{ 中 }H\text{ 是重心}\Rightarrow AH=2GH$$

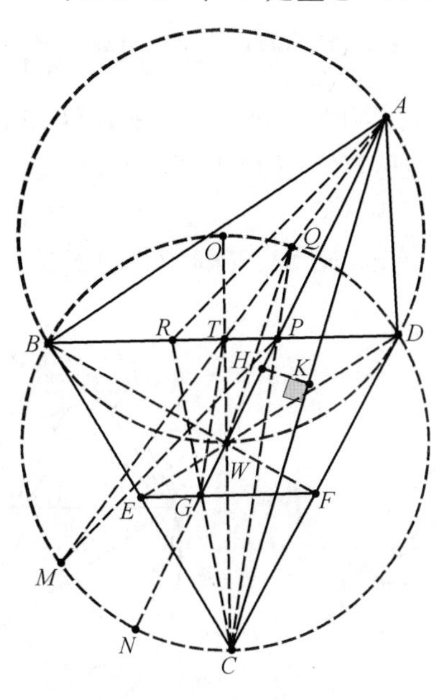

123 题图 2

124. 如图 1,在$\triangle ABC$ 中,$AB<BC$,$\triangle ABC$ 的外接圆过点 B,C 的切线交于点 P,PB,PC 的中点分别为 E,F,$\angle BAC$ 的平分线交 EF 于点 K,D 为 BC 中点,求证:A,P,K,D 四点共圆.(万喜人)

证明 如图 2,延长 PD 交外接圆 O 于 H,G,显然 PG 过点 O 且与 AK 的交点也是 H,连接 GA,则$\angle GAH=90^\circ$,由 PB,PC 切圆 $O\Rightarrow P,H,D,G$ 为调和点,故$\angle PAK=\angle DAK$,由 $KD=KP\Rightarrow A,P,K,D$ 四点共圆.

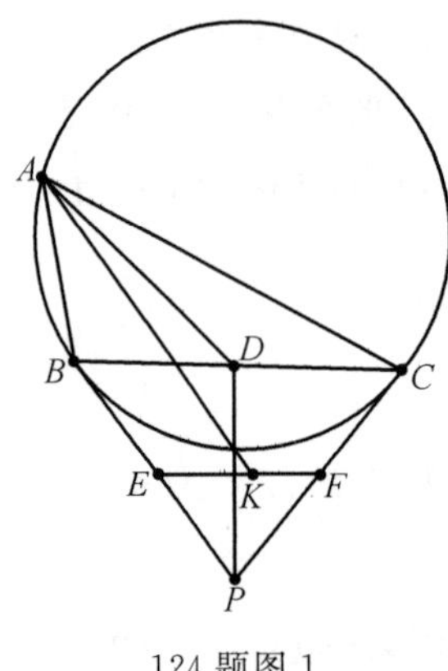

124 题图 1

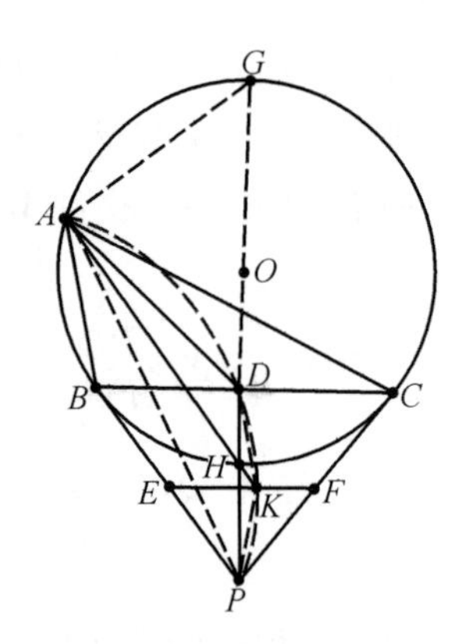

124 题图 2

125. 如图 1,四边形 $ABCD$ 内接于圆 O,AC 与 BD 交于点 M,直线 AD 与 BC 交于点 N,$\angle ANB=90°$,点 K 是点 O 关于 AB 的对称点,求证:$OM /\!/ KN$.

证明 过 KO 的中点 S 作圆(ABN),NS 延长线交圆 S 于 G,延长 AC,BD 分别交圆 S 于 I,H,CO 交圆 O 于 T

$$BM \cdot DM=AM \cdot CM, BM \cdot MH=AM \cdot IM \Rightarrow \frac{DM}{MH}=\frac{CM}{IM} \Rightarrow DC /\!/ IH$$

连接 IG,$\angle HIG=\angle HBG$,由 $\angle NBG=90°$,CT 为圆 O 的直径$\Rightarrow B,G,T$ 三点共线$\Rightarrow \angle DCT=\angle DBG \Rightarrow CT /\!/ IG$,同理,$HG /\!/ DO$,因此$\triangle OCD$ 与$\triangle GIH$ 位似,M 为位似中心,故 M,O,G 三点共线,由

$$\triangle SKN \backsim \triangle SOG \Rightarrow OM /\!/ KN$$

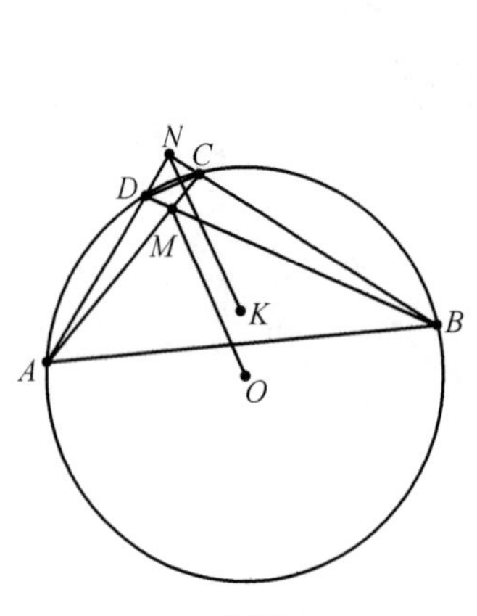

125 题图 1

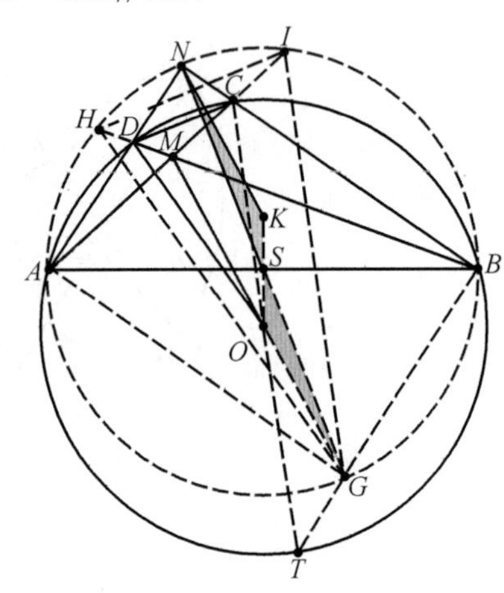

125 题图 2

126. 如图 1,圆 E,圆 F 交于 A,B 两点,过 A 作圆 E 的切线与过 B 作圆 F 的切线相交于点 H,C 是 EF 的中垂线上一点,过 H 作 EC 的垂线交直线 EF 于 D,求证:$AC \perp AD$.

证明 如图 2,连接 HE,HF,AE,AF,BF,BE,LK,延长 CE 交 HD,AB 于 I,Q;G 是 EF 的中点,延长 GC 交 BF 于 K,延长 FC 交 AB 于 S,DF 交 HB,AB 于 L,P.

先证$\angle FHA=\angle BHE$,在$\triangle AHB$ 中,E,F 分别是内切圆、外接圆点,由锡瓦角定理得

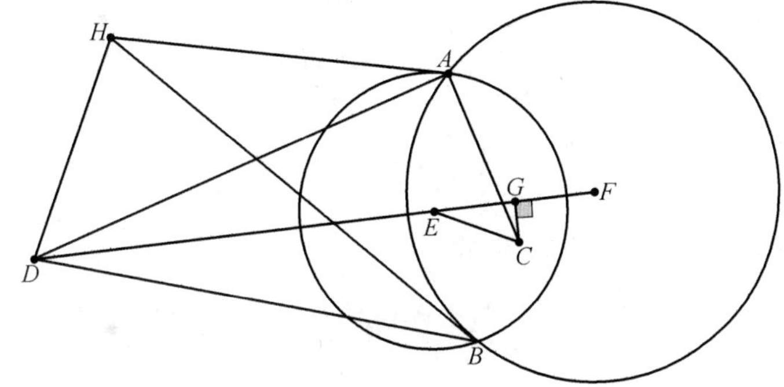

126 题图 1

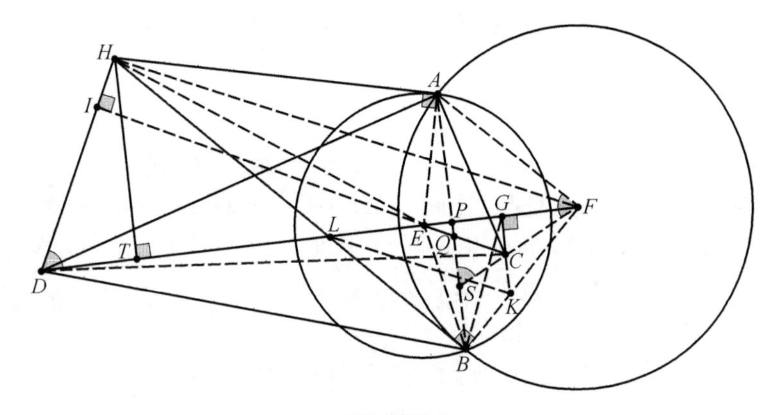

126 题图 2

$$\frac{\sin\angle BAE}{\sin\angle HAE}\cdot\frac{\sin\angle AHE}{\sin\angle BHE}\cdot\frac{\sin\angle HBE}{\sin\angle ABE}=1$$

$$\frac{\sin\angle BAF}{\sin\angle HAF}\cdot\frac{\sin\angle AHF}{\sin\angle BHF}\cdot\frac{\sin\angle HBF}{\sin\angle ABF}=1\Rightarrow\angle FHA=\angle BHE$$

因为

$$\angle BLF=\angle BAF, AB/\!/GC\Rightarrow\angle GCF=\angle ECG=\angle CQS=\angle QSC\text{(同位角,内错角)}$$

而

$$\angle IDE=\angle ECG\Rightarrow\triangle HDL\backsim\triangle ASF$$

若

$$\frac{DH}{FC}=\frac{HB}{AF}=\frac{HB}{FB}, FC=\frac{GF}{\sin\angle ASF}, \frac{HD\cdot\sin\angle ASF}{HB}=\frac{GF}{FB}=\frac{HT}{BH}$$

而

$$\frac{HT}{PB}=\frac{HL}{LB}\Rightarrow\frac{GF}{FB}=\frac{PB\cdot HL}{HB\cdot LB}\Rightarrow\frac{GF}{FB}=\frac{HL\cdot PF}{HB\cdot FB}\Rightarrow\frac{GF}{PF}=\frac{HL}{HB}$$

即证

$$\frac{PG}{GF}=\frac{LB}{HL}=\frac{KB}{FK}$$

即证

$$LK/\!/HF\Leftrightarrow\angle BHF=\angle BLK=\angle BGK=\angle APG\text{(}G,L,B,K\text{ 四点共圆)}$$

由

$$\triangle AHE \backsim \triangle BHF$$

$$\frac{AH}{HB}=\frac{AE}{AF}=\frac{BE}{BF} \Rightarrow \frac{\sin \angle ABH}{\sin \angle BAH}=\frac{\sin \angle BFE}{\sin \angle BEF}$$

$$\frac{\sin \angle LFA}{\sin \angle EAB}=\frac{\sin \angle BFE}{\sin \angle BEF} \Rightarrow \cos \angle EAB=\sin \angle BEF$$

因此$\frac{DH}{FC}=\frac{HB}{AF}$，由 H,I,E,A 四点共圆，得

$$\angle IHA=\angle AEC, \frac{AH}{BH}=\frac{AE}{BF} \text{和} \frac{BH}{HD}=\frac{AF}{FC} \Rightarrow \frac{AH}{AE}=\frac{HD}{FC}$$

即

$$\frac{AH}{AE}=\frac{HD}{EC} \Rightarrow \triangle DHA \backsim \triangle AEC \Rightarrow \angle DAC=90^{\circ}$$

故 $AC \perp AD$.

127. 给定$\triangle ABC$及其外心O，内心I，BC中点为M，弧BAC中点为N，NI与圆O的第二个交点为T，D为OI与BC的交点，求证：$\angle MID=\angle DTO$.（张峻铭，2020－12－08）

证明 由已知，连接NO，AI并延长交圆O于点J且NJ过点M，设AI，NT分别交BC于点R，W，延长IM交TD于点K，延长KO交NT于点S，过I作BC垂线交BC于P，交AN于E，连接JC，IC，NC，TJ，由

$$\triangle IPW \backsim \triangle NJT \Rightarrow NJ \cdot IP=IW \cdot NT \tag{1}$$

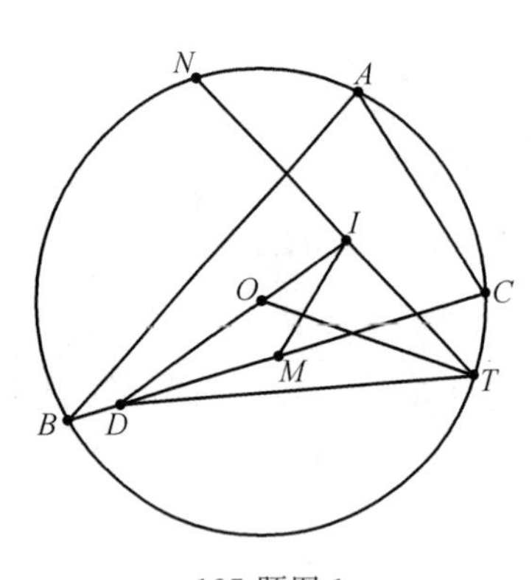

127 题图 1

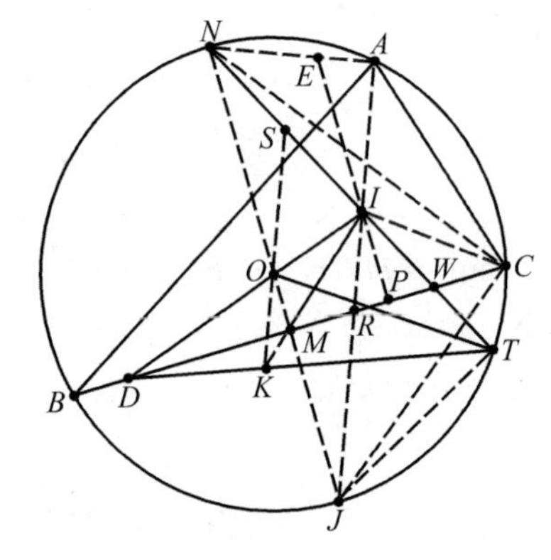

127 题图 2

由

$$\angle ICJ=\angle ICB+\angle BCJ=\angle ACI+\angle BAI=\angle ACI+\angle CAI=\angle JIC \Rightarrow JI=JC$$

$$\frac{AC}{CR}=\frac{AI}{IR}$$

且

$$\triangle ABR \backsim \triangle AJC \Rightarrow \frac{BR}{JC}=\frac{AB}{AJ} \Rightarrow \frac{AJ}{AI}=\frac{JC}{IR} \Rightarrow \frac{IJ}{IR}=\frac{AJ}{AI}=\frac{NJ}{IE} \Rightarrow$$

$$\frac{NJ}{IJ}=\frac{IE}{IR}=\frac{AI}{IP} \text{（因 } A,E,R,P \text{ 四点共圆）}$$

故由(1)得

$$IN \cdot IT=IW \cdot NT \tag{2}$$

$\triangle DTW$,直线 I,M,K;$\triangle IDT$,直线 S,O,K,由梅氏定理得

$$\frac{TK}{KD}\cdot\frac{DM}{MW}\cdot\frac{WI}{IT}=1$$

$$\frac{TK}{KD}\cdot\frac{DO}{OI}\cdot\frac{IS}{ST}=1\Rightarrow\frac{DM}{MW}\cdot\frac{WI}{IT}=\frac{DO}{OI}\cdot\frac{IS}{ST}\Rightarrow\frac{MP}{MW}\cdot\frac{WI}{IT}=\frac{IS}{ST}\Rightarrow$$

$$\frac{NI}{NW}\cdot\frac{WI}{IT}=\frac{IS}{ST}$$

设 $x=\frac{NI}{IS}$,则

$$x\cdot\frac{IW}{NW}=\frac{IT}{ST}\Rightarrow\frac{NW}{IW}=\frac{NI}{IT}+x\Rightarrow\frac{NI}{IW}-\frac{NI}{IT}=x-1$$

$$IN\cdot IT=IW\cdot[IN+IT\cdot(x-1)]$$

由(2)可得 $x=2$,因此 $SK/\!/AJ$,由

$$\triangle NJC\backsim\triangle CJM\Rightarrow\frac{CJ}{NJ}=\frac{MJ}{CJ}$$

即

$$\frac{IJ}{NJ}=\frac{MJ}{IJ}\Rightarrow\triangle JMI\backsim\triangle JNI,\angle NTO=\angle JNI=\angle MIJ=\angle OKJ$$

因此 O,K,T,I 四点共圆,故 $\angle MID=\angle DTO$.

128. 如图 1,在$\triangle ABC$ 中,E,F 是 BC 上任意两点,圆 I,圆 J 分别是$\triangle ABE$,$\triangle ACF$ 外接圆,G,H 在 AB,AC 上,且 $GH/\!/BC$,$ID\perp EH$,$JD\perp FG$,求证:$DE=DF$.

证明 如图 2,设 FG,EH 分别交圆 I,圆 J 于 M,N,连接 AM,AN,MN,由

$$\angle AMG=\angle FCA=\angle AHG\Rightarrow A,G,M,H\text{ 四点共圆}$$

同理 A,G,N,H 四点共圆$\Rightarrow M,E,F,N$ 四点共圆

可得圆($MEFN$)和圆 J 以及和圆 I 的连心线必过 JD,ID,因此 D 是圆($MEFN$)的圆心$\Rightarrow$ $DE=DF$.

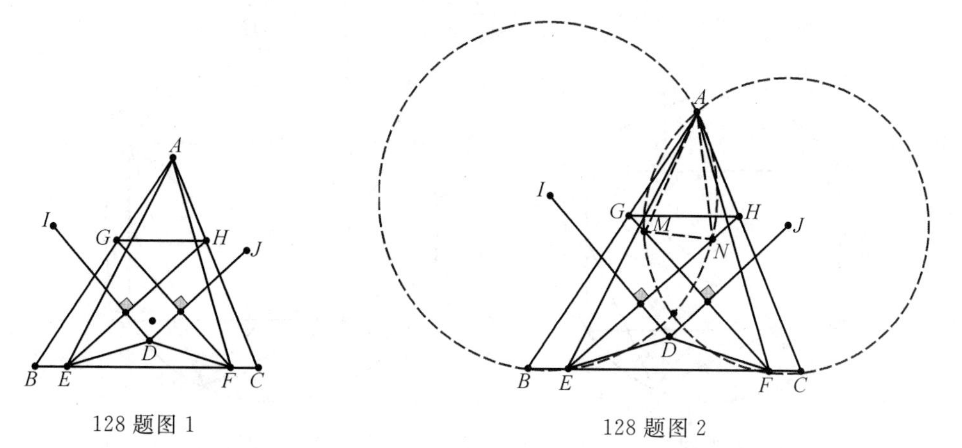

128 题图 1　　128 题图 2

129. 如图 1,圆 O 为$\triangle ABC$ 外接圆,Q,P 分别在 AB,AC 上,$OQ=OP$,QP 延长线交 BC 于 T,TD 切圆 O 于 D,D,A 在 BC 同侧,D,E 关于 QP 对称,求证:$\angle ABE=\angle ACE$.

(2020年中等数学12期高中698问题)

证明 连接 AD,DE,BD,QE,DC,由 $OQ=OP\Rightarrow\dfrac{AQ}{AP}=\dfrac{PC}{QB}$,完全四边形 $AQBCTP$ 假设 D 为密克点,则

$$\angle QDB=\angle QTB=\angle PDC\Rightarrow\triangle BDQ\backsim\triangle CDP\Rightarrow\frac{PC}{QB}=\frac{DC}{DB}=\frac{AQ}{AP}\Rightarrow$$

$$\triangle AQP\backsim\triangle DBC\Rightarrow\angle CDT=\angle QPA=\angle ADQ=\angle DBC\Rightarrow$$

TD 与圆 O 相切(弦切角)

由导角很容易得出

$AQPD$ 是等腰梯形$\Rightarrow AQEP$ 是平行四边形$\Rightarrow\triangle QBE\backsim\triangle PCE\Rightarrow\angle ABE=\angle ACE$

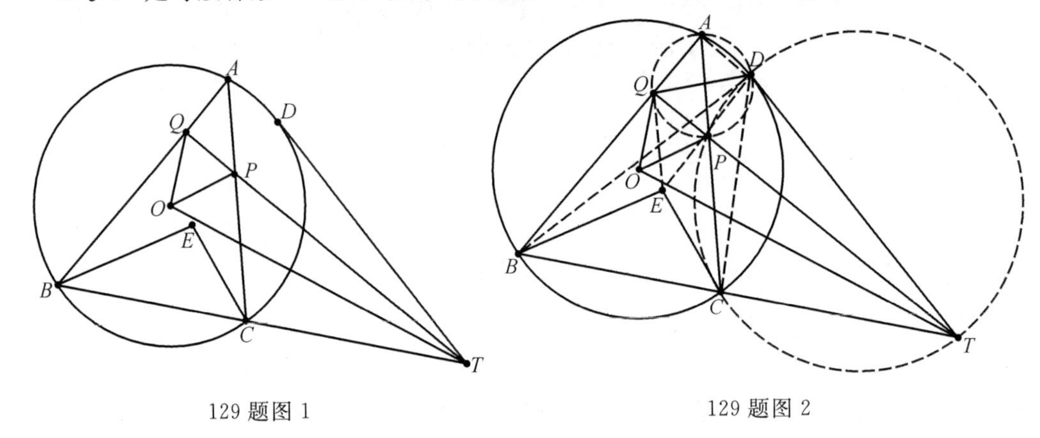

129 题图 1　　129 题图 2

130. 如图1,已知 $ABCD$ 是矩形,K 是 $ABCD$ 内一点,BK 交 DC 于 F,DK 交 BC 于 E,AK 交 $ABCD$ 外接圆 O 于 Q,求证:$\angle EQF=90°$.(叶中豪)

证明 连接 BD,BQ,DQ,由

$$\sin\angle BFC=\frac{BC}{BF}$$

$$\sin\angle DEC=\frac{DC}{DE}\Rightarrow\frac{\sin\angle ABF}{\sin\angle ADE}=\frac{DE}{BF}\cdot\frac{AD}{AB}$$

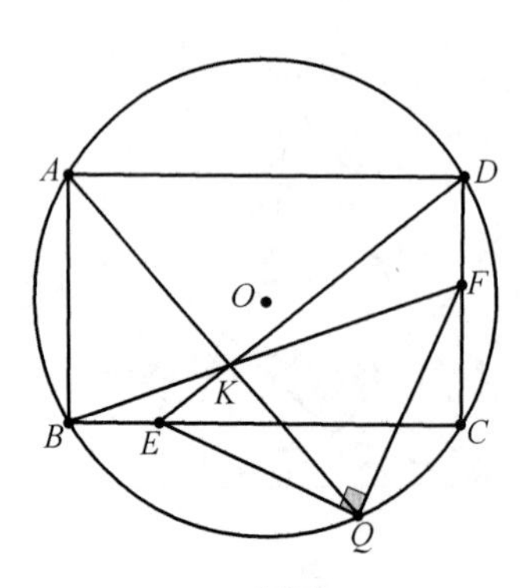

130 题图 1

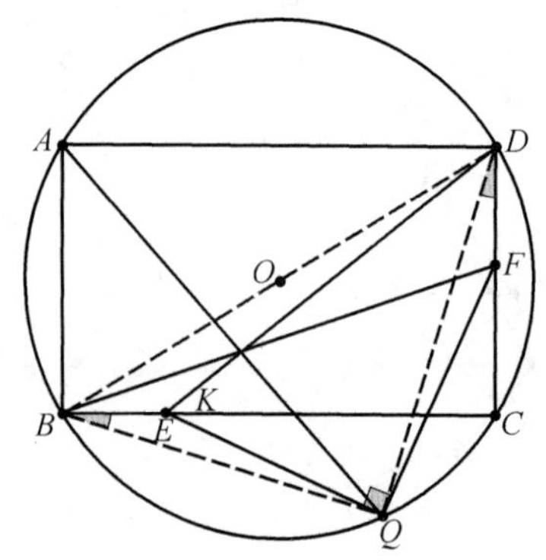

130 题图 2

又

$$\frac{AB}{\sin\angle BKA}=\frac{AK}{\sin\angle ABF}$$

$$\frac{AD}{\sin\angle DKA}=\frac{AK}{\sin\angle ADE}\Rightarrow\frac{DE}{BF}=\frac{\sin\angle BKQ}{\sin\angle DKQ}$$

在圆 O 中

$$\frac{BC}{DC}=\frac{\sin\angle AQD}{\sin\angle AQB}$$

则

$$\frac{DE}{BF}\cdot\frac{BC}{DC}=\frac{\sin\angle BKQ}{\sin\angle DKQ}\cdot\frac{\sin\angle AQD}{\sin\angle AQB}=\frac{DK}{DQ}\cdot\frac{BQ}{BK}\Rightarrow$$

$$\frac{BQ}{DQ}=\frac{BC}{DC}\cdot\frac{DE}{BF}\cdot\frac{BK}{DK}$$

由

$$\frac{BE}{\sin\angle BKE}=\frac{BK}{\sin\angle DEC},\frac{DF}{\sin\angle BKE}=\frac{DK}{\sin\angle BFC}$$

因此

$$\frac{BE}{DF}=\frac{BQ}{DQ}\Rightarrow\triangle BEQ\backsim\triangle DFQ\Rightarrow\angle EQF=90^\circ$$

131. 如图 1，I 为 $\triangle ABC$ 的内心，过 I 作直线交 AB，AC 于 E，F，BC 边上点 P 使得 AP，BF，CE 相交于点 D，$PQ\perp EF$ 于 Q，求证：$\angle AQE=\angle IPB$.（杨运新，2020－03－21）

证明 如图 2，连接 QD 并延长交 BC 于 K，作 $KT\parallel PQ$ 分别交 AQ，EF 于 T，N，由 QA，QE，QK，QP 为调和线束，及它的性质得出 $TN=NK$，$KT\perp EF$，由 EF 过点 $I\Rightarrow K$，T 都在圆 I 上$\Rightarrow K$ 为 BC 在圆 I 的切点，由

$$PQ\perp EF\Rightarrow\angle AQE=\angle EQK$$

$$IK\perp BC\Rightarrow I,K,P,Q\text{ 四点共圆}\Rightarrow\angle AQE=\angle IPB$$

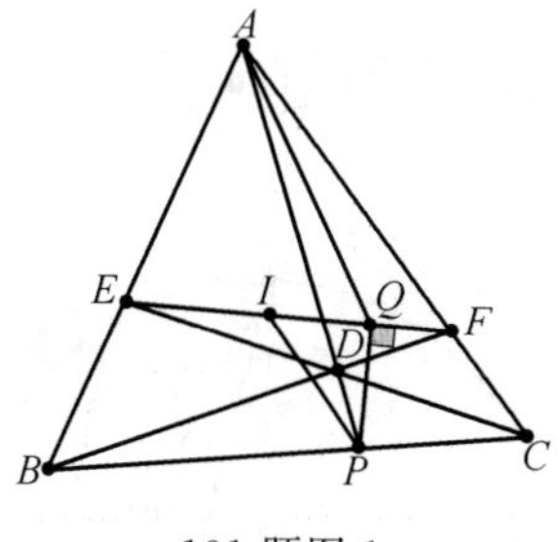

131 题图 1

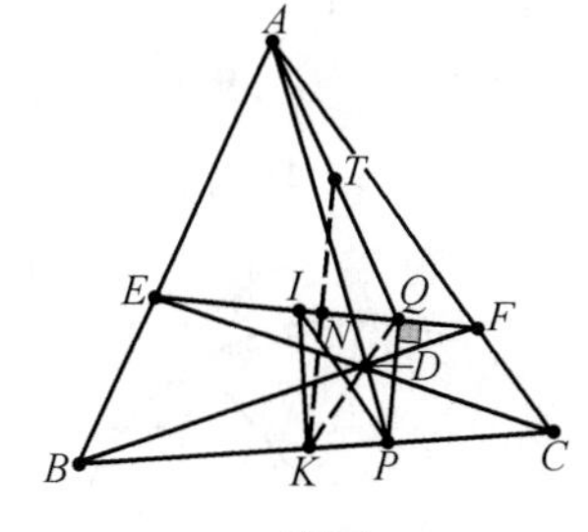

131 题图 2

几何研究集六

132. 如图 1，在$\triangle ABC$中，BC的中垂线分别交直线AB，AC于E，F，P在AB上，Q在AC上，且$\angle PFE=\angle QEF$，求证：$BP\cdot CQ=BE\cdot CF$.（叶中豪）

证明　如图 2，以FD为对称轴，Q，I，A，P，C的对称点分别为：N，J，M，T，B，连接FB，CM，FT，NE，显然$FJEI$是平行四边形，则$\dfrac{BE}{BP}=\dfrac{BN}{BF}$，$CQ=BN$，$CF=BF$，因此$BP\cdot CQ=BE\cdot CF$.

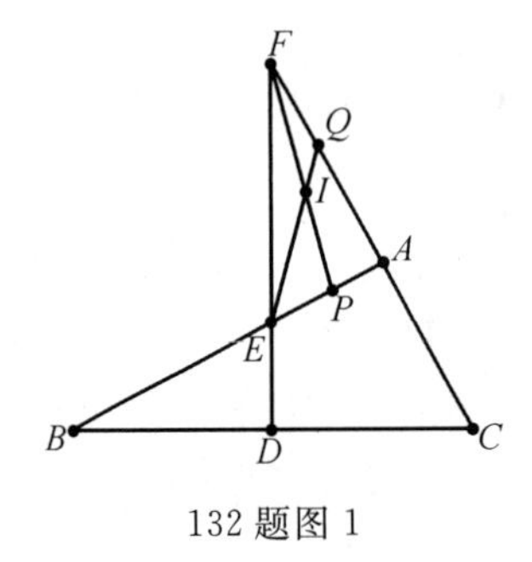

132 题图 1

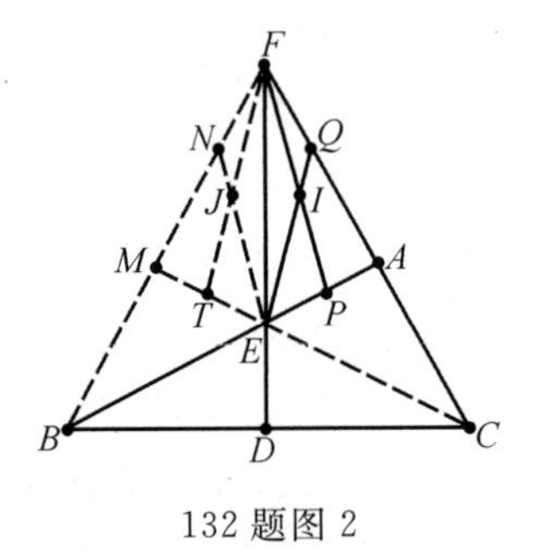

132 题图 2

133. 如图 1，在$\triangle ABC$中，$AB>AC$，M为BC中点，外接圆O的弧BAC的中点为D，内心为I，求证：$\angle ADI=\angle IMC$.

证明　如图 2，作$IH\perp BC$，垂足为H，延长AI，DI分别交圆O于E，F，连接DC，DE，EC，点O，M显然在DE上，I是内心，故$IE=CE$，由

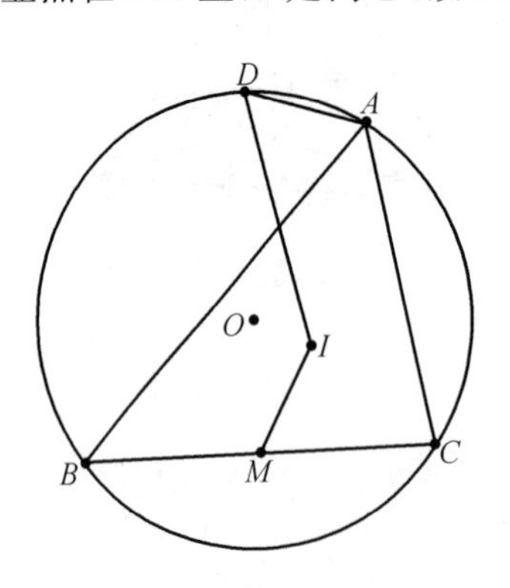

133 题图 1

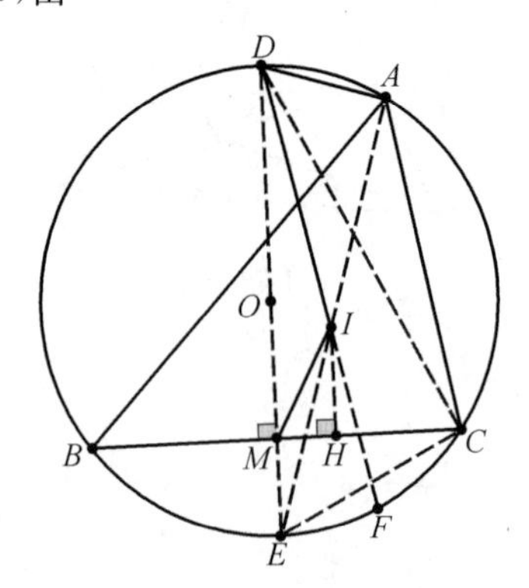

133 题图 2

$$\triangle CME\backsim\triangle DCE\Rightarrow\frac{ME}{EC}=\frac{EC}{DE}=\frac{ME}{IE}=\frac{IE}{DE}\Rightarrow\triangle EMI\backsim\triangle EID\Rightarrow$$

$$\angle MIH=\angle DMI=\angle EIF=\angle AID\Rightarrow\angle ADI=\angle IMC$$

134. 在凸四边形 $ABCD$ 中，$\angle B=\angle D=90°$，$AB=AD$，对角线 BD 上存在任意点 P，作 $PE /\!/ AD$，$PF /\!/ AB$ 交 AB，AD 于 E，F，求证：$EF\perp PC$.

证明 如图，连接 CE，CF，作 $FH\perp CP$ 延长线于 H，则

$$CF^2=DC^2+DF^2=DC^2+PF^2$$

$$CF^2=FH^2+CH^2,PF^2=FH^2+PH^2$$

因此

$$DC^2=CH^2-PH^2$$

同理：作 $EH'\perp CP$ 于 H'，则 $BC^2=CH'^2-PH'^2$，因此

$$CH^2-PH^2=CH'^2-PH'^2\Rightarrow CH+PH=CH'+PH'\Rightarrow$$

$$H,H'\text{重合}\Rightarrow EF\perp PC$$

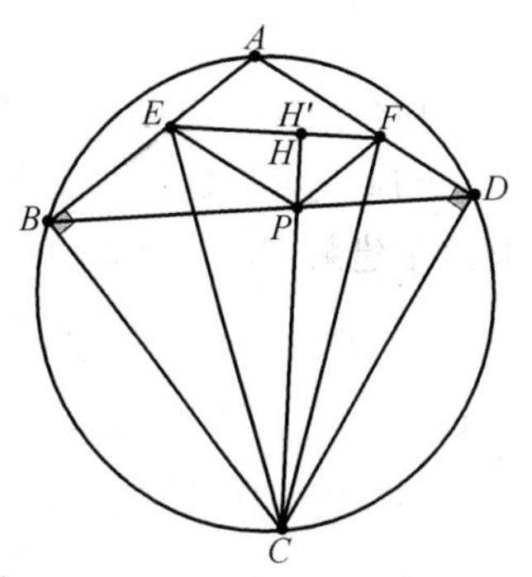

134 题图

135. 如图 1，O，D 分别是 $\triangle ABC$ 的外心和内心，G 是外接圆上弧 BC 中点，圆(DGO)在点 G 的切线交 DO 延长线于 T，求证：$\angle BTG+\angle DTC=180°$.（黄利兵，2021－01－30）

证明 如图 2，分别过 G 作 $GE /\!/ DC$，$GF /\!/ BD$ 交圆 O 于 E，F；延长 FO 交 AB 和圆 O 于 M，H，连接 GH，HD，HF，BH，BG，EG，延长 BD 交圆 O 于 K，连接 KG，KF，KC，则

$$\angle KBG=\angle GBC+\angle KBC=\angle BKG+\angle GKF\Rightarrow\angle CBK=\angle GKF\Rightarrow KC=GF$$

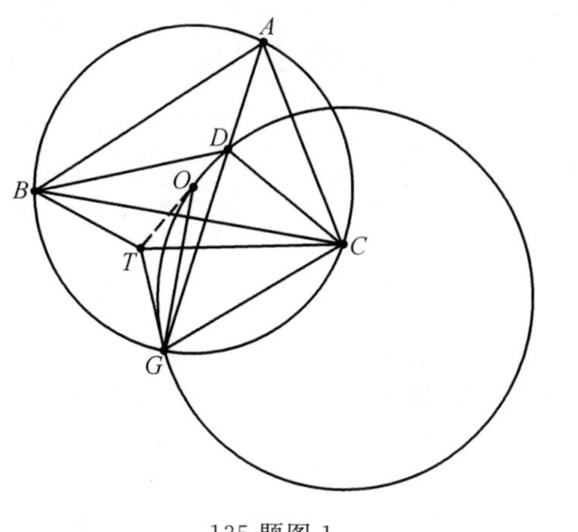

135 题图 1

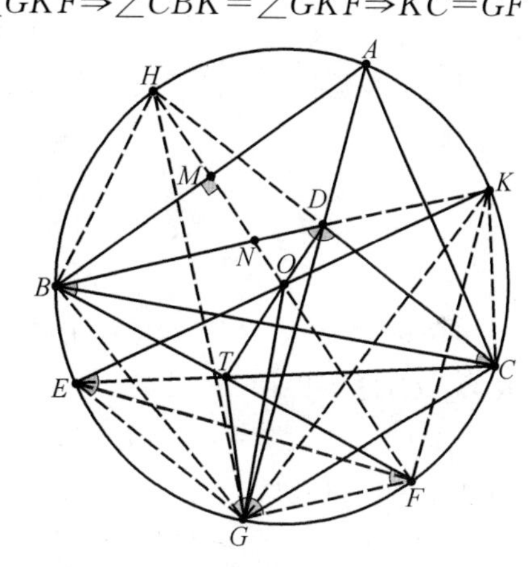

135 题图 2

同理

$$HB=EG\Rightarrow\angle GHF=\angle ABK$$

由

$$\angle HNB=\angle HFG\Rightarrow HM\perp AB\Rightarrow AM=BM\Rightarrow H,D,C\text{ 三点共线}$$

显然 K，O，E 也三点共线，设 EC，BF 交于 T，由帕斯卡定理：D，O，T 三点共线，连接 EF，ET，则

$$\angle GFB=\angle KBF,\angle CEG=\angle HCE,\angle BDC=\angle EGF$$

易证

$$\triangle DBC\backsim\triangle GEF,\frac{DC}{GF}=\frac{BC}{EF}=\frac{CT}{TF}\Rightarrow\triangle DTC\backsim\triangle GTF\Rightarrow\frac{DT}{TG}=\frac{CT}{TF}$$

且

$$\angle DTC=\angle GTF,\angle ECG=\angle HFB\Rightarrow\triangle OTF\backsim\triangle CGT$$

$$\frac{OT}{TG}=\frac{TF}{TC}=\frac{OF}{GC}=\frac{OG}{GD}\Rightarrow\triangle TGO\backsim\triangle TGD\Rightarrow TG\text{ 是圆}(DGO)\text{的切线}$$

G 为切点，因此

$$\angle BTG+\angle DTC=\angle BTG+\angle GTF=180^\circ$$

136. 如图 1，D 是$\triangle ABC$ 中的一点，AD，BD，CD 分别交 BC，AC，AB 于点 G，F，E，$DN /\!/ BC$交 EF 延长线于 N，AN 交圆 O 于 H，GH 交 DN 于 M，求证：A，D，M，H 四点共圆.（王建荣，2021－02－08）

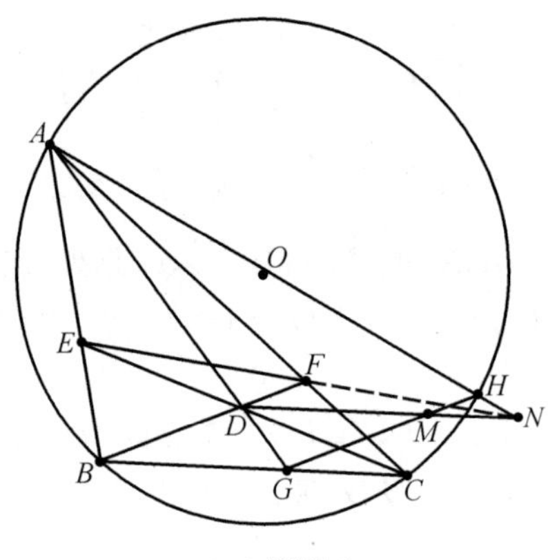

136 题图 1

证明 如图 2，延长 AN，EF 交直线 BC 于 K，L，设直线 DN 交 AB，AC 于 S，T，由平行成比例

$$\frac{GK}{CK}=\frac{DN}{TN}=\frac{BL}{CL}=\frac{SN}{DN}=\frac{BK}{GK}$$

则

$$GK^2=BK\cdot CK=AK\cdot HK$$

得$\triangle AGK\backsim\triangle GHK$，于是

$$\angle GAK=\angle HGK=\angle HMN$$

因此 A，D，M，H 四点共圆.

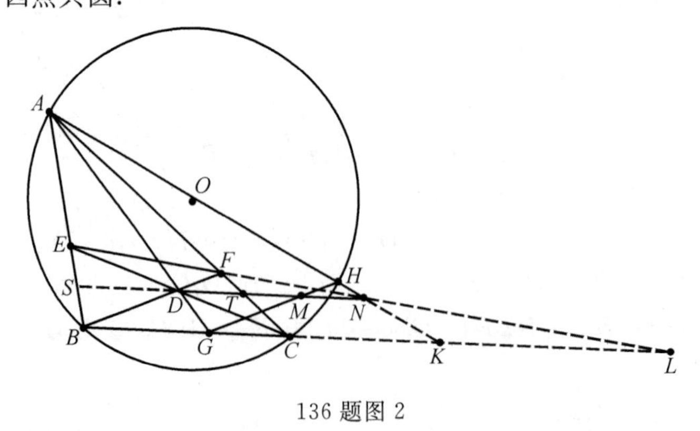

136 题图 2

137. 已知 M，N 分别是 AB，AC 中点，BE，CF 分别是$\angle ABC$，$\angle ACB$ 角平分线，MN 交 EF 于 P，FE 延长线，BC 延长线交于 T，I 是$\triangle ABC$ 内心，AI 交 BC 于 D，DE 延长线，BA 延长线交于 Q，求证：$AP /\!/ TQ$.（潘成华，2021－02－05）

证明 如图,延长 AP 交 BT 于 G,由 M,N 分别是 AB,AC 中点,则 $AP=PG$,易证:TB,TF,TA,TQ 是调和线束,因此 $AP/\!/TQ$.

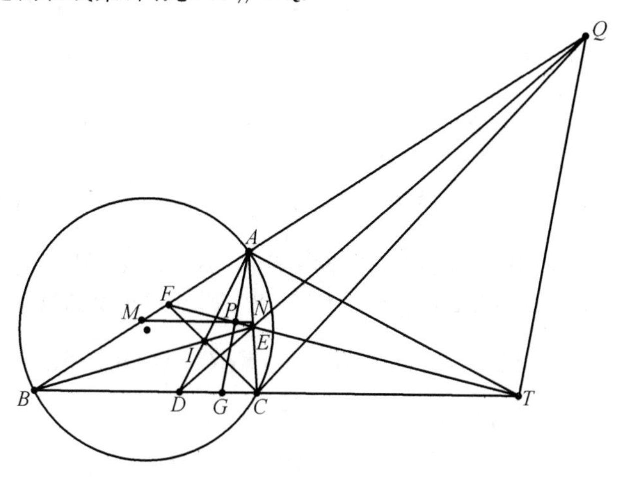

137 题图

138. 如图 1,设$\triangle ABC$ 的垂心 H 关于中线 AM 的对称点为 T,$\triangle BCH$ 的外接圆 I 与线段 AM 交于 D,E 是圆 I 上 D 的对径点,EM 再次交圆 I 于 F,求证:A,D,F,T 四点共圆.(苏林,2021—02—10)

证明 如图 2,连接 AH 并延长交圆 I 和 BC 于 K,W,作 $KL/\!/BC$ 交圆 I 于 L,由

$$\frac{AW}{BW}=\frac{WC}{WH}\Rightarrow WK=AW$$

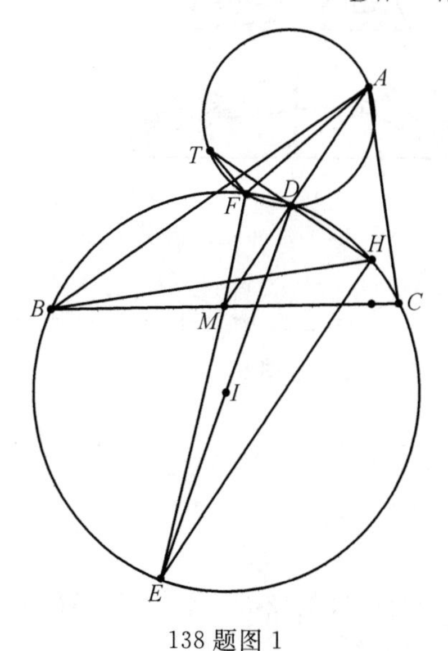

138 题图 1

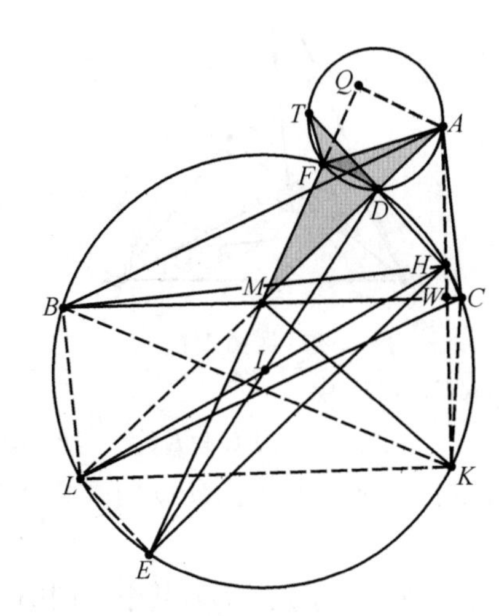

138 题图 2

连接 AL 交 BC 于 $G\Rightarrow AG=LG$,由

$$AC=CK=BL,CL=BK=AB\Rightarrow ABLC\text{ 为平行四边形}\Rightarrow M,G\text{ 重合}$$

$$\angle HKL=90^\circ\Rightarrow HL\text{ 过 }I\Rightarrow\angle LDH=90^\circ$$

D 在圆 I 上$\Rightarrow DL/\!/HE$,$\angle FMD=\angle FEH=\angle FDT$ 且$\angle EFD=90^\circ$,过 A 作 $AQ\perp MF$ 于

Q 得

$$\triangle MLE \backsim \triangle MQA, \frac{FD}{FM}=\frac{AQ}{MQ}=\frac{LE}{LM}=\frac{DH}{AM}=\frac{TD}{AM} \Rightarrow$$

$$\triangle DFT \backsim \triangle MFA \Rightarrow \angle FTD=\angle FAD$$

因此,A,D,F,T 四点共圆.

139. 如图 1,在等腰$\triangle ABC$中,$AB=AC$,D 是三角形内一点,$\angle BDC=90°+\frac{1}{2}\angle A$,$BE \perp CD$ 于 E,$CF \perp BD$ 于 F,$BP=DF$,$CQ=DE$,求证:$AD \perp PQ$.(叶中豪,2021-02-26)

证明 如图 2,作圆 $M(BCFE)$ 交 AB,AC 于 W,T,作 TF 交 AD 于 R,由帕斯卡定理:A,R,D 三点共线,B,W,E,C,T,F 六点共圆$\Rightarrow W,E,R$ 三点共线,由$\angle BDC=90°+\frac{1}{2}\angle A$,作 $DS \perp DC$,$ZD \perp DB$,Z,S 都在 BC 上,连接 AM,RP,RQ,易证

$$\triangle BED \backsim \triangle AMC \backsim \triangle BTC$$

$$\angle RFE=\angle EBT=\angle EBF+\angle FBT=\angle TBC+\angle FET=\angle TEC+\angle FET=\angle FEC \Rightarrow RF \parallel ED$$

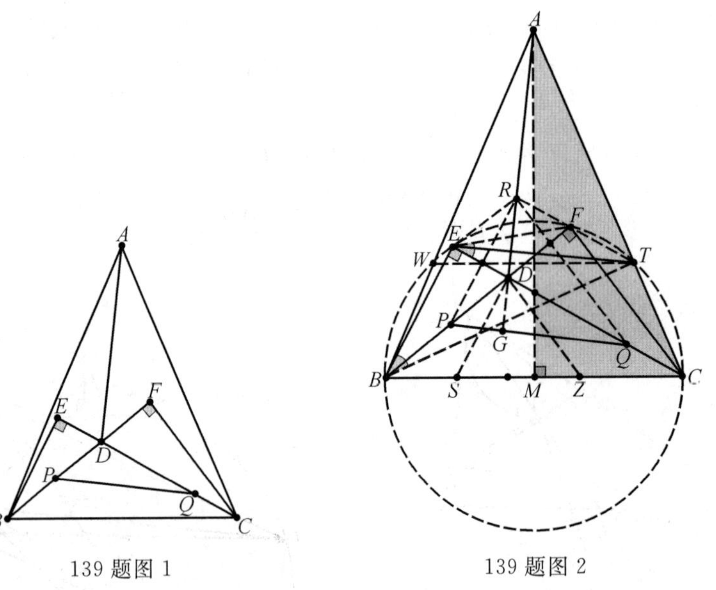

139 题图 1　　139 题图 2

同理,$RE \parallel DF$,由

$$EQ=DC \Rightarrow \triangle REQ \cong \triangle FDC \Rightarrow PF \perp RQ$$

同理,$EQ \perp RP \Rightarrow D$ 为$\triangle RPQ$ 的垂心$\Rightarrow AD \perp PQ$.

140. 设两圆相交于点 C,D,其中一圆的弦 AB 与另一圆的弦 EF 平行,设 AD 交 BC 于 P,AF 交 BE 于 Q,DE 交 CF 于 R,求证:P,Q,R 三点共线.

证明 如图 2,连接 AC,CE,BD,FD,作 $DH \parallel AB \parallel CK$,显然$\angle ADE=\angle BCF$,由角锡瓦定理得

$$\frac{\sin \angle AQP}{\sin \angle BQP} \cdot \frac{\sin \angle EBC}{\sin \angle ABC} \cdot \frac{\sin \angle BAD}{\sin \angle DAF}=\frac{\sin \angle FQR}{\sin \angle EQR} \cdot \frac{\sin \angle DEB}{\sin \angle DEF} \cdot \frac{\sin \angle EFC}{\sin \angle AFC}$$

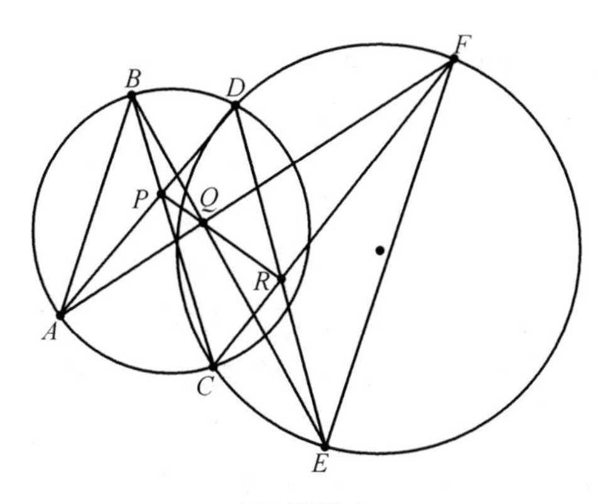

140 题图 1

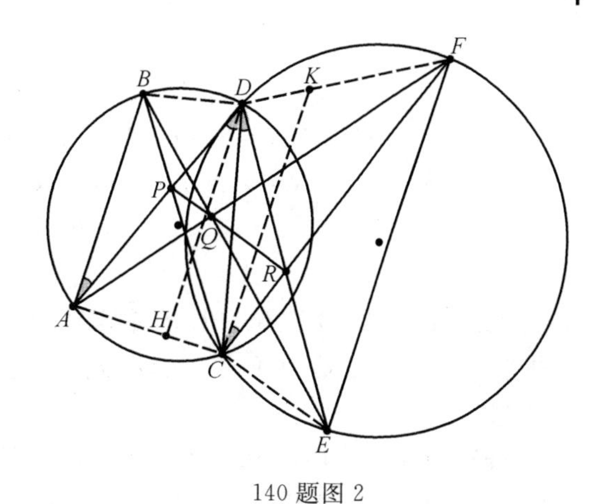

140 题图 2

再由正弦定理得

$$\frac{\sin \angle EBC}{\sin \angle EFC}=\frac{EF}{BE}\cdot\frac{\sin \angle BCE}{\sin \angle FCE}$$

其余同理,因此

$$\frac{\sin \angle AQP}{\sin \angle BQP}\cdot\frac{\sin \angle BCE}{\sin \angle BCA}\cdot\frac{\sin \angle BDA}{\sin \angle ADF}=\frac{\sin \angle FQR}{\sin \angle EQR}\cdot\frac{\sin \angle FCE}{\sin \angle ACF}\cdot\frac{\sin \angle BDE}{\sin \angle FDE}\Rightarrow$$

$$\frac{\sin \angle AQP}{\sin \angle BQP}=\frac{\sin \angle FQR}{\sin \angle EQR}\Rightarrow \angle BQP=\angle EQR\Rightarrow P,Q,R \text{ 三点共线}$$

141. 如图 1,在$\triangle ABC$中,$\angle BAC$的平分线与BC交于D,过D任作一条直线与$\triangle ABC$的外接圆O交于E,F两点,圆O在E,F两点的切线与BC分别交于P,Q,求证:$\angle PAB=\angle CAQ$.(萧振纲,2019-02-04)

证明 如图 2,设AQ交圆O于K,延长AD交圆O于N,连接FN交BC于G,连接AG交圆O于M,连接$EM,EN,EK,NM,FM,AE,FC,NC,NK$交$FM$于$H$,得

$$\triangle ANC\backsim\triangle CND\Rightarrow ND\cdot NA=NC^2$$

$$\triangle KNC\backsim\triangle CNH\Rightarrow NH\cdot NK=NC^2\Rightarrow A,D,H,K \text{ 四点共圆}$$

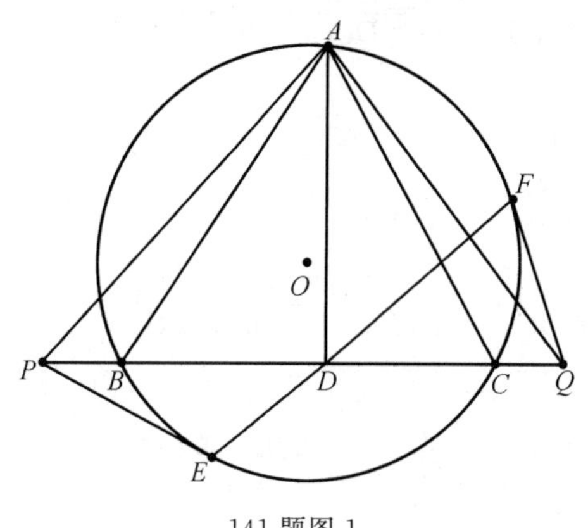

141 题图 1

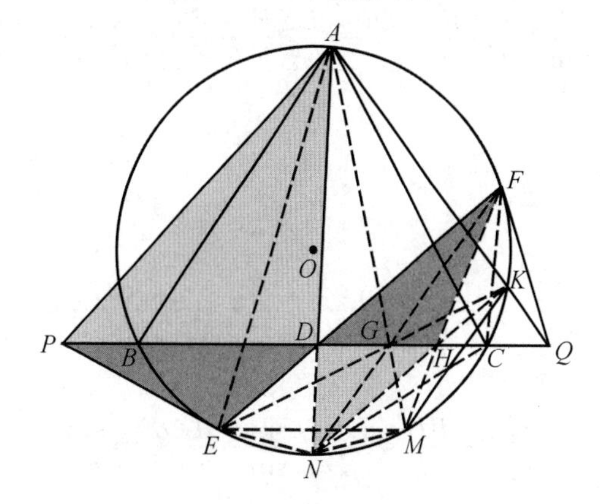

141 题图 2

由帕斯卡定理得

A,F(切点)$,K,M,N\Rightarrow G,H,Q$(在BC上)三点共线$\Rightarrow K,H,N$三点共线

由

$$\angle DHF=\angle EMF=\angle PEF(\text{弦切角})\Rightarrow\triangle PED\backsim\triangle DHF\Rightarrow$$
$$AD\cdot DN=ED\cdot DF=PD\cdot DH\Rightarrow A,P,N,H\text{ 四点共圆}\Rightarrow$$
$$\angle PAN=\angle DHN=\angle KHQ=\angle DAQ$$

故

$$\angle PAB=\angle CAQ$$

142. 如图 1,圆 O 是$\triangle ABC$ 的外接圆,$AB\neq AC$,D,Q 两点在 BC 上,且 $AD\perp BC$,点 B,C 的切线交于 G,过 Q 且垂直于 QG 的直线与直线 AB,AC 分别交于 E,F,求证:$\angle BGE=\angle CGF$.

证明 如图 2,连接 OB 并延长交 FE 延长线于 K,OC 交 EF 于 L,连接 OG,GL,显然,$\angle ABO=\angle DAC$,$\angle EBG=\angle ACB$,$\angle BAD=\angle OCA$,B,K,G,Q 四点共圆

$$L,Q,G,C\text{ 四点共圆}\Rightarrow\angle CQG=\angle BKG=\angle GLC\Rightarrow O,K,G,L\text{ 四点共圆}\Rightarrow$$
$$\angle BKQ=\angle BGQ=\angle OGL\Rightarrow\triangle GKB\cong\triangle GLC$$

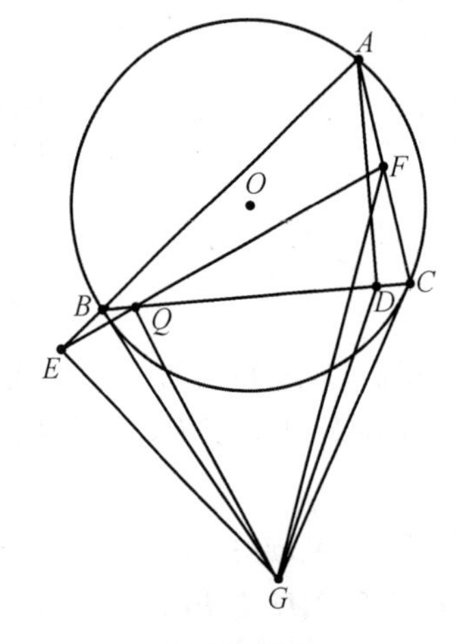

142 题图 1

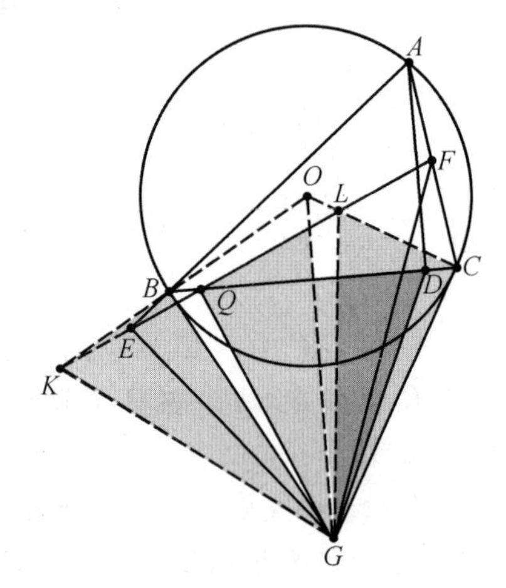

142 题图 2

由锡瓦角定理得

$$\frac{\sin\angle GBE}{\sin\angle KBE}\cdot\frac{\sin\angle BKE}{\sin\angle GKE}\cdot\frac{\sin\angle KGE}{\sin\angle BGE}=\frac{\sin\angle ACD}{\sin\angle CAD}\cdot\frac{\sin\angle DGC}{\sin\angle DCG}\cdot\frac{\sin\angle KGE}{\sin\angle BGE}=1$$

即

$$\frac{DG}{AD}=\frac{\sin\angle KGE}{\sin\angle BGE}$$

同理

$$\frac{\sin\angle GLF}{\sin\angle CLF}\cdot\frac{\sin\angle LCF}{\sin\angle GCF}\cdot\frac{\sin\angle CGF}{\sin\angle LGF}=\frac{\sin\angle KLG}{\sin\angle QGC}\cdot\frac{\sin\angle BAD}{\sin\angle ABC}\cdot\frac{\sin\angle CGF}{\sin\angle LGF}=1$$

即

$$\frac{QG}{QC}\cdot\frac{BD}{AF}=\frac{DG}{AD}=\frac{\sin\angle LGF}{\sin\angle CGF}\Rightarrow\frac{\sin\angle KGE}{\sin\angle BGE}=\frac{\sin\angle LGF}{\sin\angle CGF}\Rightarrow\angle BGE=\angle CGF$$

143. PA 是圆 O 切线,B 在 PO 上且 $PA=PB$,$PC\perp PO$,且$\angle APB+\angle DBC=90^\circ$,求证:以 CD 为直径的圆与圆 O 相切.(叶中豪,2021—05—02)

证明 如图,设 DB 交圆 I 于 H,圆 I,圆 O 半径为 R,r,连接 OA,CH,HP,BC 延长交圆 I 于 G,显然 G,D,B,P 四点共圆,则

$$PC\cdot PD=PI^2-R^2, PF\cdot PE=PO^2-r^2$$

$$PC\cdot PD+PF\cdot PE=PC^2+PC\cdot CD+PA^2=BC^2+BC\cdot CG=BC\cdot BG=BH\cdot BD$$

$$\triangle DHC\backsim\triangle DPB\Rightarrow\frac{2R}{BD}=\frac{CH}{PB}$$

由

$$\triangle CHB\backsim\triangle PAO\Rightarrow\frac{CH}{PA}=\frac{BH}{r}$$

即

$$BH\cdot BD=2Rr\Rightarrow PI^2+PO^2=(R+r)^2$$

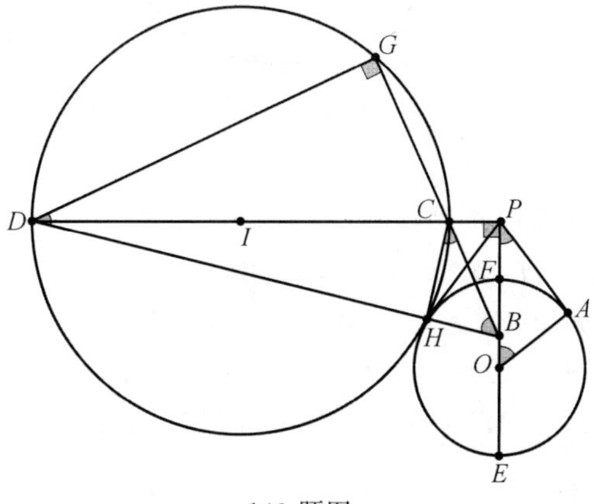

143 题图

144. 已知 A,B,C,D,E 在圆 O 上,$\angle BAD=\angle CAE$,P,Q 在 AD,AE 上且 $OP=OQ$,$PM\perp AB$,$QN\perp AC$,求证:$S_{\triangle DPM}=S_{\triangle EQN}$.

证明 如图,连接 PQ 交圆 O 于 L,K,显然 $KP=QL$,$\triangle AMP\backsim\triangle ANQ$.

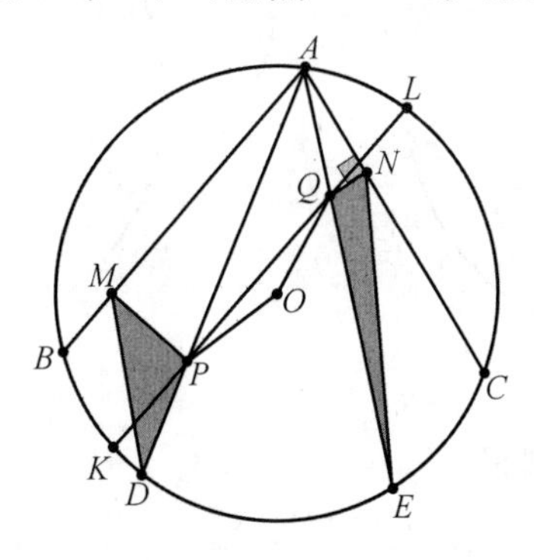

144 题图

$$AQ\cdot QE=LQ\cdot QK=KP\cdot PL=AP\cdot PD\Rightarrow\frac{AP}{PQ}=\frac{MP}{NQ}=\frac{QE}{PD}\Rightarrow$$

$$MP\cdot PD=NQ\cdot QE\Rightarrow S_{\triangle DPM}=S_{\triangle EQN}$$

145. 在 $\triangle ABC$ 中,$AB=AC$,D 在 AB 上,$\angle ADC=60°$,E 在 CD 上,$\angle EBC=30°$,求证:$AC=CE$.(叶中豪,2021—04—16)

证明 如图,作 EF 使 $\angle BEF=30^\circ$ 交 BC 于 $F\Rightarrow\angle EFC=60^\circ=\angle ADC\Rightarrow A,D,F,C$ 四点共圆 $\Rightarrow\angle DFB=\angle BAC\Rightarrow\triangle ABC\backsim\triangle FBD\Rightarrow BF=FD=FE\Rightarrow CE=CA$.

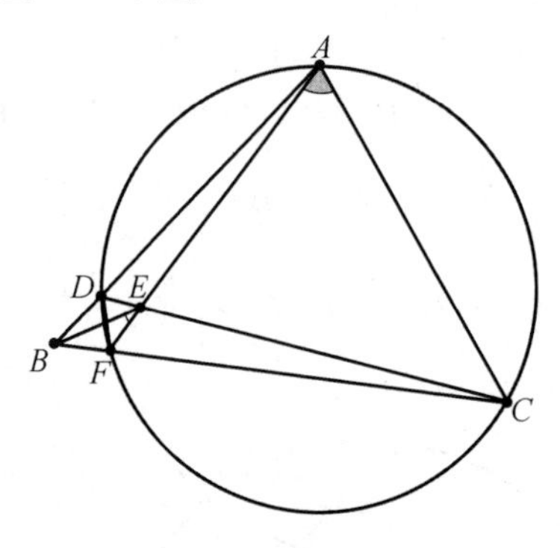

145 题图

146. 如图 1,AB,AC 是圆 O 的切线,H 是圆 O 上一点,$BD\perp CH$ 于 D,$CE\perp BH$ 于 E,$BF=HE,CG=HD$,求证:$AH\perp FG$.(叶中豪,2021－02－26)

证明 如图 2,作圆($DBCE$)交 AB,AC 于 N,M,显然 $NM/\!/BC$,连接 DN 并延长交 AH 于 I,EM 并延长交 AH 于 $T\Rightarrow\angle INM=\angle ACD\Rightarrow\angle ANI=\angle DCB$,同理

$$\angle TMN=\angle ABE\Rightarrow\angle TMA=\angle EBC$$

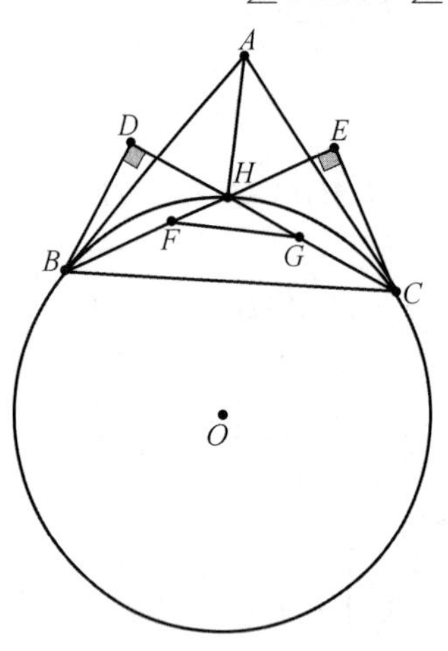

146 题图 1

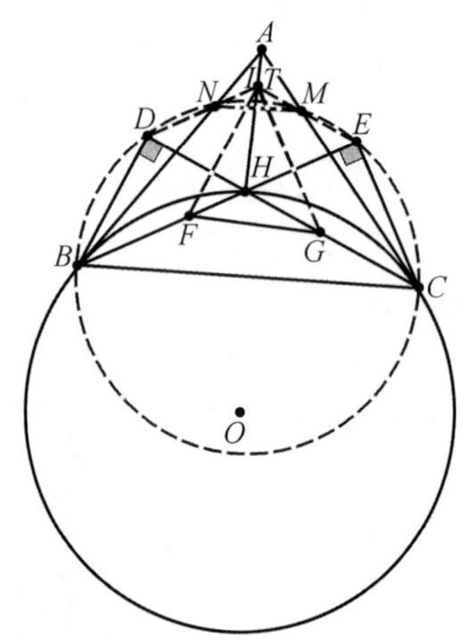

146 题图 2

在 $\triangle ABC$ 中,由锡瓦角定理得

$$1=\frac{\sin\angle HCA}{\sin\angle HCB}\cdot\frac{\sin\angle HBC}{\sin\angle HBA}\cdot\frac{\sin\angle HAB}{\sin\angle HAC}=\frac{\sin\angle TMA}{\sin\angle TMN}\cdot\frac{\sin\angle INM}{\sin\angle INA}\cdot\frac{\sin\angle IAN}{\sin\angle IAM}\Rightarrow$$

T,I 重合 $\Rightarrow DI/\!/BE,EI/\!/DC\Rightarrow DHEI$ 是平行四边形 $\Rightarrow$

$DBFI,GCEI$ 也是平行四边形 $\Rightarrow GD\perp IF,FE\perp IG\Rightarrow$

$AH\perp FG$,即 H 是 $\triangle IFG$ 的垂心,$AH\perp FG$

147. 如图 1,H 是 $\triangle ABC$ 的垂心,M 是 BC 的中点,$FL=CH$,求证:$\dfrac{JE}{CE}=\dfrac{AF}{BL}$.(李雨明,2020－07－01)

证明 如图 2,连接 JB,JF,JH,先证$\angle HJF=90°$.

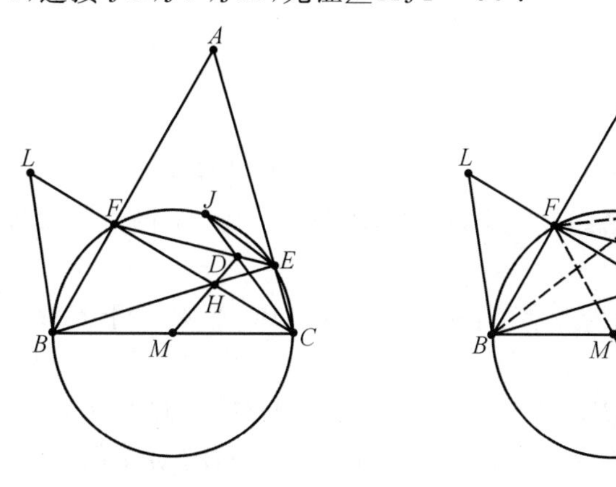

147 题图 1　　　147 题图 2

连接 FM 并延长交圆 M 于 N,连接 NH 并延长交圆 M 于 J',连接 $J'C$ 交 EF 于 D',由帕斯卡定理 M,H,D'三点共线,因此

$$J=J',D=D'\Rightarrow\angle HJF=90°$$

如图 3,取 FH,AH 中点 Q,K,连接 QK,QJ,QM,JM,JH,则 $QM \underline{\mathbin{/\!/}} \frac{BL}{2},QK \underline{\mathbin{/\!/}} \frac{AF}{2}$,因此$\frac{QK}{QM}=\frac{AF}{BL}$,连接 KM 交 EF 于 W,显然 F,Q,W,K 共圆

$$\angle CJE=\angle QFE=\angle QKM$$

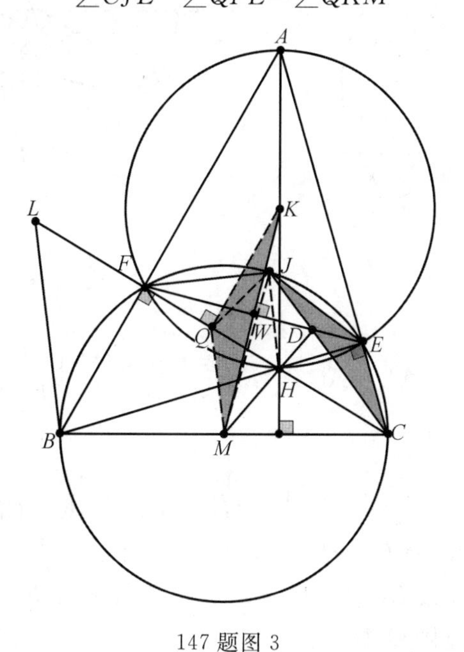

147 题图 3

由

$$\triangle FJH\backsim\triangle BJC\Rightarrow\angle JEB=\angle JCB$$

连接 JQ,JH,JM 由

$$\angle FJH=90°\Rightarrow\triangle JQH\backsim\triangle JMC\Rightarrow\angle JQC=\angle JMC\Rightarrow J,Q,M,C\text{ 四点共圆}\Rightarrow$$

$$\angle MQC=\angle MJC\Rightarrow\angle KQM=\angle JEC\Rightarrow\triangle KQM\backsim\triangle JEC\Rightarrow$$
$$\frac{QK}{QM}=\frac{JE}{CE}=\frac{AF}{BL}$$

148. 如图 1,$\triangle ABC$ 的外接圆为 O,M 是 BC 中点,AM 交圆 O 于 D,$AF\perp BC$,$FA=FD$,G 是 F 关于 AD 的对称点,BC 过 C 的垂线与 AD 过 M 的垂线交于 P,求证:$PF+PG=2AF$.(陈舜,2020-06-28)

证明 如图 2,作圆 F,AF 为半径,延长 AC,AF,BC 交圆 F 于 K,N,R,AN 交 BC 于 H,则

$$CM^2=BM\cdot MC=AM\cdot MD=TM\cdot MR=(TH-MH)(TH+MH)=TH^2-MH^2\Rightarrow$$
$$TH^2=MH^2+CM^2=(CM-MH)^2+2MH\cdot CM=HC^2+2MH\cdot CM\Rightarrow$$
$$2MH\cdot CM=TH^2-HC^2=(TH-HC)(TH+HC)=TC\cdot CR=AC\cdot CK\Rightarrow$$
$$\frac{2MH\cdot CM}{AC\cdot CK}=1\Rightarrow\frac{AN\cdot MH\cdot CM}{AF\cdot AC\cdot CK}=1$$

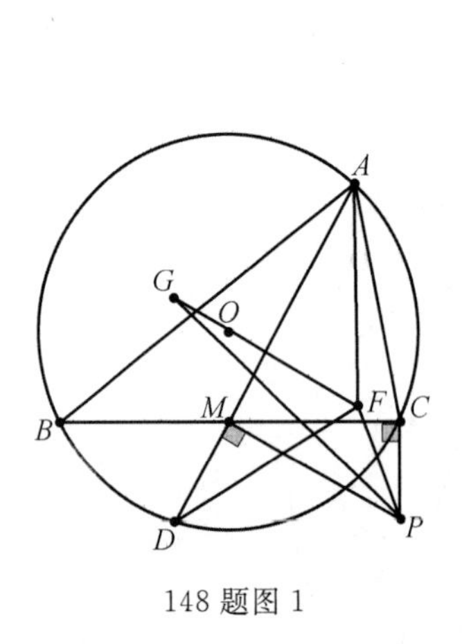

148 题图 1

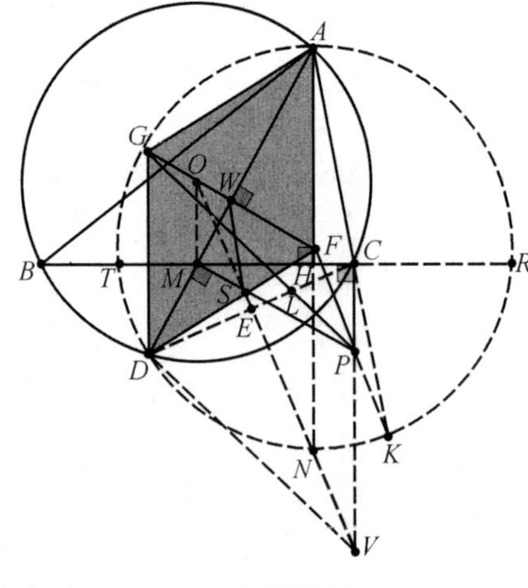

148 题图 2

由

$$AN\cdot AH=AC\cdot AK\Rightarrow\frac{AK\cdot MH\cdot CM}{AH\cdot AF\cdot CK}=1$$

由

$$\triangle AMH\backsim\triangle MPC\Rightarrow\frac{AH}{MH}=\frac{CM}{CP}\Rightarrow\frac{AK}{CK}=\frac{AF}{CP}$$

因此,延长 HP 交圆 F 于 $K\Rightarrow CP=PK\Rightarrow AF=PF+PK$.

显然 $AGDF$ 为棱形,连接 DC 交 GP 于 L,作 $OE\perp DC$ 于 E 交 MP 于 S,交 CP 的延长线于 V,GF 交 AM 于 W,连接 OM,显然

$$\angle MOS=\angle MCE=\angle BAM\Rightarrow\triangle ABM\backsim\triangle OSM\Rightarrow\frac{SM}{BM}=\frac{OM}{AM}$$

由

$$\triangle MOW\backsim\triangle MPC\Rightarrow\frac{OM}{MP}=\frac{MW}{MC}\Rightarrow\frac{SM}{MW}=\frac{MP}{AM}$$

由

$$VD=VC,\frac{OM}{AF}=\frac{MW}{AM},\frac{OM}{PV}=\frac{MS}{SP}\text{得到 }AF=GP$$

由 $GDVP$ 为平行四边形 $\Rightarrow VD=GP$,因此

$$PF+PG=PF+AF+PC=PF+AF+PK=2AF$$

149. 如图 1,已知 D,E 分别在 AB,AC 上,$DE/\!/BC$,CD 交圆(AEB)于 M,BE 交圆(ADC)于 N,CD,BE 交于 P,圆(AEB)交圆(ADC)于 Z,求证:$S_{\triangle MPZ}=S_{\triangle NPZ}$.(潘成华,2021—06—03)

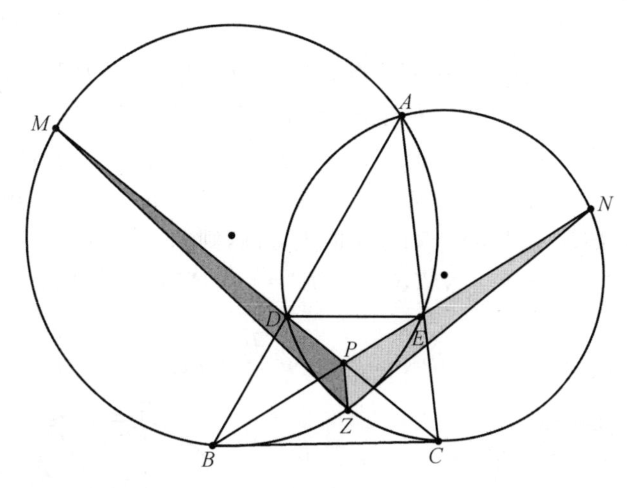

149 题图 1

证明 如图 2,令圆(AEB)=圆 O,圆(ADC)=圆 I,连接 $OB,OE,ID,IC,OP,IP,ME,MB,EP,MN,DN,IN,IT,CN,OS\perp MP$ 于 S,$IT\perp NP$ 于 T,MZ,NZ 分别交 BN,CM 于 W,G,则

$$\angle BOE=2\angle BAC=\angle CID\Rightarrow\frac{OE}{ID}=\frac{BE}{CD}=\frac{EP}{DP}(DE/\!/BC)\Rightarrow$$

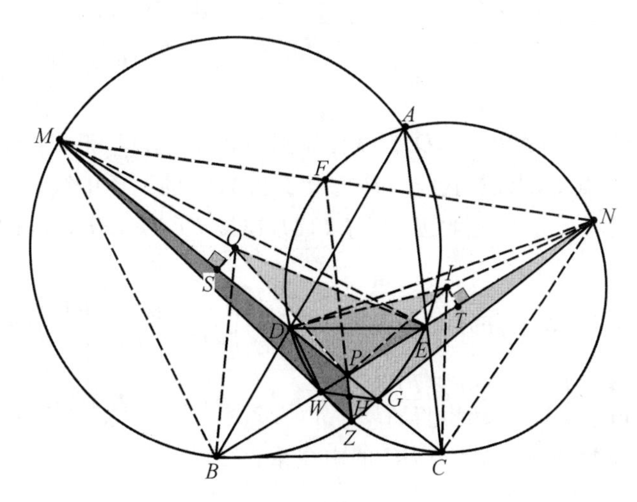

149 题图 2

$$\triangle OPE \backsim \triangle IPD \Rightarrow \angle OPS = \angle IPT \Rightarrow \frac{IT}{OS} = \frac{IP}{OP} = \frac{IN}{OM} \Rightarrow$$

$$\mathrm{Rt}\triangle NIT \backsim \mathrm{Rt}\triangle MOS \Rightarrow \triangle MOE \backsim \triangle NID \Rightarrow \angle DNP = \angle EMP$$

M,D,E,N 四点共圆$\Rightarrow \angle EBC = \angle DEB = \angle CMN \Rightarrow$

B,C,N,M 四点共圆$\Rightarrow \angle BEG = \angle BMG = \angle BNC = \angle WDG \Rightarrow$

D,W,G,E 四点共圆$\Rightarrow WG /\!/ MN$

由

Z,H,P,F 为调和点$\Rightarrow F$ 为 MN 的中点$\Rightarrow S_{\triangle MPZ} = S_{\triangle NPZ}$

(等底 PZ,等高 M,N 到 ZF 的距离相等)

150. 如图 1,$\triangle ABC$ 外心 O,垂心 H,点 D 在圆 O 上且 $AD /\!/ BC$,过 A 作 OH 的平行线交圆 O 于 K,再作 OH 的中垂线交 BC 于 S,求证:$SK=SD$.(杨运新,2021-05-21)

证明 如图 2,连接 DK 交 SO 的延长线于 Q,延长 SQ 交 AK 于 P,设 OH 中点为 N,连接 SN,SH,延长 AE 交圆 O 于 M,交 BC 于 E,由 $AD /\!/ BC$ 且 $AE \perp BC \Rightarrow AE \perp AD \Rightarrow D$,$O,M$ 三点共线,显然 $HE=EM$,N,S,E,H 四点共圆,则

$$\angle OSN = \angle NSH = \angle HEN = \angle DMA = \angle DKA$$

由

$$AK /\!/ OH \Rightarrow \angle SON = \angle QPK \Rightarrow \triangle SON \backsim \triangle KPQ \Rightarrow OQ \perp DK \Rightarrow SD = SK$$

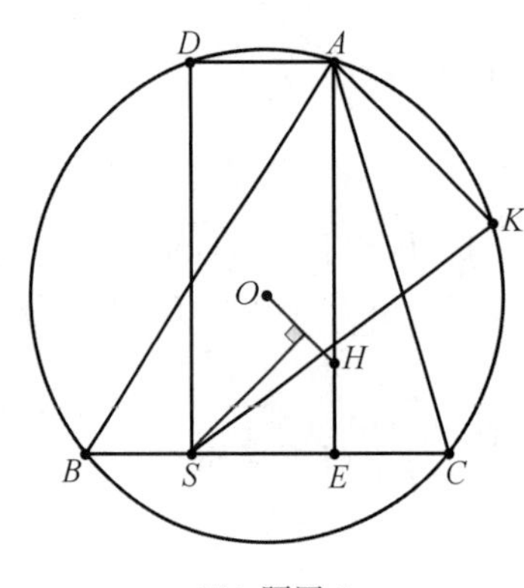

150 题图 1

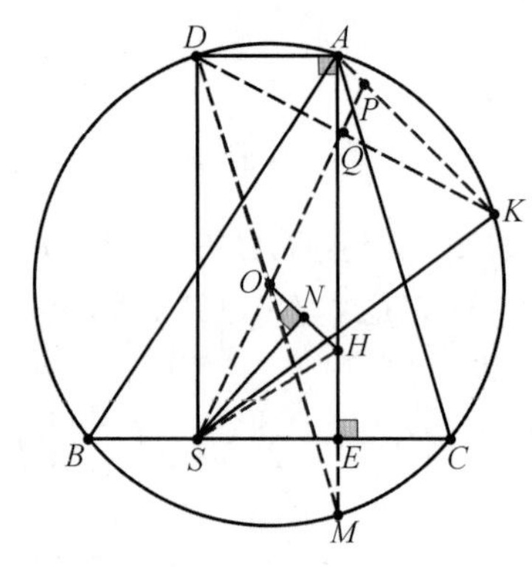

150 题图 2

151. 如图 1,锐角$\triangle ABC$ 以高 AD 为直径作圆 O 交 AC,AB 于 E,F,过 E,F 分别作圆 O 的切线,两切线交于点 P,求证:直线 AP 重合于$\triangle ABC$ 的一条中线.

证明 如图 2,设 AP 分别交圆 O,BC 于 I,M,连接 FI,IE,FE,过 A 作 $AL /\!/ BC$ 交 FO 的延长线于 L,由

$$FP,FI,FE,FA\text{ 调和线束}\Rightarrow \frac{\sin\angle PFI}{\sin\angle IFE} = \frac{\sin\angle PFA}{\sin\angle EFA} \Rightarrow$$

$$\frac{\sin\angle FAI}{\sin\angle IAE} = \frac{\sin\angle FAL}{\sin\angle EAL} \Rightarrow AF,AP,AE,AL\text{ 为调和线束}$$

由 $AL /\!/ BC \Rightarrow BM=MC \Rightarrow AP$ 与 BC 的中线重合.

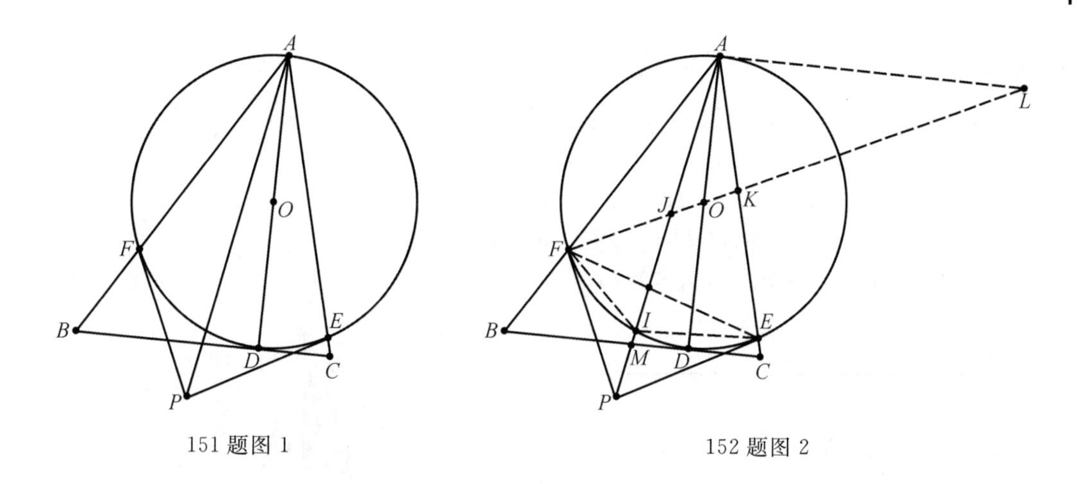

151 题图 1　　　　152 题图 2

152. 如图 1,在$\triangle ABC$中,$AD\perp BC$于D,$\angle CAE=\angle BAD$,E在BC上,EG,EF分别平分$\angle BEA$,$\angle CEA$交AB,AC于G,F,求证:G,D,E,F四点共圆.(作者自编题)

证明　如图 2,连接GD,DF;GE交AD于I,延长FE交AD延长线于J,由已知得$\angle GEA+\angle AEF=90°$.

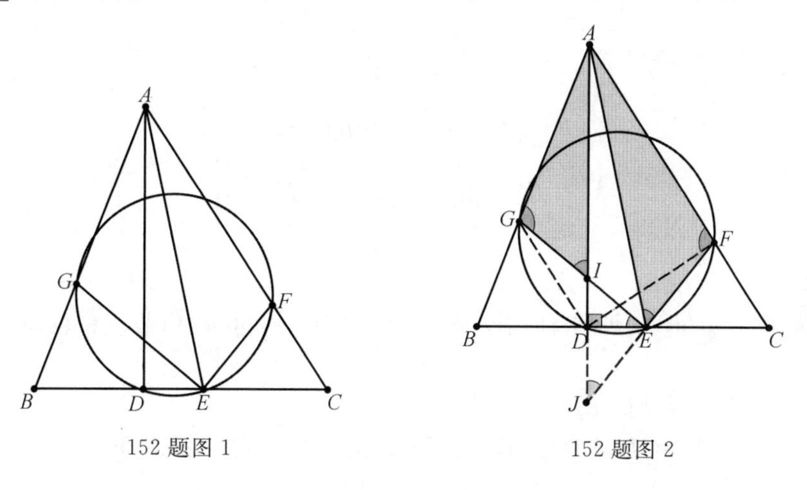

152 题图 1　　　　152 题图 2

由

$$\angle ADE=90°\Rightarrow\angle GIA=\angle AEF\Rightarrow\angle AGE=\angle AFJ\Rightarrow\triangle AGE\backsim\triangle AFJ$$

和

$$\triangle AGI\backsim\triangle AFE\Rightarrow\frac{GE}{FJ}=\frac{AG}{AF}=\frac{AI}{AE}$$

再由

$$\triangle AIE\backsim\triangle AEJ\text{ 和 }\triangle IDE\backsim\triangle EDJ\Rightarrow\frac{AI}{AE}=\frac{IE}{JE}$$

$$\frac{IE}{JE}=\frac{DE}{DJ}\Rightarrow\frac{GE}{FJ}=\frac{DE}{DJ}\Rightarrow\triangle FDJ\backsim\triangle GDE\Rightarrow$$

$$\angle DGE=\angle DFE\Rightarrow G,D,E,F\text{ 四点共圆}$$

153. 如图 1,已知O,H分别是$\triangle ABC$的外心、垂心,D,E,F分别是A,C,B在BC,AB,

AC 上的射影,EF 交 BC 于 G,求证:$\frac{AU}{OH}=\frac{2UG}{AH}$.(潘成华,2021—08—13)

证明 如图 2,连接 AO 交圆 O 于 K,交 EF 于 W;AU 交 EF,OH 于 P,S,由

$$\angle BAK=\angle DAC$$

$$\angle AEF=\angle ACD\Rightarrow AK\perp EF \text{ 于 } W\Rightarrow\angle UPG=\angle AOH$$

$$\angle AHO=\angle PUG\Rightarrow\triangle AOH\backsim\triangle GPU$$

连接 $OP,WS,KU,KC\Rightarrow AW\cdot AK=AF\cdot AC=AH\cdot AD=AS\cdot AU\Rightarrow W,S,U,K$ 四点共圆

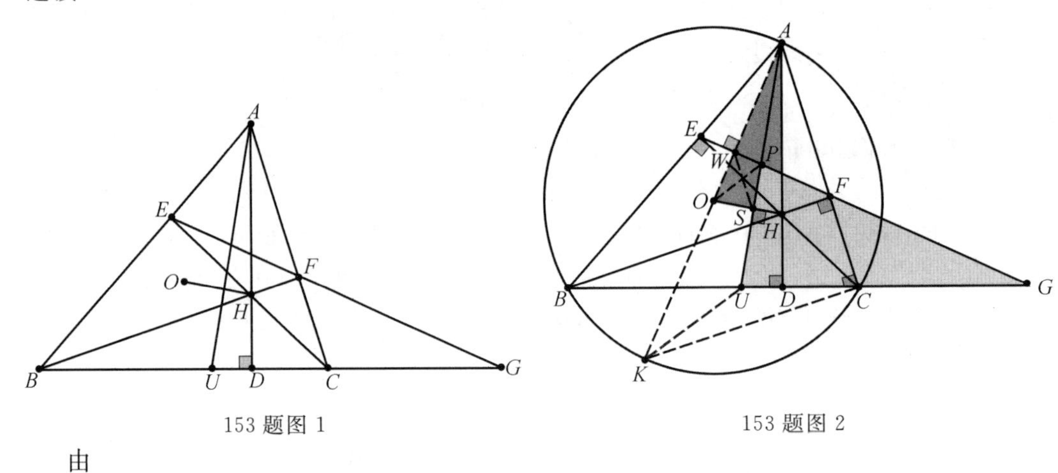

153 题图 1　　　　153 题图 2

由

$$\angle WSP=\angle WOP=\angle WKU\Rightarrow OP/\!/KU$$

$$AP=PU\Rightarrow\frac{PU}{OH}=\frac{UG}{AH}\Rightarrow\frac{AU}{OH}=\frac{2UG}{AH}$$

154. 如图 1,在$\triangle ABC$ 中,$AB=AC>BC$,点 O,H 分别为$\triangle ABC$ 的外心、垂心,G 为 AH 的中点,$BE\perp AC$ 于点 E,求证:若 $OE/\!/BC$,H 为$\triangle GBC$ 的内心.(中国东南地区数学奥林匹克)

证明 如图 2,连接 EG,ED,OB,则

$$GE=GH,ED=BD\Rightarrow\triangle GHE\backsim\triangle DEC\Rightarrow\angle GED=90^\circ$$

则

$$ED^2=DO\cdot DG\Rightarrow\frac{BD}{GD}=\frac{DO}{BD}\Rightarrow\triangle GBD\backsim\triangle BOD\Rightarrow\frac{GB}{BD}=\frac{BO}{OD}=\frac{AE}{EC}$$

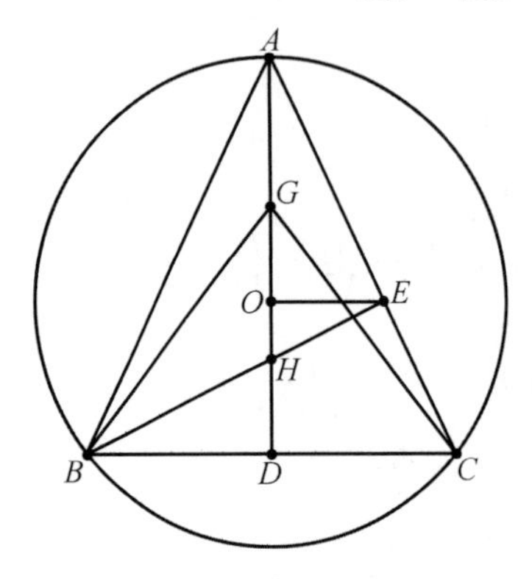

154 题图 1

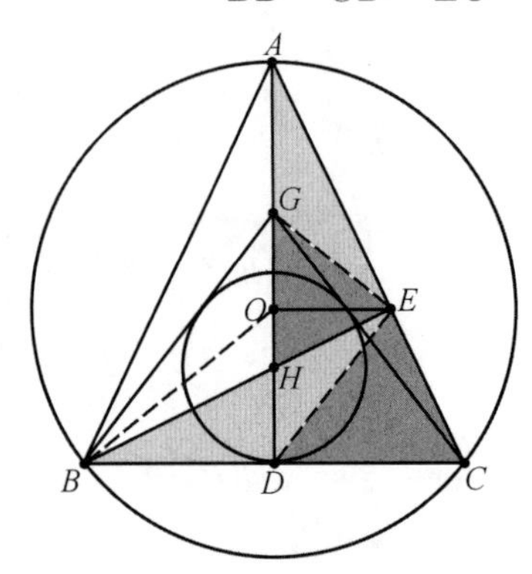

154 题图 2

由梅氏定理

$$\frac{AE}{EC}\cdot\frac{CB}{BD}\cdot\frac{DH}{HA}=1\Rightarrow\frac{AE}{EC}=\frac{HA}{2DH}=\frac{GH}{DH}$$

因此

$$\frac{GB}{BD}=\frac{GH}{DH}\Rightarrow\angle GBH=\angle DBH\Rightarrow H\text{ 为}\triangle GBC\text{ 的内心}$$

155. 如图 1,设 H 为$\triangle ABC$ 的垂心,M 为边 BC 的中点,H 在 AM 上的射影为 K,过点 A 且垂直于 AB 的直线与直线 BH 延长线交于 P,求证:$PA=PK$.

证明 如图 2,延长 AH,CH 交 BC,AB 于 D,N;AM,AC 交 BP 于 F,E,过 N,D,M,E 作九点圆 I,且交 AD,AM,BP 于 S,T,G,连接 TE,GM,ST 延长交 BH 于 Q,连接 AQ,显然 $ST\perp AM$,$ST/\!/HK$,故 A,T,E,Q 四点共圆$\Rightarrow\triangle FAQ\backsim\triangle FET\backsim\triangle FMG$,由 G,M 是 HB,BC 的中点$\Rightarrow AQ/\!/GM/\!/CN$,故 $AQ\perp AB$ 与 $AP\perp AB$ 矛盾,因此 AP,AQ 重合,由 S 为 AH 的中点$\Rightarrow PS$ 垂直平分 $AK\Rightarrow PA=PK$.

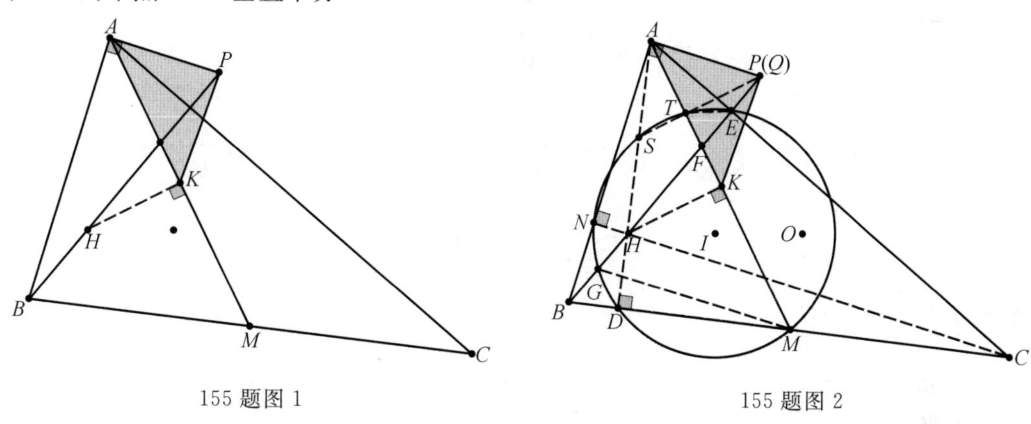

155 题图 1　　155 题图 2

156. 如图 1,$\triangle ABC$ 内接于圆 O,$AD/\!/BC$ 交圆 O 于 D,H 为$\triangle ABC$ 垂心,DH 交 BC 于 E,交圆 O 于 F,连接 AF 交 CH 于 K,延长 EK 交 AB 于 M,作$\triangle BCM$ 的外接圆交 AC 于 N,求证:$NM\perp MH$.

证明 如图 2,由

$$AD/\!/BC\Rightarrow\angle DAC=\angle ACB=\angle AMN$$

如果$\angle BMH=\angle HAC$,则 $NM\perp MH$,因此只要$\triangle MBH\backsim\triangle ACH$,设 BH,CH 分别交 AC,AB 于 G,W,AF 交 BC 于 P,由

$$\triangle KBH\backsim\triangle GCH\Rightarrow\frac{MB}{BH}=\frac{AC}{HC}$$

$$\frac{WB}{BH}=\frac{GC}{HC}\Rightarrow\frac{WB}{MB}=\frac{GC}{AC}\Rightarrow\frac{MW}{MB}=\frac{AG}{AC}$$

由梅氏定理得

$$\frac{CE}{EB}\cdot\frac{BM}{MW}\cdot\frac{WK}{KC}=1$$

$$\frac{CP}{PB}\cdot\frac{BA}{AW}\cdot\frac{WK}{KC}=1\Rightarrow\frac{CE}{EB}\cdot\frac{BM}{MW}=\frac{CP}{PB}\cdot\frac{BA}{AW}\Rightarrow\frac{CE}{EB}\cdot\frac{PB}{PC}=\frac{BA}{AW}\cdot\frac{MW}{MB}$$

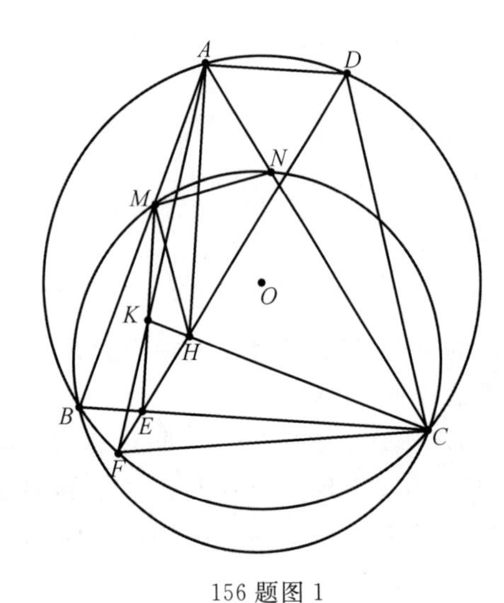

156 题图 1

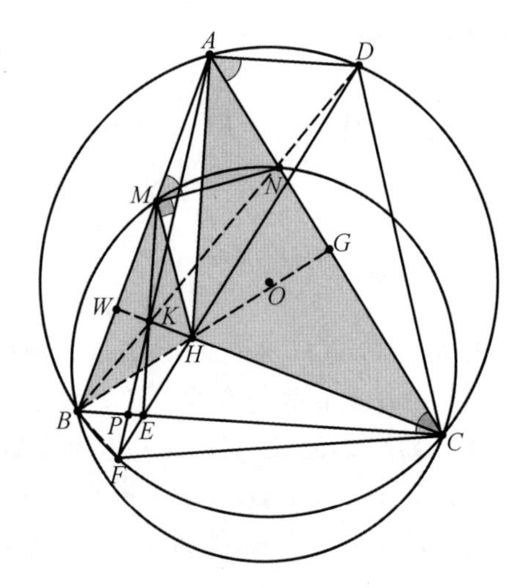

156 题图 2

考察

$$\frac{CE}{EB}\cdot\frac{PB}{PC}=\frac{BA}{AW}\cdot\frac{AG}{AC}=\frac{AB^2}{AC^2}$$

由于

$$\frac{CE}{EB}\cdot\frac{PB}{PC}=\frac{S_{\triangle DCF}}{S_{\triangle DBF}}\cdot\frac{S_{\triangle ABF}}{S_{\triangle ACF}}=\frac{DC\cdot CF}{DB\cdot BF}\cdot\frac{AB\cdot BF}{AC\cdot CF}=\frac{DC}{DB}\cdot\frac{AB}{AC}$$

由 $ABCD$ 为等腰梯形,故

$$\frac{DC}{DB}\cdot\frac{AB}{AC}=\frac{AB^2}{AC^2}$$

往上推可证:$NM\perp MH$.

157. 如图 1,在圆内接四边形 $ABCD$ 中,E 是边 BC 内一点,F 是线段 AE 上一点,G 是 $\angle BCD$ 外角平分线上一点,满足 $EG=FG$,$\angle EAG=\frac{1}{2}\angle BAD$,求证:$AB\cdot AF=AD\cdot AE$.(2021 年中国东南地区数学奥林匹克)

证明 如图 2,作 $KC\perp GC$,则

$$\angle ECK=\angle KCD$$

$$\angle EAG+\angle KCD=90^\circ\Rightarrow\angle DCG=\angle EAG\Rightarrow A,E,C,G\text{ 四点共圆}\Rightarrow\angle AEB=\angle AGC$$

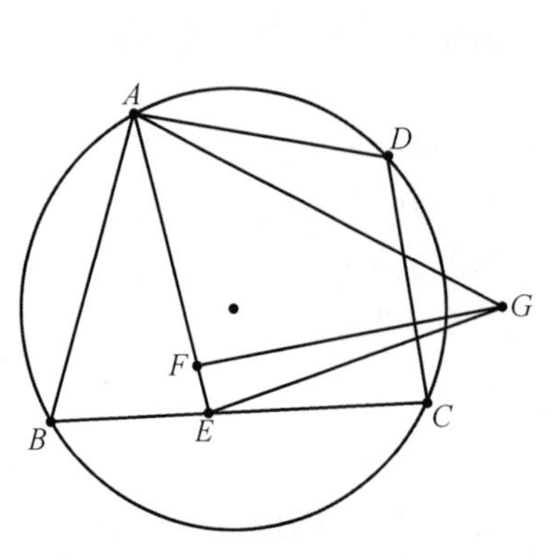

157 题图 1

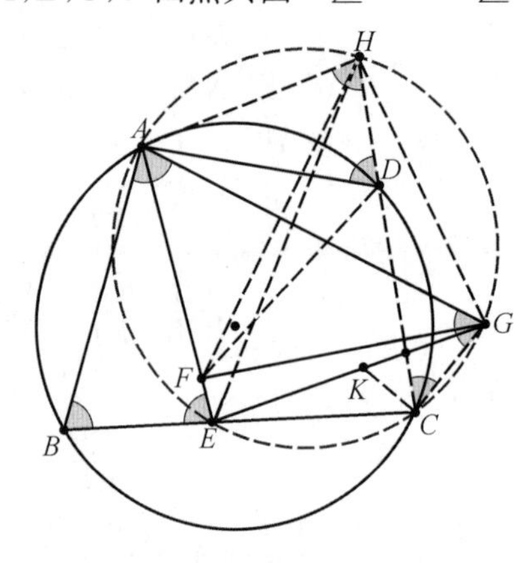

157 题图 2

延长 CD 交圆 $(AECG)$ 于 H，连接 HA,HF,HE,HC,HG,DF，则

$$\angle AHC=\angle AGC$$

而

$$\angle ABC=\angle ADH\Rightarrow\triangle ABE\backsim\triangle ADH$$

连接 AF,FE，则

$$\angle EHG=\angle EAG\Rightarrow HG=EG=FG\Rightarrow\angle FAG=\angle HAG\Rightarrow AF=AH$$

因此

$$\frac{AB}{AE}=\frac{AD}{AF}\Rightarrow\frac{AD}{AH}=\frac{AD}{AF}$$

成立.

158. 如图 1，D,E 分别在 AB,AC 上，且 $BD=CE$，P 是 $\triangle ADE$ 外心，S 是 BD,CE 中垂线交点，求证：SP 是 $\triangle ABC$ 外接圆半径.（潘成华，2021－09－09）

证明 如图 2，设 $\triangle ABC$ 外心为 O，BD,CE 的中点为 I,J；P,O 分别向 AB,AC 作垂线，垂足为 K,L,M,N，连接 SI,SJ，P 分别到 SI,SJ 的距离为 PT,PW，由

$$AL=LE,AN=NC,JE=PC\Rightarrow AN=PW$$

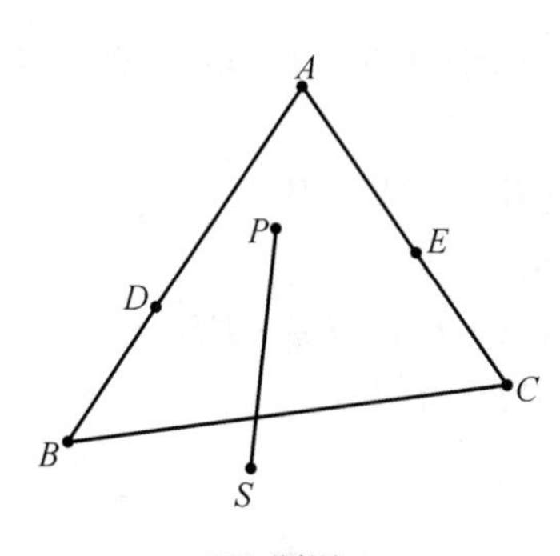

158 题图 1

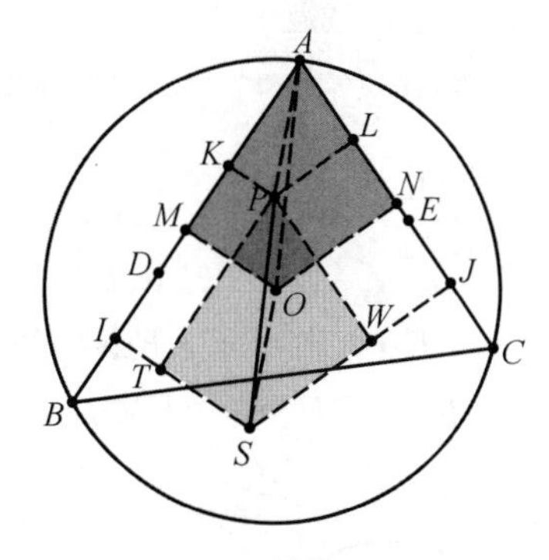

158 题图 2

同理

$$AM=PT\Rightarrow\text{四边形 }AMON\cong\text{四边形 }PTSW$$

因此 $PS=AO$.

159. 如图 1，P 在 $\triangle ABC$ 的外接圆 O 上，P,Q 关于 BC 对称，AQ 再交圆 (OAP) 于 J，OJ 交 BC 于 L，PL 再交圆 O 于 S，求证：$AS/\!/BC$.

证明 如图 2，延长 AJ 交圆 O 于 E，设 SP 交圆 (OAP) 于 I，OI 交 BC 于 D，连接 OE，OS,OA,AI,LE,JP,QL,AP，有

$$\angle OSI=\angle OPI=\angle OAI\Rightarrow\triangle SOI\cong\triangle AOI\Rightarrow IO\perp AS$$

$$\angle OEA=\angle OAE=\angle OPL\Rightarrow\triangle OEJ\cong\triangle OPJ\Rightarrow LE=LP=LQ\Rightarrow$$

$$\angle LQE=\angle LEJ=\angle LPJ\Rightarrow L,J,P,Q\text{ 四点共圆}\Rightarrow$$

$$\angle DIP=\angle OAP=\angle OPA=\angle OJA=\angle LPQ\Rightarrow$$

$$OD/\!/QP\Rightarrow AS/\!/BC$$

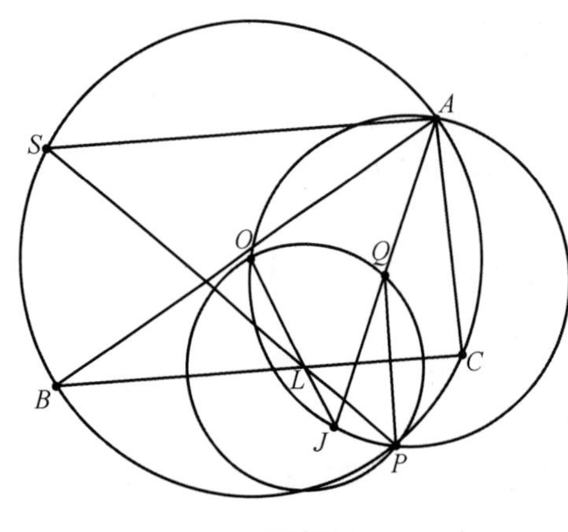

159 题图 1

159 题图 2

160. 如图 1,在等腰$\triangle ABC$中,$BC=CA$,点D在边AB上,且$AD<DB$,点P和Q分别在边BC,CA上,满足$\angle DPB=\angle DQA=90°$,线段$PQ$的中垂线交$CQ$于$E$,$\triangle ABC$,$\triangle CPQ$的外接圆不同于$C$的交点为$F$,若点$P$,$E$,$F$三点共线,求证:$\angle ACB=90°$.(2020年国际数学奥林匹克预选题)

证明 如图 2,由P,E,F三点共线,延长FP交圆(ABC)于H,连接HM,AH,BH,AH,由

$$AQ\cdot AC=AD\cdot AM,BP\cdot BC=BM\cdot BD$$

$$\triangle AQD\backsim\triangle BPD\Rightarrow AM=MB$$

$$FE\cdot EP=CE\cdot EQ\Rightarrow EF=CE\Rightarrow CE\cdot EA=FE\cdot EH\Rightarrow$$

$$EA=EH\Rightarrow\triangle AEM\cong\triangle HEM\Rightarrow AM=HM\Rightarrow$$

$$\angle ACB=\angle AHB=90°$$

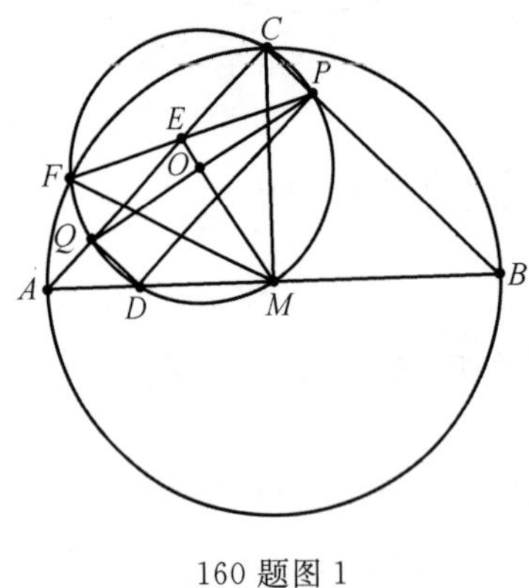

160 题图 1

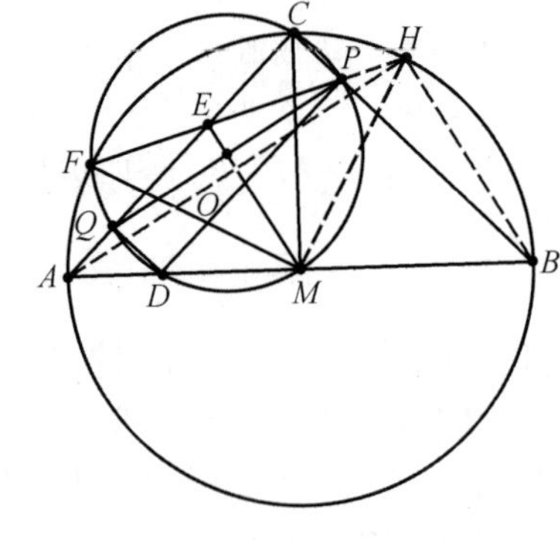

160 题图 2

161. 如图,在$\triangle ABC$中,$AB=AC$,P为形内一点,在AP上取一点Q,使得$\angle QBA=\angle PCB$,求证:$\angle QCA=\angle PBC$.(叶军,2021-10-02)

证明 由锡瓦角定理得

$$\frac{\sin\angle QAB}{\sin\angle QAC}\cdot\frac{\sin\angle QCA}{\sin\angle QCB}\cdot\frac{\sin\angle QBC}{\sin\angle QBA}=1$$

$$\frac{\sin\angle PAB}{\sin\angle PAC}\cdot\frac{\sin\angle PCA}{\sin\angle PCB}\cdot\frac{\sin\angle PBC}{\sin\angle PBA}=1\Rightarrow$$

$$\frac{\sin\angle QCA}{\sin\angle QCB}=\frac{\sin\angle PBC}{\sin\angle PBA}$$

$$\frac{\sin(\angle ACB-\angle QCB)}{\sin\angle QCB}=\frac{\sin(\angle ABC-\angle PBA)}{\sin\angle PBA}\Rightarrow$$

$\cos(\angle ACB-\angle QCB+\angle PBA)+\cos(\angle ACB-\angle QCB-\angle PBA)=$

$\cos(\angle ACB-\angle PBA+\angle QCB)+\cos(\angle ACB-\angle QCB-\angle PBA)\Rightarrow$

$\angle PBA=\angle QCB\Rightarrow\angle QCA=\angle PBC$

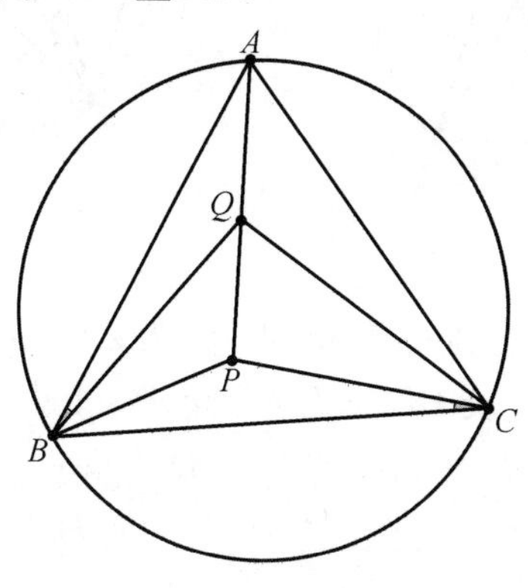

161 题图

162. 如图,I 是$\triangle ABC$ 的内心,点 P,Q 分别为 I 在边 AB,AC 上的投影,直线 PQ 与$\triangle ABC$ 的外接圆相交于点 X,Y(P 在 X,Q 之间),已知 B,I,P,X 四点共圆,求证:C,I,P,Y 四点共圆.

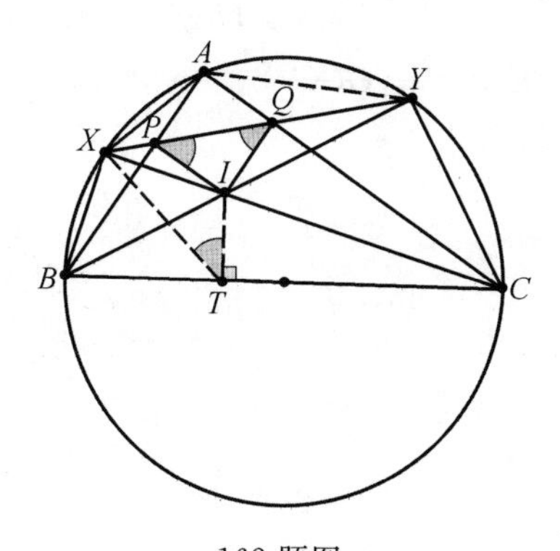

162 题图

证明 如题图,作 $IT\perp BC$ 于 T,连接 XT,AY,由

X,B,T,I,P 五点共圆$\Rightarrow\angle IQP=\angle QPI=\angle XTI\Rightarrow\triangle QXI\cong\triangle TXI\Rightarrow$

X,I,C 三点共线$\Rightarrow AX=BX$

$\angle BXC=\angle BAC=90^\circ\Rightarrow\triangle AQY\cong\triangle IQY\Rightarrow Y,I,B$ 三点共线$\Rightarrow$

$\angle BYC=90^\circ\Rightarrow C,I,P,Y$ 四点共圆

163. 如图 1,锐角$\triangle ABC$ 内接于圆 O,H 是垂心,G 为 BC 中点,过 A 平行于 BC 的直线

交圆 O 于 D,过 B 平行 AC 的直线交圆 O 于 E,GH 交圆 O 于 F,求证:AG,CD,EF 三线共点.

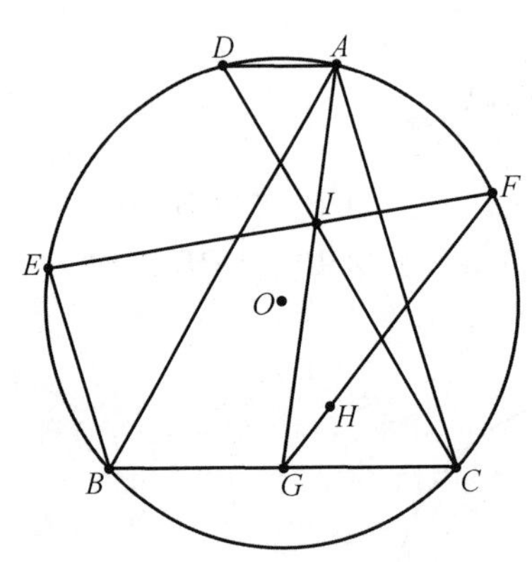

163 题图 1

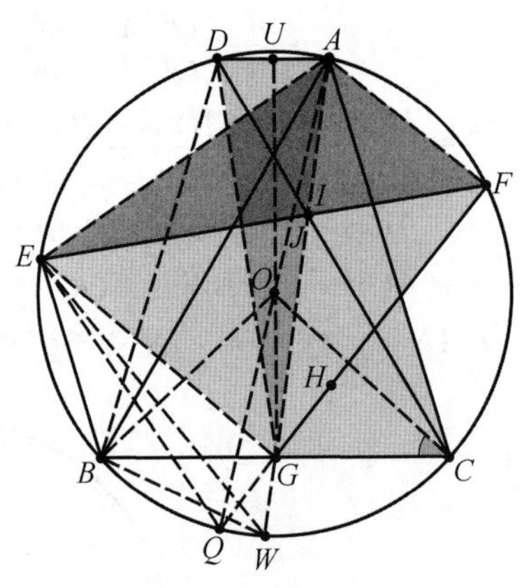

163 题图 2

证明 如图 2,设 AO,AG 交圆 O 于 Q,W;U 为 AD 中点,显然 Q,G,H 三点共线⇒$\angle AFQ=90°$,UG 过点 O,设 AG 交 DC 于 I,EF 交 AG 于 J,连接 DG,AG,OB,EQ,EW,则

$$\frac{S_{\triangle AEF}}{S_{\triangle GEF}}=\frac{AJ}{GJ},\frac{S_{\triangle DAG}}{S_{\triangle CAG}}=\frac{AI}{GI}=\frac{AD}{GC},\frac{S_{\triangle AEF}}{S_{\triangle GEF}}=\frac{AE\cdot AF}{EQ\cdot GF}$$

考察

$$\frac{AE\cdot AF}{EQ\cdot GF}=\frac{AD}{GC}\Leftrightarrow\frac{QW}{EW}=\frac{WG}{CG}\cdot\frac{AD}{AE}=\frac{BW}{AC}\cdot\frac{AD}{AE}=\frac{BW}{2BG}\cdot\frac{AD}{AC}\Rightarrow$$

$$\frac{AD}{2AG}=\frac{WQ}{EQ}\Rightarrow\sin\angle UGA=\frac{\sin\angle QAW}{\sin\angle EAQ}\Leftrightarrow$$

$$\sin\angle EAQ=\frac{\sin\angle QAW}{\sin\angle UGA}=\frac{OG}{AO}=\frac{OG}{CO}=\sin\angle GCO\Leftrightarrow$$

$$\angle EAQ=\angle GCO$$

因此 J,I 重合,AG,CD,EF 三线共点.

几何研究集七

164. 如图 1,$\triangle ABC$ 垂心 H,以 AH 为弦作圆 J 与圆 O 交于 F,与 AB,AC 交于 E,D,过 B,C 分别作 DE 的平行线并与圆 O 交于 R,I;RI,BC 交于 K,若 $AE=AD$,则 F,I,K,D 四点共圆.

证明 如图 2,作 AO 交圆 O,DK 于 W,L,连接 AI,DI;CH 交圆 O 于 Q,QR 交 DE,ID 于 N,T,由 $ED/\!/BR$,则

$$\angle WAC=\angle BCQ=\angle QRB=\angle DNR\Rightarrow E,N\text{ 重合}$$

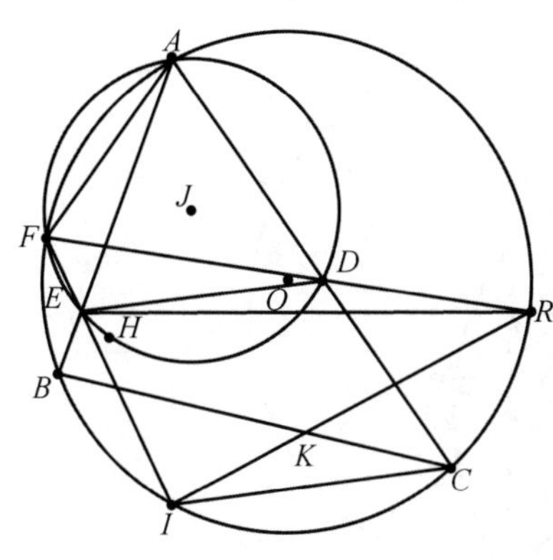

164 题图 1

164 题图 2

T 在圆 J 上,连接 BR,AR,AW,FW,IL,由

$$BR/\!/IC\Rightarrow\triangle ABI\cong\triangle AMR\Rightarrow AI,AR\text{ 关于 }AW\text{ 对称}\Rightarrow$$
$$\angle TIL=\angle TRL=\angle TAD\Rightarrow A,I,L,D\text{ 四点共圆}\Rightarrow$$
$$\angle IFW=\angle IAW=\angle IDK\Rightarrow F,I,K,D\text{ 四点共圆}$$

165. 已知:如图 1,$BF\perp AC$ 于 F,$CE\perp AB$ 于 E;D,H,K 分别是$\triangle ABC$,$\triangle ABD$,$\triangle ACD$ 的外心,$EI\perp HE$,$FI\perp KF$ 交于 I,求证:I 在 BC 中垂线上.(潘成华,2021-11-16)

证明 如图 2,连接 DH,DK 并延长交圆 H,圆 K 于 R,Q,连接 BR,CQ,延长 CE,BF 交 RB,QC 于 Z,T,连接 HK,ZT,显然 Z,B,C,T 四点共圆.

取 ZT 的中点 $N\Rightarrow$

$$\angle ZTB=\angle ZCB=\angle BRD\Rightarrow\angle TZB=\angle RDB\Rightarrow\triangle NZB\backsim\triangle HBD$$
$$\angle BNC=180^\circ-2\angle BAD-2\angle CAD$$
$$\angle NBC=\angle NCB=\frac{180^\circ-\angle BNC}{2}=\angle BAD+CAD\Rightarrow$$
$$\angle NBD=\angle GCD,\angle NCD=\angle DBG$$

由

$$\angle EZB=\angle EBD,\angle EBZ=\angle EDB,\angle EBN=\angle EDH$$

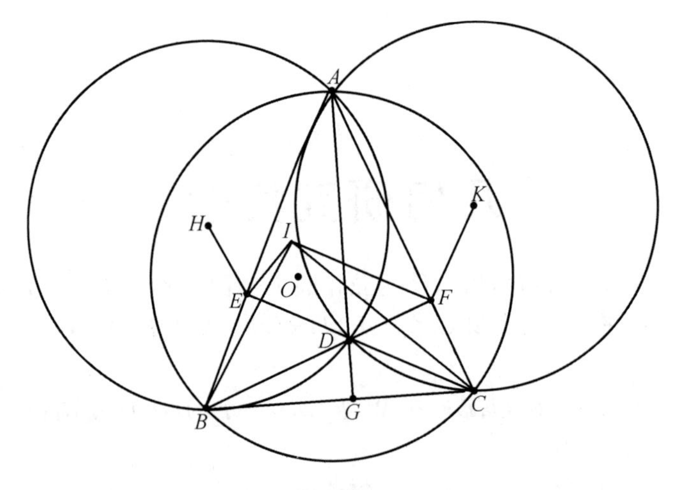

165 题图 1

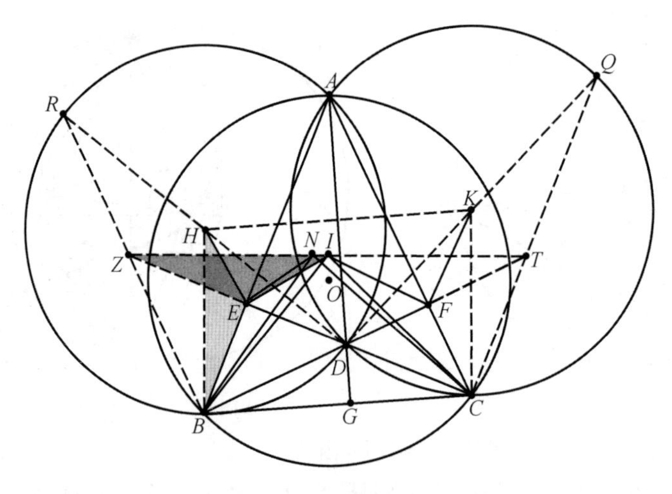

165 题图 2

由锡瓦角定理可知

$$\angle EHD=\angle ENB,\angle ZNE=\angle BHE\Rightarrow\triangle ZEN\backsim\triangle BEH\Rightarrow HE\perp EN$$

而已知：$HE\perp EI\Rightarrow I,N$ 重合 $\Rightarrow I$ 在 BC 中垂线上.

166. 如图 1，$\triangle ABC$ 中，H 为垂心，M,E 分别为 BC,AH 中点，D 在外接圆上且满足 $\angle BAM=\angle DAC$，延长 DH 交外接圆于另一点 F，G 为 FH 中点，求证：B,C,G,E 四点共圆.（严君啸，2021－12－27）

证明 如图 2，作 $\triangle ABC$ 的九点圆 $I(GME)$ 交 AC,GD 于 Q,L，连接 B,H,Q 交圆 O 于 R，由

$$FH\cdot HD=BH\cdot HR\Rightarrow 2GH\cdot HD=2HQ\cdot BH\Rightarrow G,B,D,Q\text{ 四点共圆}$$

设圆 $(GBDQ)$ 交 BC 于 S，DS 交圆 O 于 P，连接 $AP,RP,QS,QA,LN,DP,AF,EC,HP$，由

$$\angle BQS+\angle BDS=\angle BAC+\angle BDS=180^\circ\Rightarrow\angle BQS=\angle BAP$$

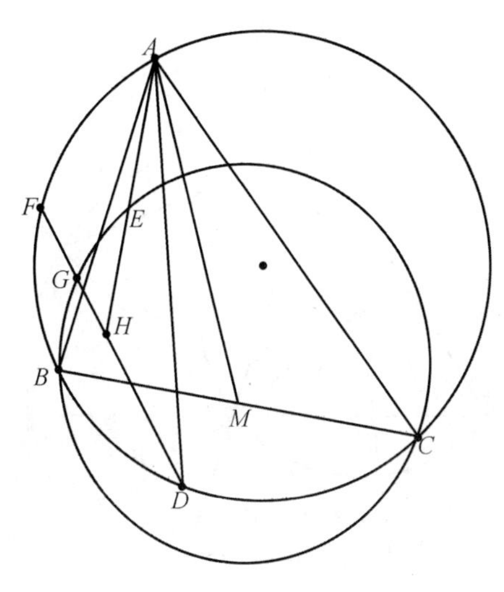

166 题图 1

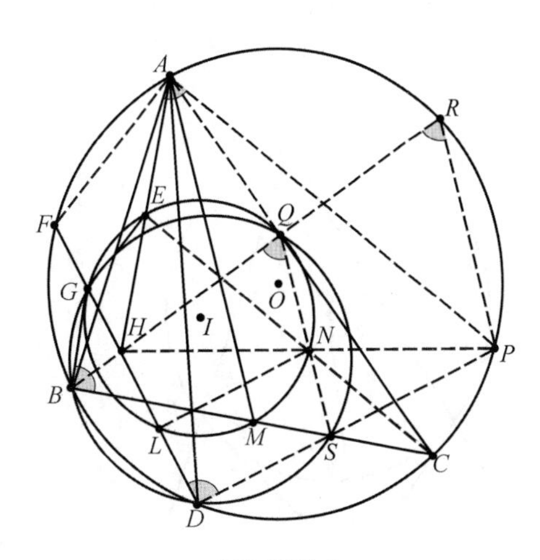

166 题图 2

由 $\angle BAP=\angle BRP\Rightarrow\angle BQS=\angle BRP\Rightarrow QS/\!/RP\Rightarrow$

QS 过 HP 的中点 $N\Rightarrow LN/\!/DP, EN/\!/AP, GE/\!/AF\Rightarrow$

$\angle GEC=\angle FAP$

$\angle GBS=\angle GDP\Rightarrow E,G,B,C$ 四点共圆

167. 如图，M 是完全四边形 $ABCD$ 的密克点，作平行四边形 $AENF$，求证：$\angle EAM=\angle ENC$.（叶中豪，2021－12－18）

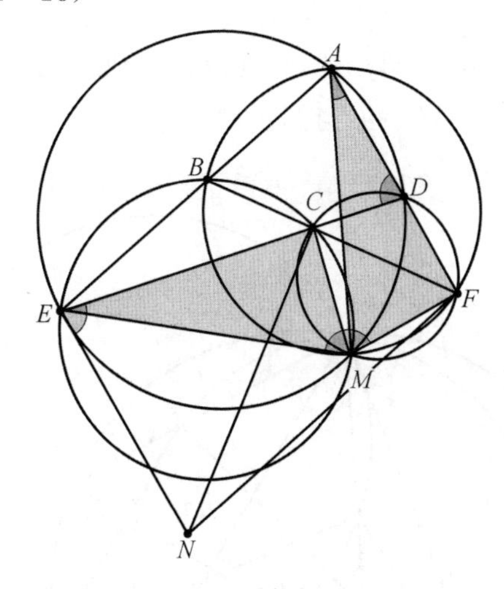

167 题图

证明 $AF/\!/EN\Rightarrow\angle ADE=\angle NED=\angle AME=\angle CMF\Rightarrow\angle EMC=\angle AMF$

$$\angle MAD=\angle DEM\Rightarrow\triangle EMC\backsim\triangle MAF\Rightarrow\frac{EC}{AF}=\frac{EM}{AM}\Rightarrow$$

$$\triangle ENC\backsim\triangle MAE\Rightarrow\angle EAM=\angle ENC$$

168. 如图 1，D,E,F 在$\triangle ABC$ 三边上，且$\angle EDF=180^\circ-2\angle A$，$O$ 是$\triangle AEF$ 的外心，求证：DO 平分$\angle EDF$.（叶中豪，2021－12－17）

证明 如图 2,连接 OE,OF,作$\angle CAI=\angle BAC$交DF的延长线于I,连接AI,FI,由

$$\angle EDI+\angle EAI=180^\circ\Rightarrow A,E,D,I\text{ 四点共圆}$$

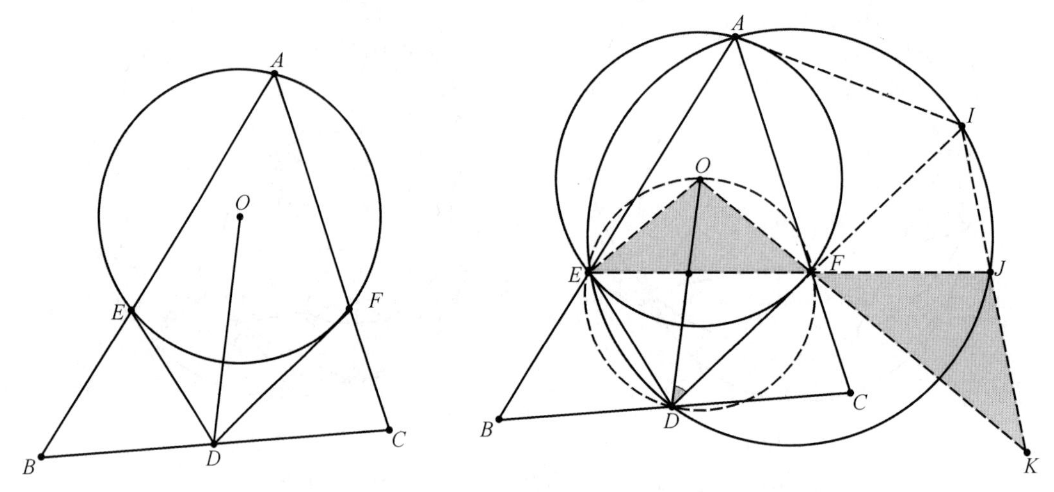

168 题图 1　　　　168 题图 2

连接EF并延长交圆$(AEDI)$于J,连接IJ并延长交OF于K,则

$$\angle EOF=\angle EAI=\angle FJK\Rightarrow E,O,J,K\text{ 四点共圆}\Rightarrow$$

$$OF\cdot FK=EF\cdot FJ=DF\cdot FI\Rightarrow O,D,K,I\text{ 四点共圆}\Rightarrow$$

$$\angle DOK=\angle DIK=\angle DEF\Rightarrow E,D,F,O\text{ 四点共圆}$$

由

$$OE=OF\Rightarrow\angle EDO=\angle FDO$$

169. 如图 1,锐角$\triangle ABC$中,D为BC上点,I,J为圆(ABD),圆(ACD)的圆心,延长AI,AJ与圆(ABC)交于H,G,AI,AJ与圆J,圆I交于另两个点E,F,求证:$\triangle CHE$和$\triangle BGF$有共同的圆心.(卢圣,2022-02-03)

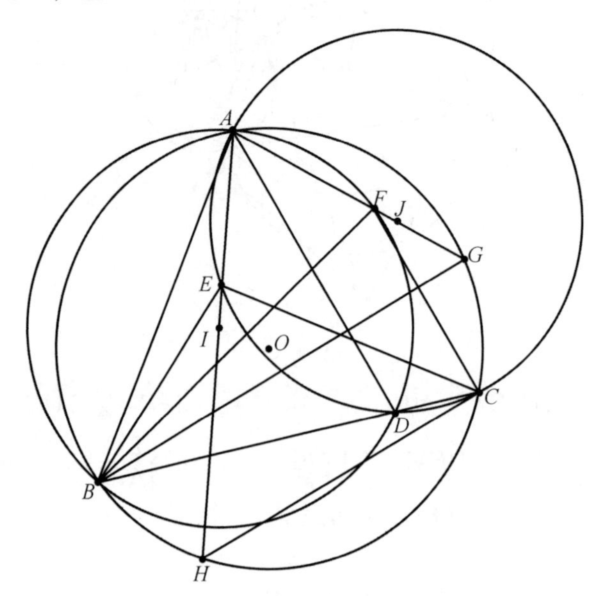

169 题图 1

证明 如图 2,延长 AG 交圆 J 于 N,设 AH 交圆 I 于 M,显然 M,D,N 三点共线,连接 AC,CN,BM,作 HC 中垂线交 BC 于 L,由

$$\angle AGB=\angle ACB=\angle ANM\Rightarrow BG /\!/ MN /\!/ HC\Rightarrow G,L,H\text{ 三点共线}\Rightarrow$$
$$BG\text{ 的垂直平分线也过点 }L$$

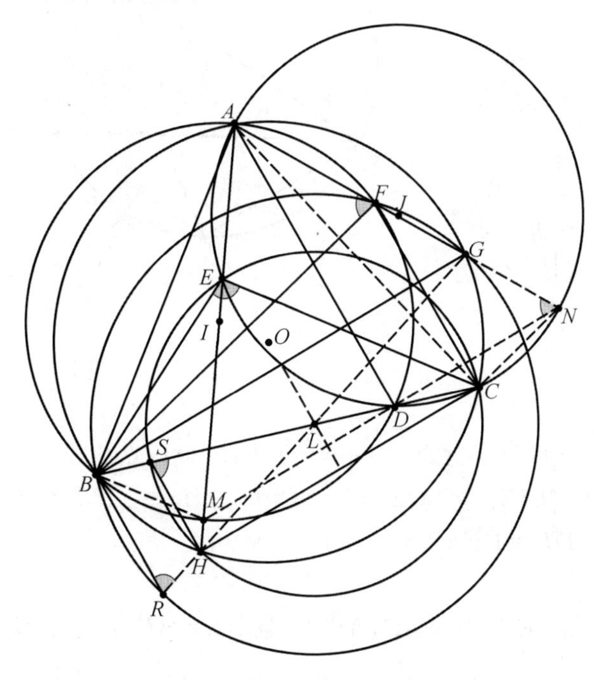

169 题图 2

设 BG 中点为 P

$$\angle ANC=\angle ADB=\angle AFB\Rightarrow BF /\!/ CN$$

延长 GL 使 $GL=LR$,显然

$$BR /\!/ PL\Rightarrow\angle RBG=90^\circ$$

$$\triangle ABM\backsim\triangle PLG\Rightarrow\angle BRG=\angle AFB\Rightarrow F,B,R,G\text{ 四点共圆}$$

L 为圆心,$\angle BRL=\angle LBR$,在 BL 上取点 S 使

$$SL=LC\Rightarrow SH /\!/ BR\Rightarrow\angle HSC=\angle RBC=\angle HEC\Rightarrow E,S,H,C\text{ 四点共圆}$$

也是 L 为圆心.

170. 如图 1,I 是$\triangle ABC$ 的内心,D 在$\triangle ABC$ 的外接圆上,$ID\perp BC$,AD 交 BC 于 E,求证:$DI^2=DE\cdot DA$.(叶中豪,2017—01—20)

证明 如图 2,延长 AI 交 BC,圆 O 于 N,K,连接 KD 交 BC 于 P,连接 IP,BK,CK,设 ID 交 BC 于 L

$$\angle ADP=\angle ABK=2\angle ABC=\angle ANP\Rightarrow A,N,D,P\text{ 四点共圆}$$

由

$$\triangle ABK\backsim\triangle BNK\Rightarrow BK^2=KN\cdot AK=KD\cdot KP=KI^2\Rightarrow$$
$$\triangle IKD\backsim\triangle PKI\Rightarrow\angle KID=\angle KPI\Rightarrow\angle NPI=\angle IDQ\Rightarrow$$

Q,L,D,P 四点共圆 $\Rightarrow AN /\!/ QL$

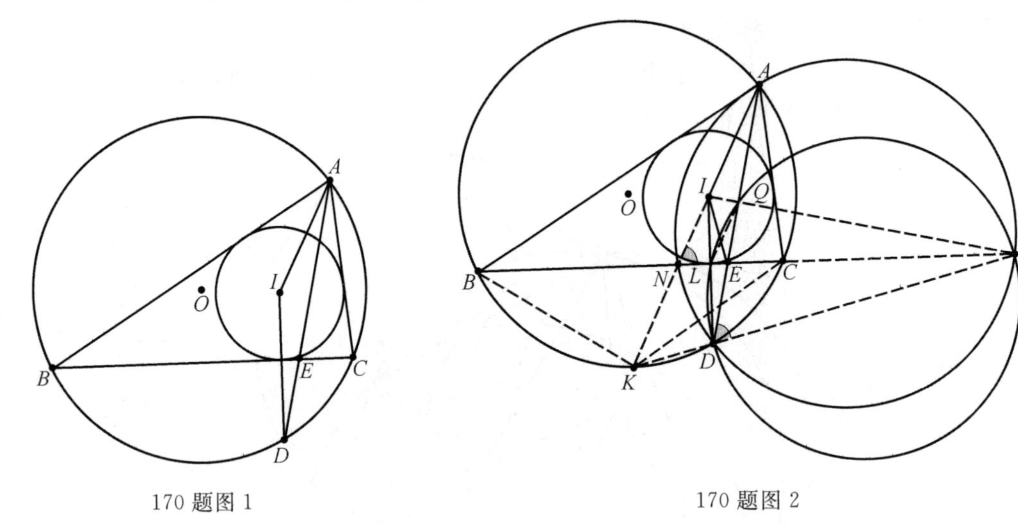

170 题图 1

170 题图 2

且

$$\angle OQP=\angle DLP=90^\circ \Rightarrow I,L,E,Q \text{ 四点共圆} \Rightarrow$$
$$\angle LIE=\angle LQE=\angle IAD \Rightarrow \triangle AID \backsim \triangle IED \Rightarrow$$
$$DI^2=DE\cdot DA$$

171. 已知,如图 1,D,E 分别在 AC,AB 上,且 $AE=AD$,I 是 $\triangle ABC$ 的内心,圆(BEI)与圆$(CDII)$的圆心为 S,T,$PE\perp AB$ 于 E,$PD\perp AC$ 于 D,求证:$\frac{PS}{PI}=\frac{SE}{DT}$.(潘成华,2021—11—30)

证明 如图 2,连接 IE,ID,连接 IT,IP,BS 并延长交圆 T 于 Y,H,Q,显然 E,P,Q 三点共线,连接 DE 交圆 S,圆 T 于 K,L,设圆 S,圆 T 分别再交 BC 于 J,M,则

$$\angle JKD=\angle ABC,\angle ELM=\angle ACB$$

同理

$$\angle LMB=\angle CDE=\angle DEA=\angle KJC$$

连接 IL 延长交 BC 于 X,则

$$\angle XLM=\angle BCI=\frac{1}{2}\angle ACB \Rightarrow B,X \text{ 重合}$$

同理,I,K,C 三点共线 $\Rightarrow BI$ 垂直平分 EM 于 F,由

$$180^\circ=\angle IMH+\angle IDH=\angle IMH+\angle MEI=\angle IMH+\angle IME \Rightarrow E,M,H \text{ 三点共线}$$

$$EH\perp BI\perp IQ \Rightarrow EH /\!/ IQ \Rightarrow \frac{EQ}{IH}=\frac{PQ}{PI}$$

$$\angle SEQ=\angle EQB=\angle EIB$$

$$\angle HYI=\angle HDI=\angle HEI \Rightarrow \triangle EFI \backsim \triangle BEQ \Rightarrow \angle EBQ=\angle HYI \Rightarrow$$
$$\triangle EBQ \backsim \triangle IYH \Rightarrow \angle HIY=\angle EQB$$

$$\frac{EQ}{IH}=\frac{BQ}{YI}=\frac{SQ}{IT} \Rightarrow \frac{PQ}{PI}=\frac{SQ}{IT} \Rightarrow \triangle IPT \backsim \triangle QPS \Rightarrow \frac{PS}{PI}=\frac{SE}{DT}$$

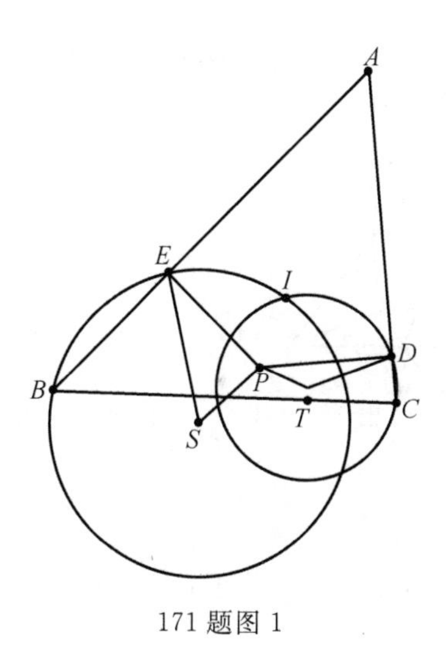

171 题图 1

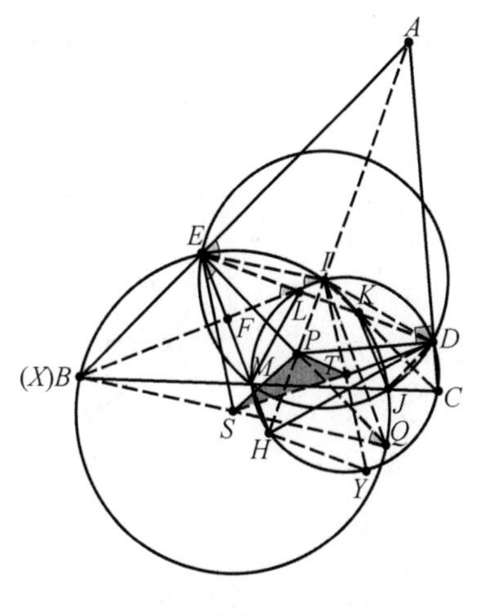

171 题图 2

172～174 题结论作为辅助引理证明 175 题.

172. 如图 1，$\triangle ABC$ 中，D，F 分别为垂心、外心，E 是圆 F 上的点且 $AE/\!/BC$，AD 交 BC 于 T，求证：$FT/\!/ED$.

证明 如图 2，设 K，G 为 AE，BC 的中点，AT 交圆 F 于 W，BF 交圆 F 于 H，连接 AH，HC，DC，FG，则 $HC/\!/AW$，由

$$WC=CD=AH\Rightarrow HC=AD\Rightarrow 2FG=CH=AD$$

$$2GT=AE\Rightarrow \triangle FGT\backsim\triangle DAE\Rightarrow FT/\!/ED$$

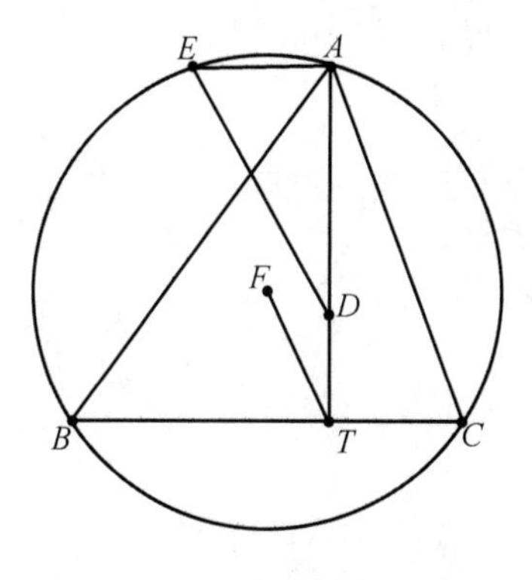

172 题图 1

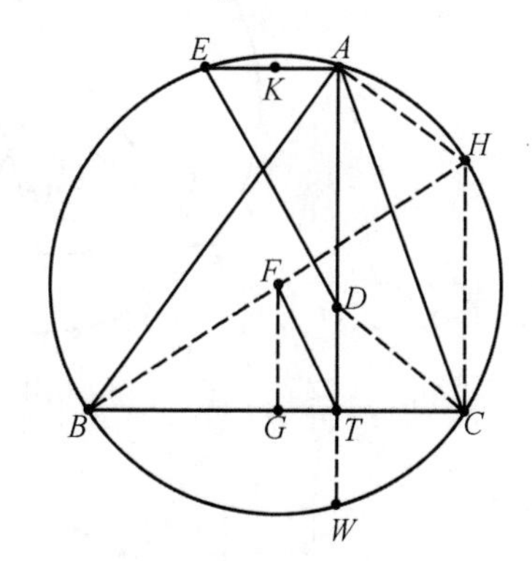

172 题图 1

173. D，F 分别为$\triangle ABC$ 的垂心、外心，E 是圆 F 上的点且 $AE/\!/BC$，AD 交 BC 于 T，B 关于 AT 的对称点为 P，PD 的延长线交 BE 于 R，求证：$EB\perp PR$.

证明 由

$$\angle DAC=\angle DBC=\angle DPC\Rightarrow A,D,C,P\text{ 四点共圆}\Rightarrow$$

$$\angle AEB=\angle ACP=\angle ADP\Rightarrow EB\perp PR$$

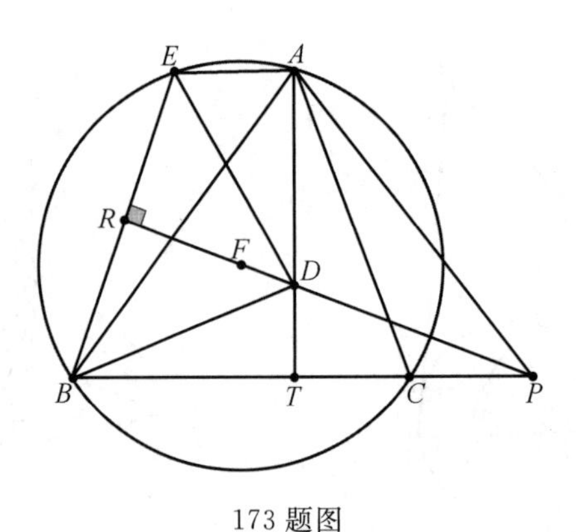

173 题图

174. $\triangle ABC, D, F$ 分别为垂心、外心，CE 交 AB 于 D，G, B 关于 CE 对称，GE 交 AC 于 H，求证：$FD \perp DH$.

证明 如图，作 A 关于 CE 对称点 I，CI 交 BE 于 M，显然 M, H 也关于 CE 对称，在 $\triangle CBD$ 中，由锡瓦角定理，得

$$\frac{\sin\angle DCF}{\sin\angle BCF}\cdot\frac{\sin\angle CBF}{\sin\angle DBF}\cdot\frac{\sin\angle BDF}{\sin\angle CDF}=1$$

$$\frac{\sin\angle DCF}{\sin\angle DBF}\cdot\frac{\sin\angle BDF}{\sin\angle CDF}=1$$

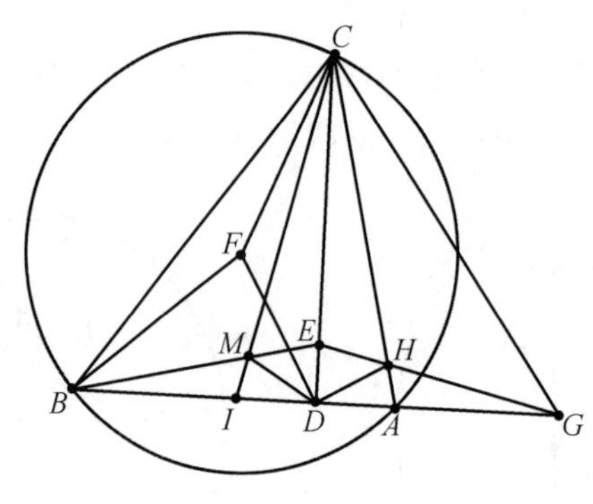

174 题图

同理

$$\frac{\sin\angle DCM}{\sin\angle BCM}\cdot\frac{\sin\angle CBM}{\sin\angle DBM}\cdot\frac{\sin\angle BDM}{\sin\angle CDM}=1$$

$$\frac{\sin\angle DCF}{\sin\angle DBF}\cdot\frac{\sin\angle BDF}{\sin\angle CDF}=1$$

$$\frac{\sin\angle CBM}{\sin\angle BCM}\cdot\frac{\sin\angle BDM}{\sin\angle CDM}=1\Rightarrow\frac{\sin\angle BCM}{\sin\angle CBM}\cdot\frac{\sin\angle BDF}{\sin\angle CDF}=1\Rightarrow$$

$$\frac{\cos\angle CDF}{\sin\angle CDF}=\frac{\cos\angle BDM}{\sin\angle BDM}\Rightarrow\angle CDF=\angle BDM\Rightarrow$$

$FD\perp DH$

175. AD 是$\triangle ABC$的高,O,H 分别是$\triangle ABC$的外心、垂心,过 D 作 OD 垂线,分别交直线 AB,AC 于 E,F,G 在外接圆上,且 $AG /\!/ BC$,GH 延长线交外接圆于 P,$PQ\perp AB$ 于 Q,$PR\perp AC$ 于 R,求证:$\triangle PQR\backsim\triangle HEF$.(叶中豪,2022—02—11)

证明 如图,作 B,C 关于 AD 对称点 W,T,显然$\angle MAD=\angle CAW$,连接 HW 交 AC 于 F,则 $FD\perp OD$ 交 AB 于 E,由梅氏定理得

$$\frac{AE}{EB}\cdot\frac{BD}{DC}\cdot\frac{CF}{FA}=1$$

$$\frac{AE}{EB}\cdot\frac{RT}{TD}\cdot\frac{DH}{HA}=\frac{AE}{EB}\cdot\frac{WC}{DC}\cdot\frac{DH}{HA}=\frac{AF}{CF}\cdot\frac{WC}{BD}\cdot\frac{DH}{HA}=$$

$$\frac{AF}{FC}\cdot\frac{CW}{WD}\cdot\frac{DH}{HA}=1\Rightarrow H,T,E\text{ 三点共线}$$

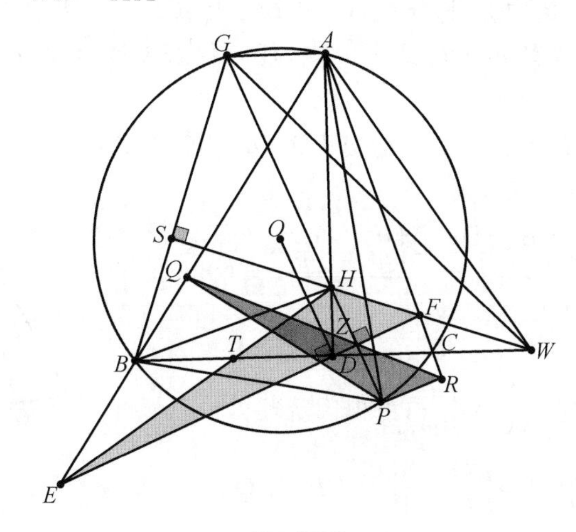

175 题图

由

$$\angle HWB=\angle HBW=\angle DAC\Rightarrow A,H,C,W\text{ 四点共圆}\Rightarrow A,B,T,H\text{ 四点共圆}$$

A,Q,P,R 显然也共圆

$\angle BAD=\angle HTW,\angle HWB=\angle HAF\Rightarrow$

$\angle THW+\angle BAD+\angle HAF=\angle QPR+\angle QAR=180^\circ\Rightarrow\angle EHF=\angle QPR$

延长 WH 交 GB 于 S,设 GP 交 EF 于 Z,由 $GB\perp WS$

$$OD/\!/GP\Rightarrow GP\perp EF\Rightarrow\angle QRP=\angle BCP=\angle BGP=\angle ZFK\Rightarrow\triangle PQR\backsim\triangle HEF$$

176. 已知 $AD/\!/BC/\!/FH/\!/GE,AF/\!/EC,BF/\!/DE$,求证:$GE=FH$.(叶中豪,2022—03—04)

证明 如图,在 FB 上取一点 I 使 $FI=DE\Rightarrow EI=DF$,作 $IJ/\!/BC$ 交 EC,AB,DC 于 J,$N,W\Rightarrow\angle ADE=\angle FIJ,\angle EIJ=\angle ADF,\angle EJI=\angle DAF\Rightarrow\triangle ADF\cong\triangle JIE\Rightarrow AE\underline{\underline{/\!/}}FJ$,$AD=IJ$.

作 IG 交 DA 于 L,$JM/\!/AB$ 交 AD,DC 于 M,H,显然图形 $LGNWHM$ 是一个以中心点 O 为对称图形,由

$$GE/\!/AD\Rightarrow FH/\!/AD\Rightarrow GE=FH$$

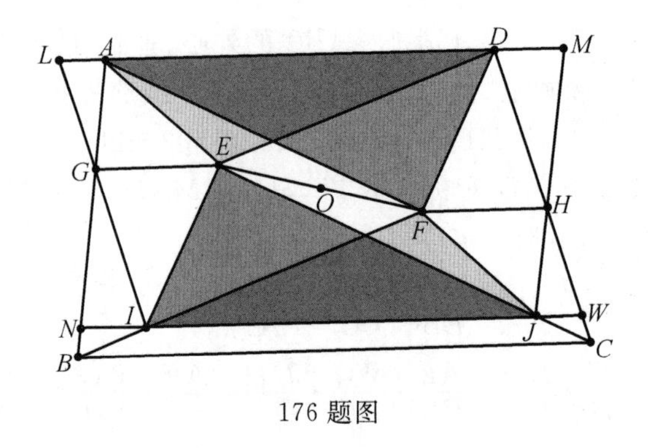

176 题图

177. $\triangle ABC$ 中，AD 是内角平分线，G 在 BC 上，$CE\perp AD$ 于 E，$AF\perp GL$ 于 F，且 $AD^2=AE\cdot AF$，P 是$\angle A$ 外角平分线上一点，任一倍长 CP 至 Q，BQ 交 AP 于 R，求证：$DP/\!/GR$.（叶中豪，2022—03—19）

证明 如图，延长 CE，PD，RA 分别交 PD，GF，BC 于 K，L，M，连接 RD，$RM/\!/CK/\!/GL$，则

$$\frac{AF}{AD}=\frac{AD}{AE}\Rightarrow\frac{DF}{AD}=\frac{DE}{AE}\Leftrightarrow\frac{DL}{DK}=\frac{DF}{DE}=\frac{AD}{AE}=\frac{PD}{PK}\Rightarrow$$

$$\frac{GD}{DM}=\frac{DL}{PD}=\frac{DK}{PK}=\frac{DC}{CM}$$

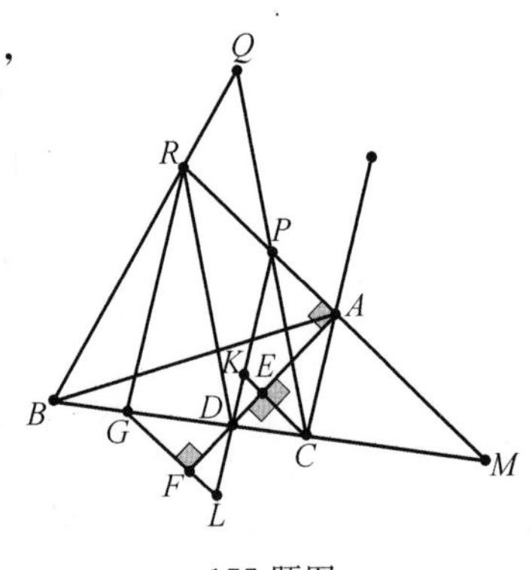

177 题图

由 B，D，C，M 为调和点列，$\frac{CM}{BM}=\frac{DC}{BD}$，由梅氏定理得

$$\frac{QP}{PC}\cdot\frac{CM}{MB}\cdot\frac{BR}{RQ}=1\Rightarrow\frac{RQ}{BR}=\frac{CD}{BD}\Rightarrow RD/\!/CQ\Rightarrow$$

$$\frac{DC}{CM}=\frac{PR}{PM}=\frac{GD}{DM}\Rightarrow DP/\!/GR$$

178. 如图 1，过$\triangle ABC$ 外心 O，作 $EF\perp AO$，E，F 在 AB，AC 上，BF，CE 交于 D，$AH\perp BC$ 于 H，S 是$\triangle AEF$ 垂心，求证：$SD/\!/OH$.（潘成华，2022—03—04）

证明 设 G 为$\triangle ABC$ 垂心，由

$$EF\perp AO\Rightarrow\triangle ABC\backsim\triangle AEF$$

$$\frac{AO}{AH}=\frac{AE}{AC}=\frac{AS}{AG}\Rightarrow SG/\!/OH$$

作 BG，CG，ES，FS 交 AC，AB 于 I，P，L，K，连接 FP，EF 交于 R，BL，CK 交于 Q，PL，IK 交于 W.

引理：如图 2，$AD/\!/BC$，AC 交 BD 于 I，$BE/\!/DF$，$EC/\!/AF$，则 E，I，F 三点共线.

引理的证明：

$$\triangle AFD\backsim\triangle CEB,\triangle AID\backsim\triangle CIB\Rightarrow\frac{BC}{AD}=\frac{EC}{AF}=\frac{IC}{IA}$$

$$\angle FAI=\angle ECI\Rightarrow\triangle AFI\backsim\triangle CEI\Rightarrow E,I,F\text{ 三点共线}$$

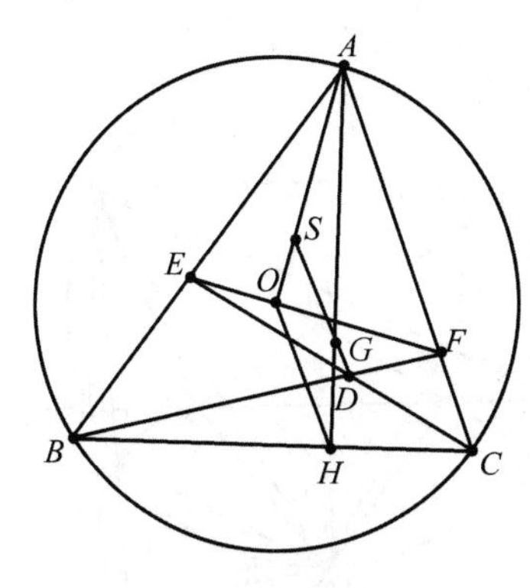

178 题图 1

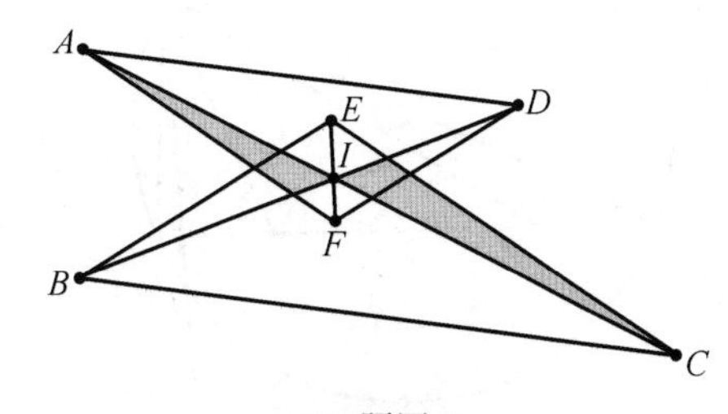

178 题图 2

回到本题，G,O 为等角共轭点$\Rightarrow PI\perp AO\Rightarrow PI/\!/EF,BI/\!/EL,CP/\!/FK$，由引理：$S,R,G$ 三点共线，然后反复使用帕斯卡定理可得：S,G,D 三点共线(图 3)，因此：$SD/\!/OH$.

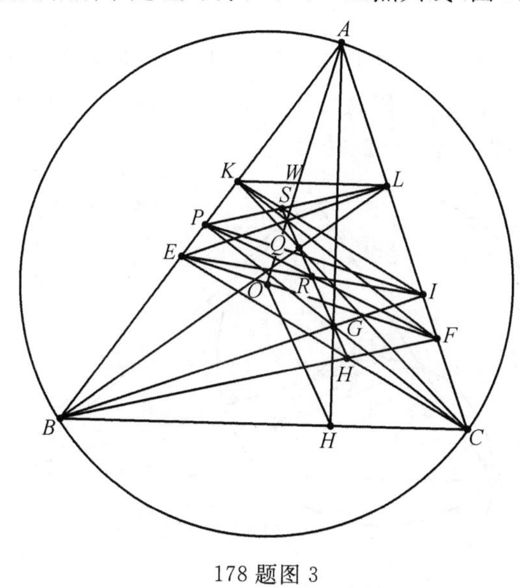

178 题图 3

179. 如图 1，设 M 是$\triangle ABC$ 外接圆 O 上$\overset{\frown}{BC}$(不含 A)的中点，D,E 在线段 BC 上，$BD=CE$，F 在$\overset{\frown}{BC}$上，$\angle BAD=\angle CAF$，G 在射线 AF 上，满足 $AG=AD$，求证：E,F,G,M 四点共圆.(苏林，2022－02－02)

证明 如图 2，连接 MO,AM，延长 AD 交圆 O 于 N，连接 FE 并延长交圆 O 于 K，由$\angle BAD=\angle CAF,BD=EC\Rightarrow(B,C),(D,E),(N,F)$分别关于 MO 对称$\Rightarrow A,K$ 也关于 MO 对称，连接 $ME,MF,MG,DM,GD,EG,KA,KF,KM$，由 $AD=AG$，显然 AM 平分$\angle DAG$，所以

$$DM=GM=EM$$

$$\angle DMA=\angle GMA,\angle DMK=\angle EMA\Rightarrow\angle KMA=\angle EMG$$

由

$$\angle AFK=\angle KMA=\angle EMG$$

因此 E,F,G,M 四点共圆.

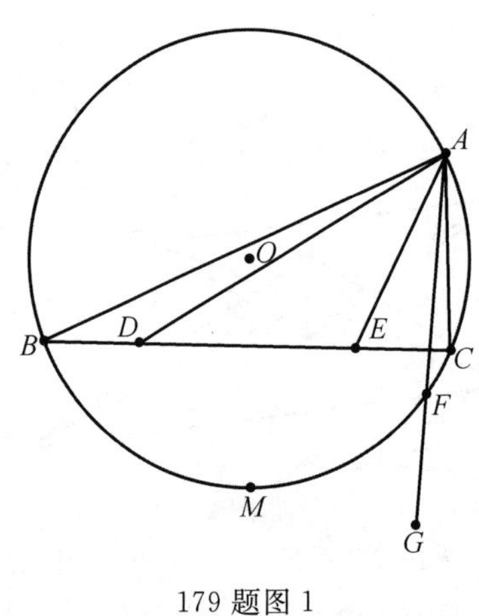

179 题图 1

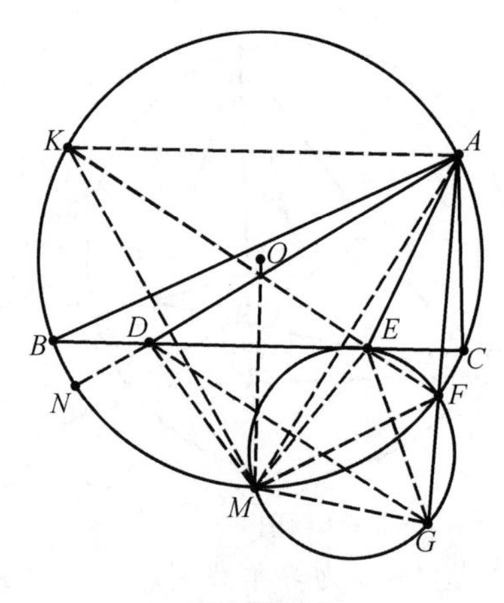

179 题图 2

180. 如图 1，在$\triangle ABC$中，O为外心，过点B,O,C的圆ω分别交AC,AB于另两点E，F,H为圆ω上一点，O,H在BC同侧且$AH\perp BC$，J为OH与BC交点，K为OE与FH交点，求证：$KL\perp AJ$.（严君啸，2022－02－04）

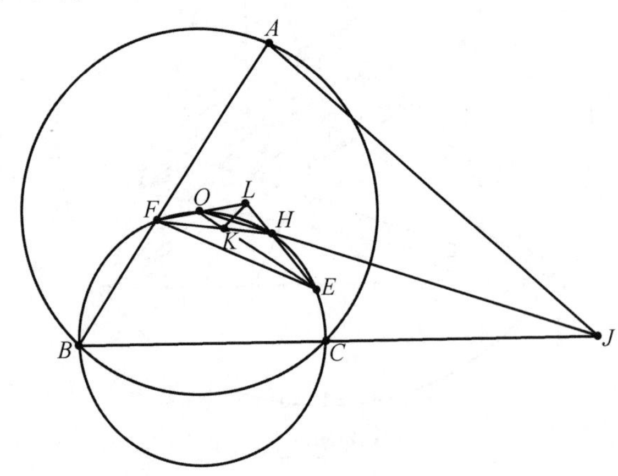

180 题图 1

证明　如图 2，延长EO,FO交AB,AC于P,M，则$EP\perp AB,FM\perp AC$，显然A,B关于OE对称，以E为圆心，$BE=AE$为半径作圆交AJ于W，延长PE交BW于X，则

$$\angle EAX=\angle EBX=\angle EWX\Rightarrow A,E,X,W\text{ 四点共圆}$$

$$\angle BWJ=\angle AEX=\angle BEX=\angle BFO=\angle BHJ\Rightarrow B,H,W,J\text{ 四点共圆}$$

则

$$\angle AWH=\angle HBJ=\angle HEA\Rightarrow A,H,E,X,W\text{ 五点共圆}$$

$$\angle NHE=\angle AWE=\angle EAW=\angle NFE,\angle EAN=\angle BAO=\angle ABO=\angle FHO$$

$$\angle HOK=\angle ANE\Rightarrow\triangle OKH\backsim\triangle NEA$$

$$\angle LHO=\angle OBE=\angle OAE=\angle OAE=\angle PAN$$

$$\angle LOH=\angle FBH=\angle FNH\Rightarrow\triangle OLH\backsim\triangle NFA\Rightarrow\angle LOK=\angle ENF$$

$$\frac{OK}{NE}=\frac{OH}{AN}=\frac{OL}{FN}\Rightarrow\triangle OLK\backsim\triangle NFE\Rightarrow A,L,M,R\text{ 四点共圆}\Rightarrow KL\perp AJ$$

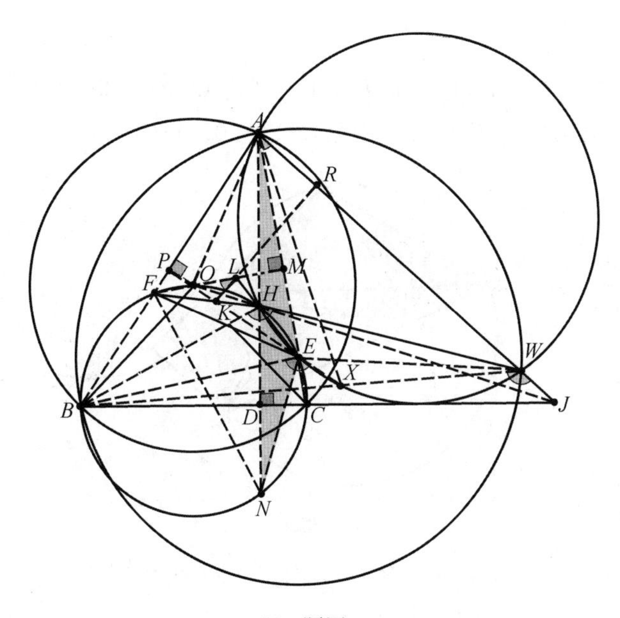

180 题图 2

181. 如图 1,点 D 在 $\angle A$ 的内角平分线上,E,F 分别是 $\triangle DAB$,$\triangle DAC$ 的垂心,M 是 EF 的中点,求证:$AM\perp BC$.(叶中豪,2022—02—10)

证明 如图 2,以 AD 为对称轴图形变换 $F\Leftrightarrow Q$,$E\Leftrightarrow G$,$B\Leftrightarrow S$,$C\Leftrightarrow Z$. AD 交 FQ,BS,BC 于 R,N,O;AM 交 QF,BC,BS 于 K,H,I;NM 交 QF 于 T;连接 AQ,QG,QF,BS,DS,QD,NT,AG,DF,由

$$EM=FM\Leftrightarrow NM=TM$$

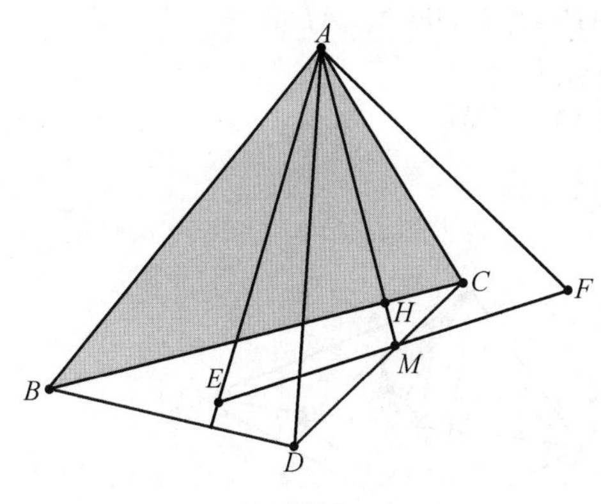

181 题图 1

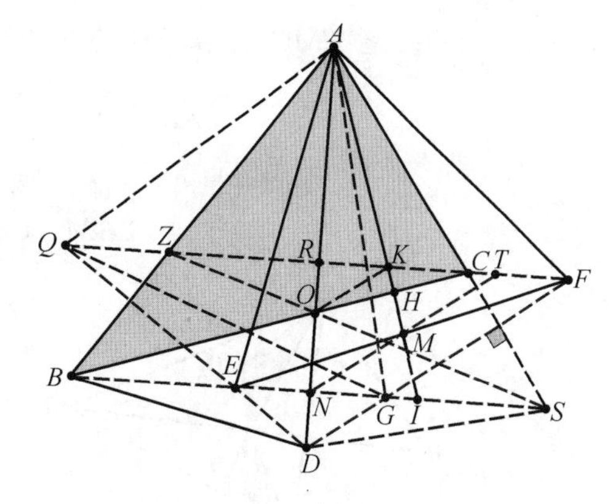

181 题图 2

由梅氏定理得

$$\frac{NM}{MT}\cdot\frac{TK}{KR}\cdot\frac{RA}{AN}=1\Rightarrow\frac{TK}{KR}=\frac{AN}{RA}=\frac{AS}{AC}$$

$$\frac{BN}{NS}\cdot\frac{SA}{AC}\cdot\frac{CO}{OB}=1\Rightarrow\frac{SA}{AC}=\frac{BO}{OC}=\frac{NO}{OR}\Rightarrow\frac{NO}{OR}=\frac{TK}{KR}\Rightarrow OK/\!/NT$$

由 N 为 EG 的中点$\Rightarrow NM/\!/DF$,$DF\perp AS\Rightarrow OK\perp AS\Rightarrow K$ 为 $\triangle AOC$ 的垂心$\Rightarrow AM\perp BC$.

182. 如图，$\triangle PAB \backsim \triangle PCD$，且 C 是 BD 的三等分点($BC=2CD$)，E 是 AC 的三等分点($CE=2EA$)，求证：$\triangle ABE \backsim \triangle PBC$.（叶中豪，2022—02—10）

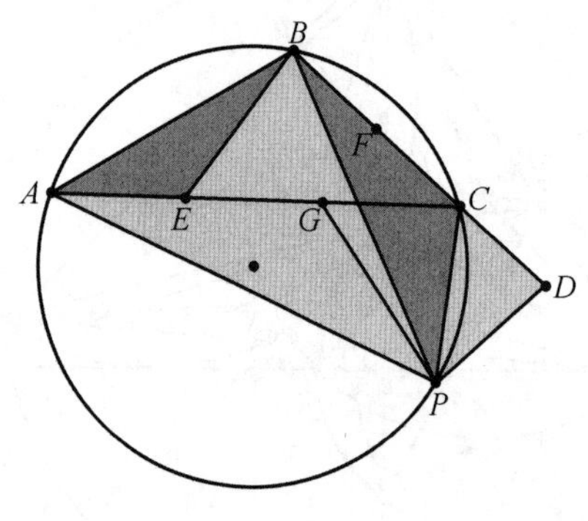

182 题图

证明 $\angle PCD=\angle BAP \Rightarrow A,B,C,P$ 四点共圆 $\Rightarrow \angle BAC=\angle BPC$

$$\triangle PAB \backsim \triangle PCD \Rightarrow \frac{PD}{PC}=\frac{PB}{PA} \Rightarrow \angle APC=\angle BPD \Rightarrow \triangle APC \backsim \triangle BPD$$

取

$$CG=AE \Rightarrow \frac{AC}{BD}=\frac{PC}{PD}=\frac{3GC}{3CD} \Rightarrow \frac{AB}{PB}=\frac{CD}{PD}=\frac{GC}{PC}=\frac{AE}{PC} \Rightarrow \triangle ABE \backsim \triangle PBC$$

183. 如图 1，M 是 AB 中点，$\triangle EMC \backsim \triangle DAB$；$\triangle FMD \backsim \triangle CAB$，求证：$CD /\!/ EF$；且 $CD=2EF$.（叶中豪，2022—04—07）

证明 如图 2，分别取 CM,DM 中点 U,T，连接 EU,FT,UT,EF，由

$$\triangle EMC \backsim \triangle DAB, \triangle FMD \backsim \triangle CAB \Rightarrow \triangle MUE \backsim \triangle ADM$$

$$\triangle MTF \backsim \triangle ACM \Rightarrow \frac{2MU}{2AM}=\frac{UE}{DM}$$

$$\frac{2MT}{2AM}=\frac{TF}{CM} \Rightarrow UE=TF$$

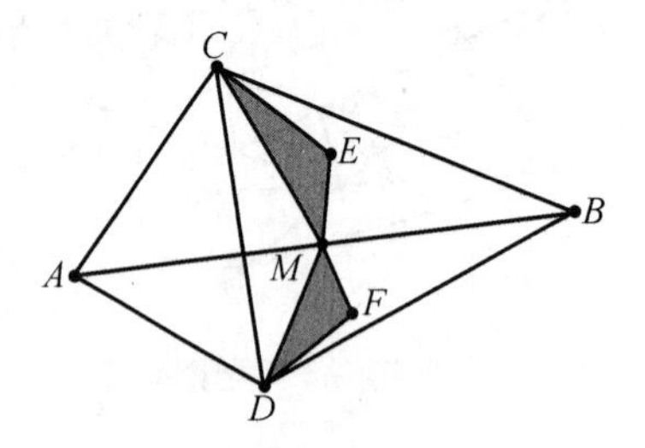

183 题图 1

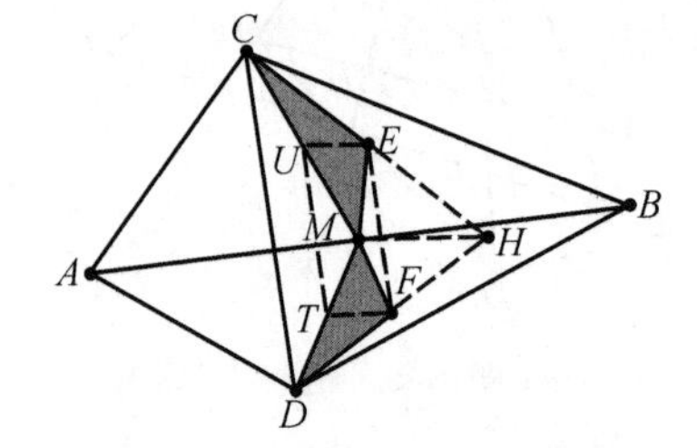

183 题图 2

延长 CE 至 H 且 $CE=EH \Rightarrow 2UE=MH$，连接 DH,FH,EH，由

$$2TF=2UE=MH \Rightarrow D,F,H \text{ 三点共线} \Rightarrow TF /\!/ UE \Rightarrow UT /\!/ EF \Rightarrow CD /\!/ EF$$

且 $CD=2EF$.

184. 如图 1,O 是 $\triangle ABC$ 的外心,$AB \neq AC$,$AD \perp BC$ 于 D,M 为 BC 的中点,$BE \perp AO$ 于点 E,求证:$MD = ME$.(万喜人,2022-04-08)

证明 如图 2,延长 BE 交圆 O 于 F,连接 AF,显然 A,B,E,D 四点共圆,由 $BE \perp AO \Rightarrow \angle ABF = \angle AFB$,设 ED 交 FC 于 N.

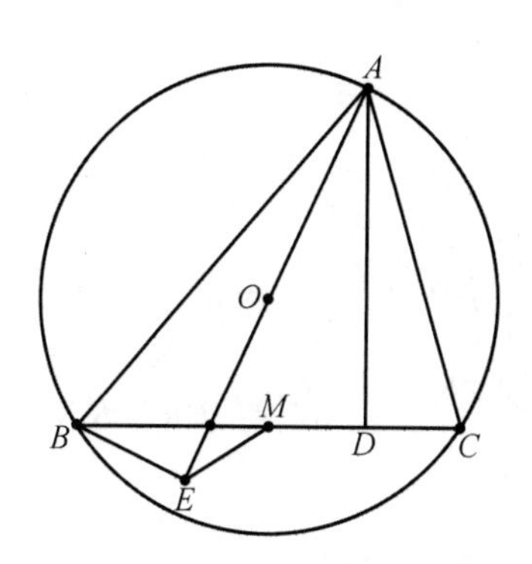

184 题图 1

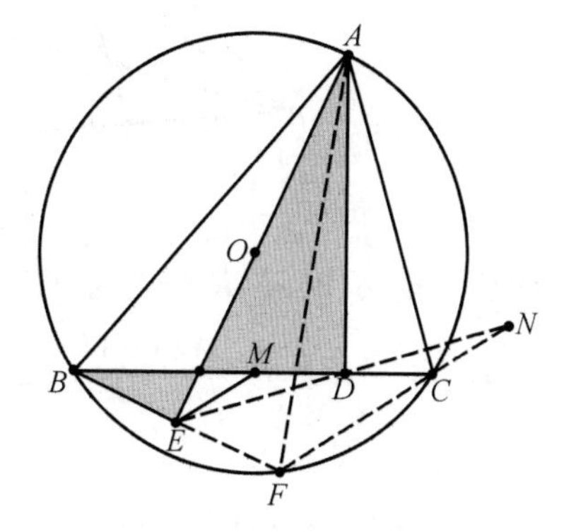

184 题图 2

$$BM = MC \Rightarrow EM /\!/ FN, \angle ADN = \angle ABE = \angle AFB$$

$$\angle ACN = \angle ABF = \angle ADN \Rightarrow A, D, C, N \text{ 四点共圆}$$

$$\angle MED = \angle DNC = \angle DAC = \angle BAE = \angle BDE = \angle MDE$$

因此 $MD = ME$.

185. 如图 1,$\triangle ABC$ 中,点 D,E 在 BC 上,且 $\angle BAD = \angle CAE < \frac{1}{2}\angle BAC$,$BF \perp AD$ 于点 F,$DH \perp AB$ 于点 H,$EG \perp AC$ 于点 G,求证:$\angle AFH = \angle AFG$.(万喜人,2022-04-08)

证明 如图 2,延长 BF 交 GE 延长线于 I,由

$$\triangle AHD \backsim \triangle AGE \Rightarrow \angle AEG = \angle ADH = \angle ABF \Rightarrow A, B, I, G \text{ 四点共圆}$$

显然

$$H, B, F, D \text{ 四点共圆} \Rightarrow \angle HFA = \angle ABE = \angle AIE \Rightarrow A, F, I, G \text{ 四点也共圆} \Rightarrow$$

$$\angle AFG = \angle AIG \Rightarrow \angle AFH = \angle AFG$$

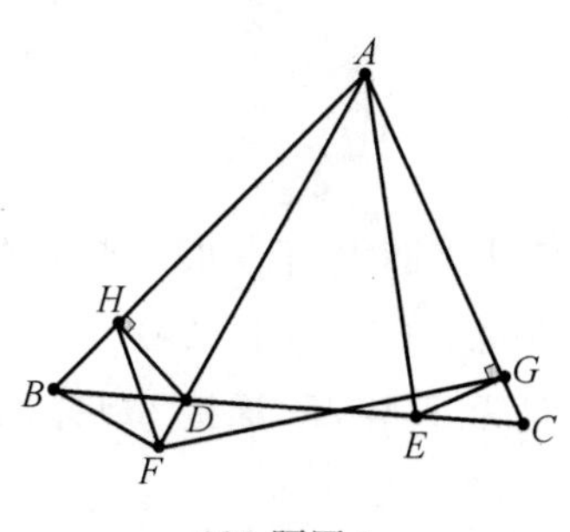

185 题图 1

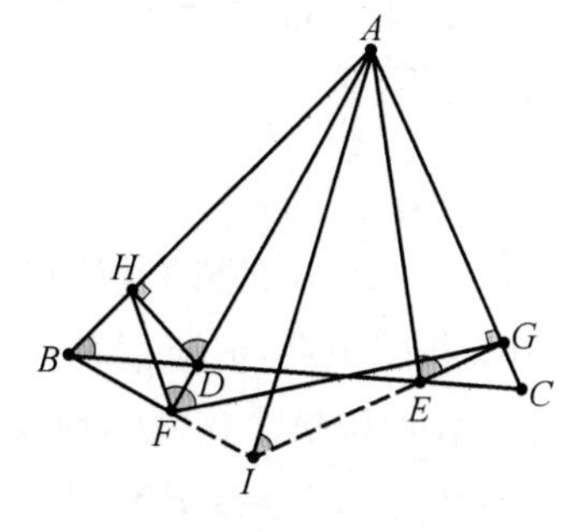

185 题图 2

186. 如图 1,M 是 BC 中点,N 是 AM 中点,$\triangle ACN \backsim \triangle CEN$,$\triangle ABN \backsim \triangle BFN$,求证:$EF /\!/ BC$.(叶中豪,2022-04-08)

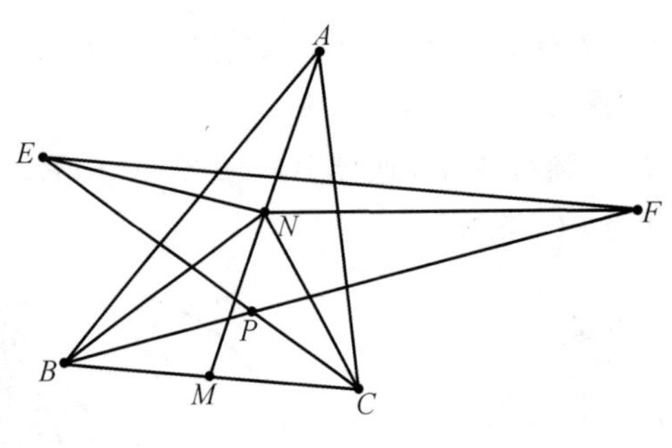

186 题图 1

证明 如图 2,设 Z,W,T,R 分别为 AB,AC,EC,BF 的中点,连接 TN,TW,由

$$\triangle ABN\backsim\triangle BFN\Rightarrow\frac{AZ}{BR}=\frac{AB}{BF}=\frac{AN}{BN}\Rightarrow\triangle AZN\backsim\triangle BRN\Rightarrow\frac{AZ}{BR}=\frac{ZN}{RN}$$

且

$$\angle ANB=\angle RNZ\Rightarrow A,Z,S,W\text{ 四点共圆}\Rightarrow\angle ZAN=\angle SAW$$

ZR,TW 分别为$\triangle BAF,\triangle CAE$ 的中位线且相交于 S,EC 交 BF 于 $P\Rightarrow A,S,P$ 三点共线,连接 TR,AP,则

$$\frac{PR}{RF}=\frac{PS}{AS}=\frac{PT}{ET}=\frac{TP}{TC}=\frac{PR}{BR}\Rightarrow BC/\!/TR/\!/EF$$

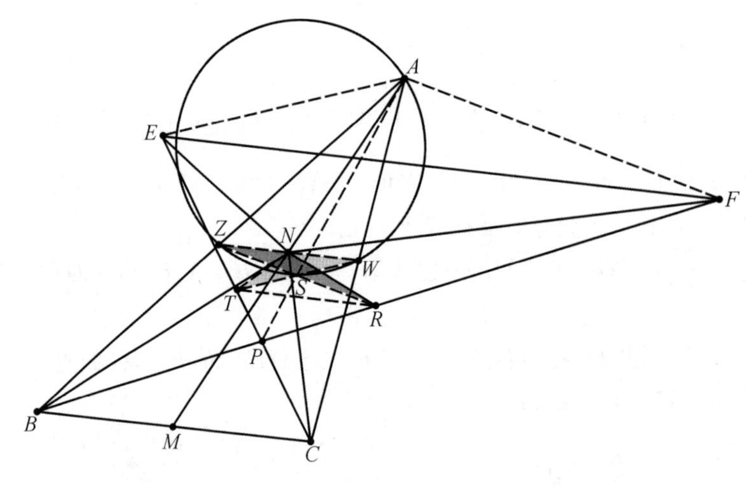

186 题图 2

187. 如图 1,O 是$\triangle ABC$ 的外心,P,Q 在$\triangle ABC$ 外接圆上,且 $OQ/\!/$点 P 的西姆松线,$QR\perp BC$ 于 R,M 是 BC 中点,求证:$AB=2MB$.(叶中豪,2022—04—20)

证明 如图 2,设西姆松线在 AB,BC,AC 的垂足为 D,W,F,连接 AO 并延长交圆 O 于 N,作 $OT/\!/BC$ 交 QR 于 T,连接 PN,PC,则

$$\angle ACP=\angle ANP\Rightarrow\triangle APN\backsim\triangle PFC$$

$$\angle FPC=\angle PAN,\angle PAN=\angle FPC$$

由

$$OQ /\!/ DF \Rightarrow \angle QOT = \angle FWC$$

由

$$W, P, C, F \text{ 四点共圆} \Rightarrow \angle FPC = \angle FWC \Rightarrow \triangle APN \backsim \triangle OTQ$$

由

$$AN = 2OQ \Rightarrow AB = 2MB$$

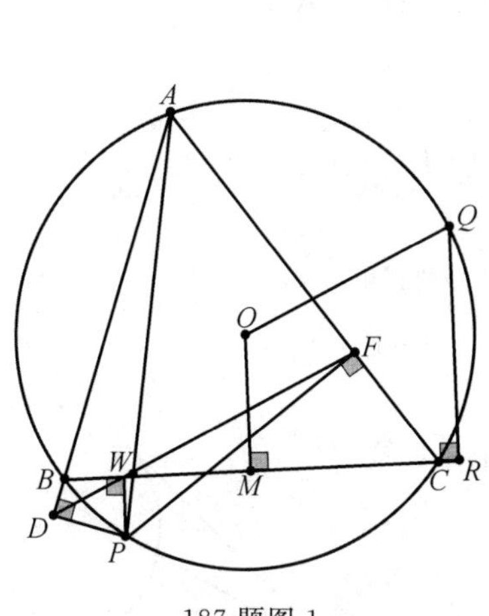

187 题图 1

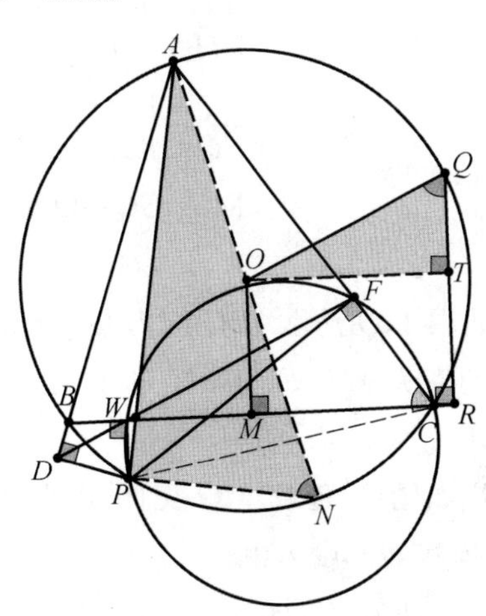

187 题图 2

188. 如图 1,圆 O 是矩形 $ABCD$ 的外接圆,点 P 在直线 BC 上,直线 PE 交圆 O 于点 E,F,直径 PO 交 AE,DF 分别于点 G,H,求证:$OG=OH$.(万喜人,2022—04—12)

证明 如图 2,延长 PG 交 DA 于 K,交 DF 于 H,再交圆 O 于 R,连接 AF,DE,由相交弦定理得

$$GE \cdot AG = RG \cdot GQ, HF \cdot DH = QH \cdot HR$$

由正弦定理得

$$\frac{GE}{\sin P} = \frac{PG}{\sin \angle AEP}, \frac{HF}{\sin P} = \frac{PH}{\sin \angle HFP} \Rightarrow \frac{GE}{HF} = \frac{PG \cdot \sin \angle HFP}{PH \cdot \sin \angle AEP}$$

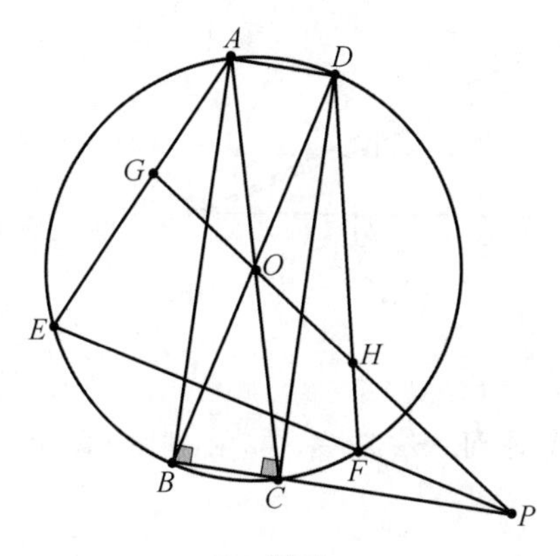

188 题图 1

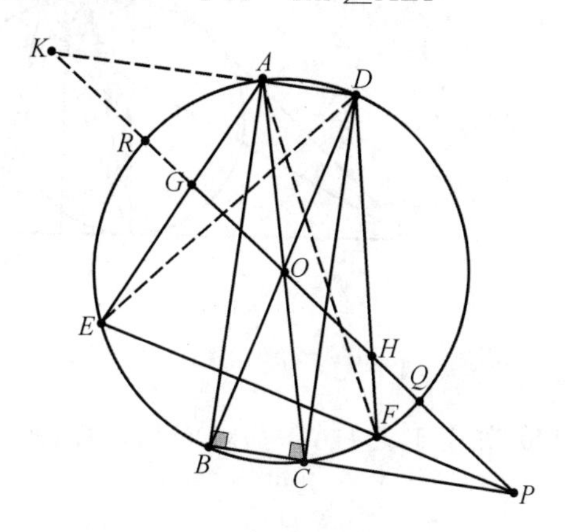

188 题图 2

同理

$$\frac{DH}{\sin K}=\frac{KH}{\sin\angle ADF},\frac{AG}{\sin K}=\frac{KG}{\sin\angle KAG}\Rightarrow\frac{DH}{AG}=\frac{KH\cdot\sin\angle KAG}{KG\cdot\sin\angle ADF}$$

$$\frac{GE}{HF}\cdot\frac{AG}{DH}=\frac{RG\cdot GQ}{QH\cdot HR}=\frac{PG\cdot KG\cdot\sin\angle DFE\cdot\sin\angle ADF}{PH\cdot KH\cdot\sin\angle AEF\cdot\sin\angle KAG}=$$

$$\frac{PG\cdot KG}{PH\cdot KH}=\frac{RQ\cdot KR+RG\cdot GQ+KR^2}{RQ\cdot KR+QH\cdot HR+KR^2}=$$

$$\frac{RQ\cdot KR+KR^2}{RQ\cdot KR+KR^2}=1\Rightarrow$$

$$RG\cdot GQ=QH\cdot HR\Rightarrow GO=HO$$

189. 如图 1,O 是$\triangle ABC$ 的内心,M 是 BC 与圆 O 的切线,BC 上的高为 AH,D 为 AH 的中点,MD 交圆 O 于 F,求证:$\angle BFM=\angle CFM$.

189 题图 1

证明 如图 2,延长 MO 交圆 O 于 E,作 $GE\perp ME$ 交 AM 于 G,连接 GF,GO,由

$$EM/\!/AH\Rightarrow\triangle AMH\backsim\triangle MGE$$

$$\frac{EG}{HM}=\frac{ME}{AH}=\frac{OE}{DH}\Rightarrow\triangle OEG\backsim\triangle DHM\Rightarrow GO/\!/FM\Rightarrow$$

$$GO\perp EF\Rightarrow GE=GF\Rightarrow GF\perp FO$$

延长 EF 交 AM,BC 于 S,T,由 $EM/\!/AH$,MF 过 AH 的中点$\Rightarrow ME$,MS,MF,MT 为调和线束,延长 ME 交 AB 于 N,连接 NT 交 AM,AC 于 P,Q,显然 Q 在 MF 上$\Rightarrow B$,M,C,T 为调和点列,由

$$FM\perp EF\Rightarrow\angle BFM=\angle CFM$$

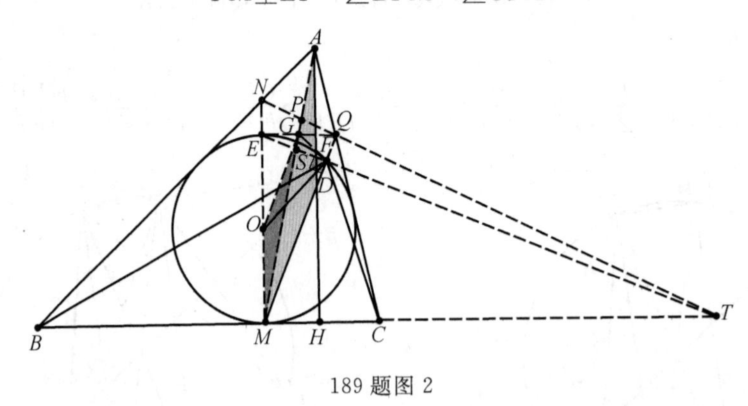

189 题图 2

190. 如图 1,$\triangle DAB\backsim\triangle DCA$,$\triangle EAB\backsim\triangle EDA$,求证:$S_{\triangle ACE}=S_{\triangle ECD}$.(叶中豪,2022-05-18)

证明 如图 2,由

$$\angle ABC=\angle DAC,\angle EAD=\angle ABE\Rightarrow\angle EBC=\angle EAC\Rightarrow A,B,E,C\text{ 四点共圆}$$

延长 EC 交 AD 于 F

$$\frac{AC\cdot\sin\angle ACF}{CD\cdot\sin\angle DCF}=\frac{AC\cdot\sin\angle ABE}{CD\cdot\sin\angle BAE}=\frac{AC\cdot AE}{CD\cdot BE}$$

由

$$\triangle DAB\backsim\triangle DCA,\triangle EAB\backsim\triangle EDA\Rightarrow\frac{AC}{CD}=\frac{AB}{AD},\frac{AD}{AB}=\frac{AE}{BE}\Rightarrow$$

$$\frac{AC\cdot AE}{CD\cdot BE}=1\Rightarrow AF=FD\Rightarrow S_{\triangle ACE}=S_{\triangle ECD}$$

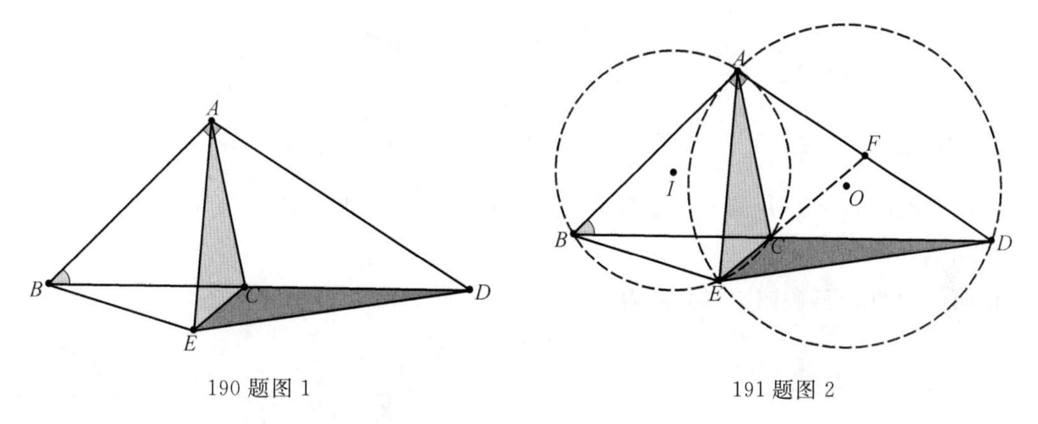

190 题图 1　　　　191 题图 2

191. 如图 1,圆 O,圆 I 交于 A,F 两点,BA 与圆 I 相切交圆 O 于点 B,CA 与圆 O 相切交圆 I 于点 C,BC 与圆 I 交于另一个点 E,D 为 AB 中点,求证:D,E,F 三点共线.(叶中豪,2022—05—18)

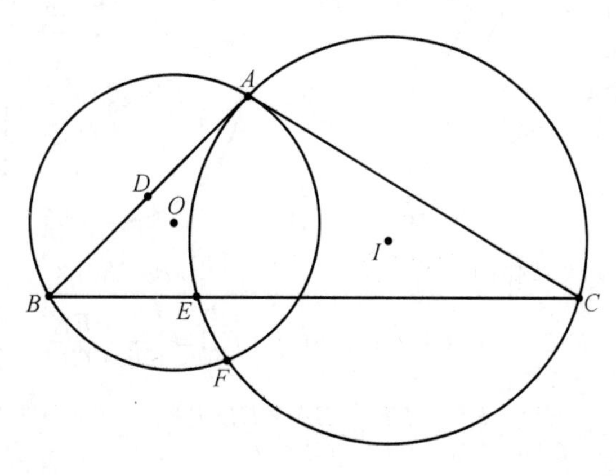

191 题图 1

证明　如图 2,由弦切角

$$\angle BAF=\angle ACE,\angle CAF=\angle ABF\Rightarrow\triangle ABF\backsim\triangle CAF$$

设 AC 中点为 T,TF 交 BC 于 H,连接 BF,CF,AF,DT,DF,由

$$中点\ D,T\Rightarrow\triangle TFC\backsim\triangle ADF\Rightarrow A,D,F,T\ 四点共圆$$

再由 $DT/\!/BC$,则 $\angle BAF=\angle DTF=\angle BHF\Rightarrow H$ 在圆 O 上 $\Rightarrow F,H,T$ 三点共线,同理 D,E,F 也三点共线.

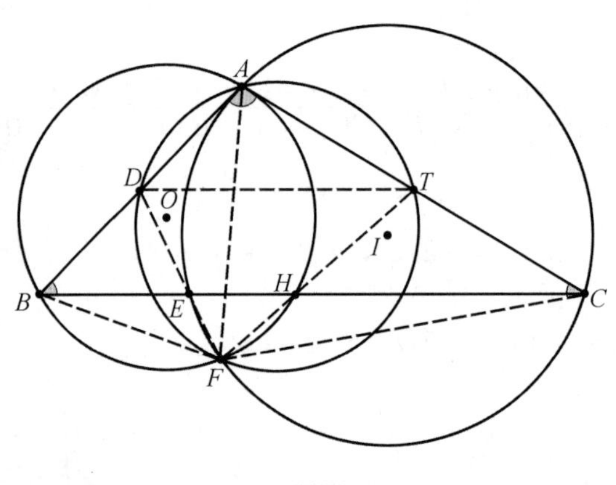

191 题图 2

192. 如图 1,$ABCD$ 是调和四边形,E,F 分别是$\triangle ABD$ 和$\triangle BCD$ 的垂心,求证:$EF /\!/ AC$.(叶中豪,2022—05—20)

证明 如图 2,调和四边形是圆内接四边形,H,K,G,L,J,I 分别为垂足

$$\angle HAB=\angle DEB=\angle DCB$$

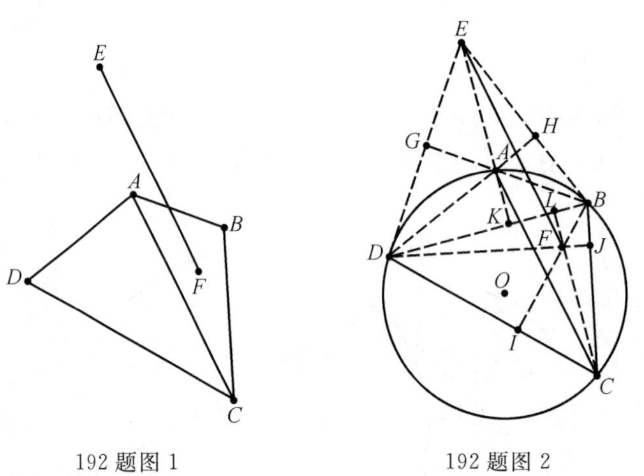

192 题图 1　　　　192 题图 2

则
$$EA\cdot EK=EH\cdot EB,CF\cdot CL=CJ\cdot CB\Rightarrow\frac{EA\cdot EK}{CF\cdot CL}=\frac{EH\cdot EB}{CJ\cdot CB}$$

$$\frac{S_{\triangle EDB}}{S_{\triangle CDB}}=\frac{ED\cdot EB}{CD\cdot CB}=\frac{EK}{CL}\Rightarrow\frac{EA\cdot ED\cdot EB}{CF\cdot CD\cdot CB}=\frac{EH\cdot EB}{CJ\cdot CB}\Rightarrow$$

$$\frac{EA}{CF}=\frac{EH\cdot CD}{CJ\cdot ED}=1\Rightarrow EA=CF$$

和 $EA /\!/ CF\Rightarrow EF /\!/ AC$ 且 $EF=AC$.

193. 如图 1,I 为圆 O 内接$\triangle ABC$ 的内心,直线 $IE\perp BC$ 交圆 O 于 E,F,AF 交 BC 于 G,EA 交 BC 于 K,求证:A,I,G,K 四点共圆.

证明 如图 2,由 $EF\perp BC$,连接 EB,$EC\Rightarrow EF$ 是$\triangle EBC$ 的高线,连接 EO 交圆 O 于

H，延长 AI 交圆 O 于 $D \Rightarrow \angle BEH=\angle CEF$，连接 $ED \Rightarrow \angle HED=\angle FED=\angle FAD$.

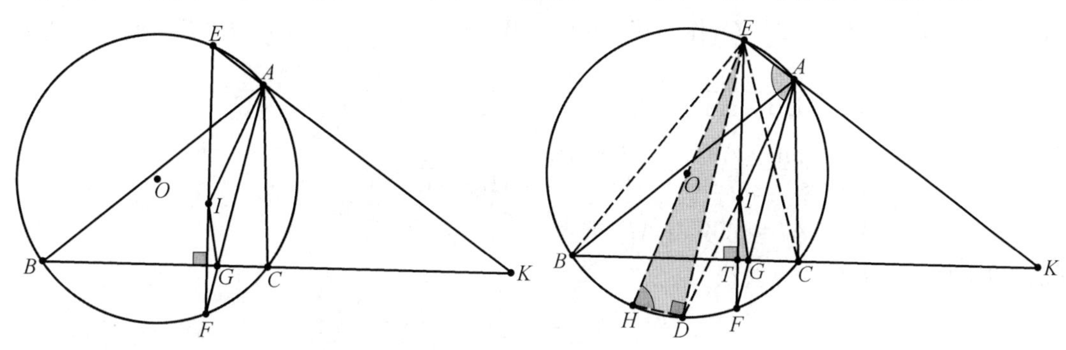

193 题图 1　　193 题图 2

由第 170 题可知：$\angle FIG=\angle FAI$，因此

$$\triangle DEH \backsim \triangle TIG \Rightarrow \angle DHE=\angle IGT \Rightarrow$$
$$\angle DHE+\angle EAD=\angle IGT+\angle EAD=180^\circ \Rightarrow$$

A,I,G,K 四点共圆

194. 如图 1，在圆内接四边形 $ABCD$ 中，E 是 BC 上一点，F 是线段 AE 上一点，G 是 $\angle BCD$ 外角平分线上一点，满足 $EG=FG$；$2\angle EAG=\angle BAD$，求证：$AB\cdot AF=AD\cdot AE$.（2021 年中国东南地区数学奥林匹克）

证明　如图 2，设 AG 交圆于 K，连接 BK，AC，有

$2\angle EAG+\angle BCD=2\angle DCG+\angle BCD=\angle EAD+\angle ECG \Rightarrow A,E,C,G$ 四点共圆 $\Rightarrow$

$\angle AGE=\angle ECA=\angle AKB$

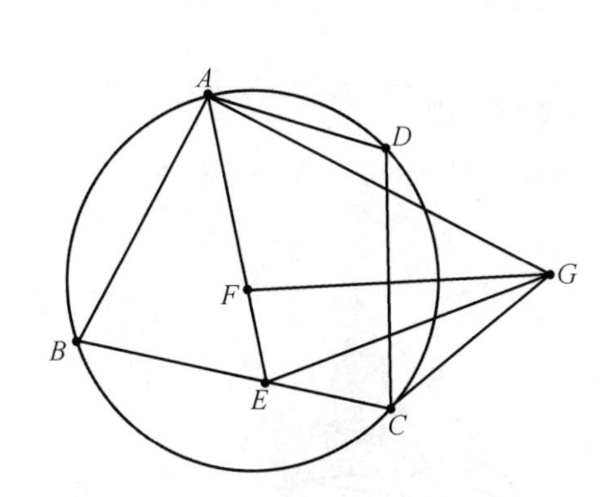

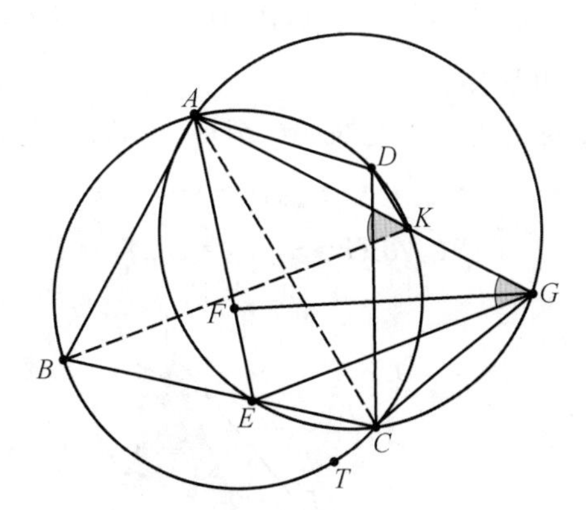

194 题图 1　　194 题图 2

$$\angle AGF=\angle EFG-\angle FAG=\angle AEG-\angle DCG=\angle ACG-\angle DCG=\angle ACD=\angle AKD$$

$$\frac{AF}{AE}=\frac{AG\cdot FG\cdot \sin\angle AGF}{AG\cdot GE\cdot \sin\angle AGE}=\frac{\sin\angle AGF}{\sin\angle AGE}=\frac{\sin\angle DKA}{\sin\angle AKB}=\frac{AD}{AB}\Rightarrow$$

$$AB\cdot AF=AD\cdot AE$$

195. 如图 1，A,B,C,D,E 五点共圆于圆 O，且 $AB /\!/ CE$，AD 平分 BE，过 B 的切线交 CA 于 F，求证：$FC=FD$.（2021 年北方希望之星）

证明 如图 2,过 F 作圆 O 的切线 FT 交圆 O 于 T,设 BA 交 ET 于 K,连接 AT,FT, TC,TD,BC,AE,BT,CD,TO,作 $AW/\!/KE$ 于 W,则 $AW=EK$,显然 $ABCT$ 为调和四边形

$$\frac{AK}{AB}=\frac{EK\cdot\sin\angle KEA}{EB\cdot\sin\angle AEB}=\frac{AW\cdot AT}{AC\cdot AB}=\frac{AT\cdot\sin\angle ACE}{AB\cdot\sin\angle AWC}=$$

$$\frac{AT\cdot\sin\angle ACE}{AB\cdot\sin\angle TBC}=\frac{AT\cdot AE}{AB\cdot TC}=\frac{AT\cdot BC}{AB\cdot TC}=1\Rightarrow$$

$$AK=AB\Rightarrow AW \text{ 与 } AD \text{ 重合}$$

I 为 BT 中点,F,I,O 三点共线

$$TD=AE=BC\Rightarrow BT/\!/CD\Rightarrow FC=FD$$

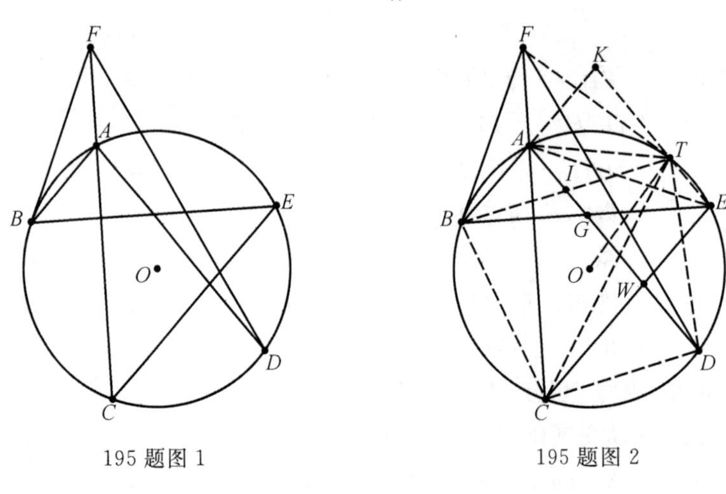

195 题图 1　　　　195 题图 2

196. 如图 1,E,F 分别在 AC,AB 上,BE,CF 交于 D,若 $S_{\triangle ABC}=2S_{\triangle AEF}$,求证:$S_{\triangle ADE}=S_{\triangle BCE}$.(叶中豪)

证明 如图 2,延长 AC 至 G,使 $AE=EG$,连接 DG,则

$$S_{\triangle ABC}=2S_{\triangle AEF}\Rightarrow AB\cdot AC=2AF\cdot AE=AB\cdot AC=AF\cdot AG\Rightarrow$$

$$FC/\!/BG\Rightarrow S_{\triangle ADE}=S_{\triangle GDE}=S_{\triangle EBC}$$

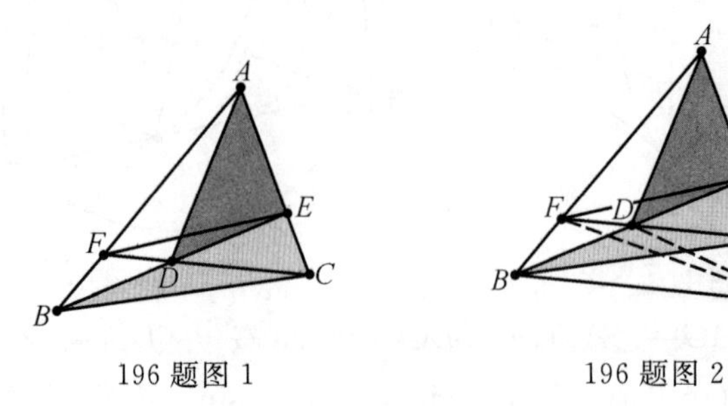

196 题图 1　　　　196 题图 2

197. 如图 1,已知 O,H 为$\triangle ABC$ 外接圆的圆心和垂心,DF 为圆 O 直径并垂直平分 BC,$DJ/\!/AC$ 交 AB 于 J,$DG/\!/AB$ 交 CA 于 G,FH 交圆 O 于 X,求证:D,G,X,J 四点共圆.(潘成华,2022−05−26)

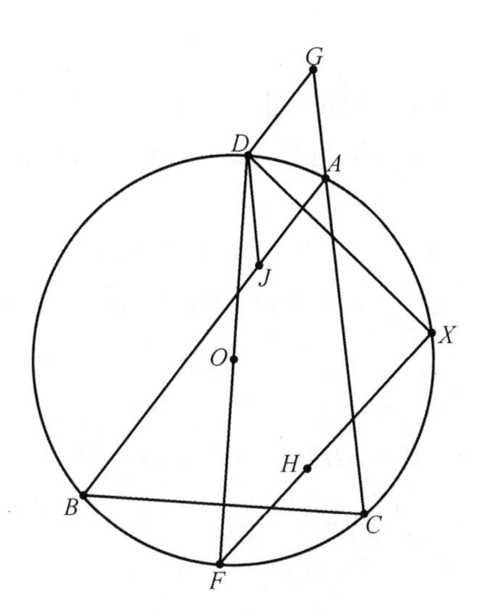

197 题图 1

证明 如图 2,DA 交 FX 于 R,连接 AF 交 DJ 于 T,DX 交 AF 于 W,RW 交 DF 于 I,G,J,O 三点显然共线,GJ 交 DR 于 Z,作 $HP /\!/ DA$ 交 DF 于 P,显然 P,F 关于 BC 对称,W 为 $\triangle FDR$ 垂心,则 D,I,X,R 四点共圆,而 AB,AF,AC,AR 为调和线束,连接 GX,BP,TR,BF,由 $DJ /\!/ AC \Rightarrow DJ=JT$,由

$$\triangle OBF \backsim \triangle BFP \Rightarrow \frac{PF}{BF}=\frac{BF}{OB} \Rightarrow \frac{PF^2}{2BF^2}=\frac{PF}{DF} \Rightarrow$$

$$\frac{PF}{DF}=2(\sin\angle FBC)^2=2(\sin\angle BAF)^2=2(\sin\angle DJZ)^2 \Rightarrow$$

$$\frac{DF}{PF}=\frac{DJ^2}{2DZ^2}=\frac{2DJ^2}{DA^2}=\frac{DJ\cdot DT}{DA^2} \tag{1}$$

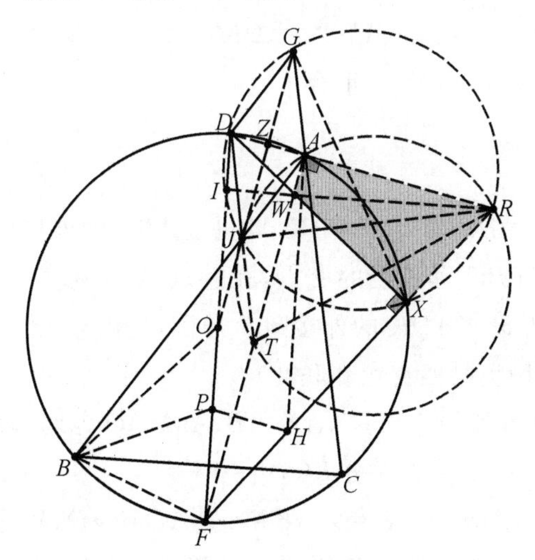

197 题图 2

由

$$DF /\!/ AH \Rightarrow \frac{DR}{RA}=\frac{DF}{AH} \Rightarrow \frac{DR}{DA}=\frac{DF}{DF-AH} \Rightarrow \frac{DA\cdot DR}{DA^2}=\frac{DF}{PF} \tag{2}$$

由(1),(2)得

$$DA \cdot DR = DJ \cdot DT \Rightarrow J,T,R,A \text{ 四点共圆} \Rightarrow \angle DJR = \angle TAR = 90^\circ \Rightarrow J \text{ 在圆}(DIXR)\text{上}$$

$$G,J \text{ 关于 } DR \text{ 对称} \Rightarrow D,G,X,J \text{ 四点共圆}$$

198. 在平行四边形 $ABCD$ 中,$\angle A$ 为锐角,E 在 CD 上使得 $BE=BC$,AB 中点 M,圆(BMD)交 AD 延长线于 F,作 $BH \perp AD$ 于 H,CH 交 BF 于 T,求证:T,E,A 三点共线.(据叶中豪题改动)

证明 如图,易知

$$CB=BE=MD=DA, \quad CD=BF=BA$$

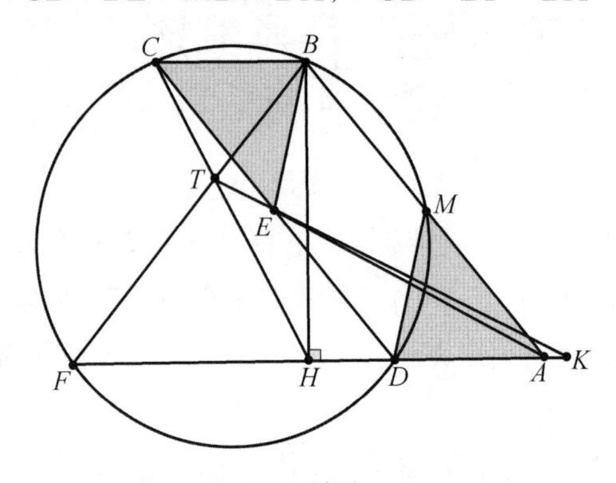

198 题图

假设 TE 延长线交 FD 于 K,M 为 AB 中点$\Rightarrow E$ 为 CD 中点,则

$$\frac{CT}{TH} \cdot \frac{HK}{KD} \cdot \frac{DE}{EC} = 1 \Rightarrow \frac{HK}{DK} = \frac{TH}{TC} = \frac{FH}{CB} = \frac{AH}{AD} \Rightarrow$$

$$\frac{HK-DK}{DK} = \frac{AH-AD}{AD} \Rightarrow \frac{HD}{DK} = \frac{HD}{AD} \Rightarrow$$

$$DK = AD \Rightarrow K,A \text{ 重合}$$

因此 T,E,A 三点共线.

199. 如图 1,在锐角$\triangle ABC$ 中,$AB>AC$,M 是$\triangle ABC$ 的外接圆 O 劣弧 BC 的中点,K 是$\angle BAC$ 的外角平分线与 BC 延长线的交点,在过点 A 且垂直于 BC 的直线上取一点 D(异于 A),使得 $DM=AM$,设$\angle ADK$ 的外接圆 P 与圆 O 相交于点 A 及另一点 T,求证:AT 平分线段 BC.(2021 年全国奥林匹克竞赛联赛)

证明 如图 2,延长 KA 交圆 O 于 F,AF,AB,AM,AC 为调和线束$\Rightarrow FBMC$ 为调和四边形,由 AM 为角平分线$\Rightarrow FM$ 垂直平分 BC,由

$$\triangle AIC \backsim \triangle KIA \Rightarrow \angle IAC = \angle AKE = \angle ADM \Rightarrow D,M,E \text{ 三点共线}$$

作 $AN /\!/ BK /\!/ MP$ 交圆 O 于 N,则 D,E,N 三点也共线,易知 $EH=HI$,连接 FT 交 $BC \Rightarrow E,T,M,H$ 四点共圆,A,H,M,K 四点也共圆,则

$$FA \cdot FK = FH \cdot FM = FE \cdot FT \Rightarrow E \text{ 在圆 } O \text{ 上}$$

由蝴蝶定理:AT,FM 都过 BC 中点.

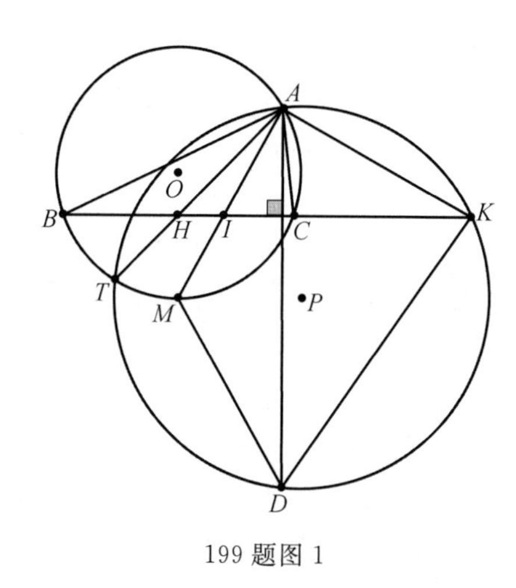

199 题图 1

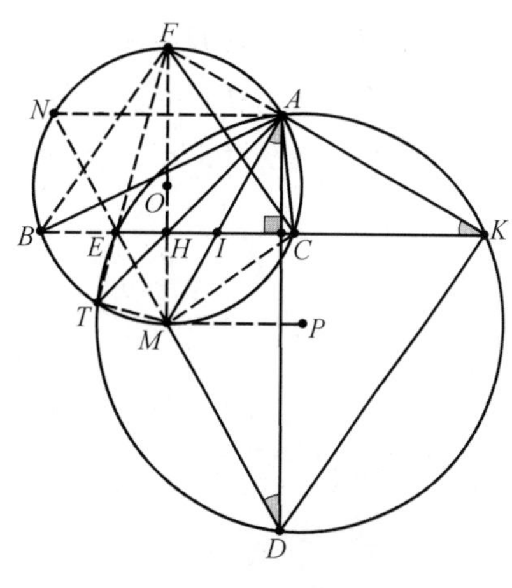

199 题图 2

200. 如图 1,梯形 $ABCD$ 中,$AD /\!/ BC$,对角线 AC,BD 交于点 P,圆 O 经过 A,B,圆 I 经过 C,D;圆 O,圆 I 交于 E,F,求证:E,P,F 三点共线的充要条件是 $\angle AOB=\angle CID$.(叶中豪,2022—06—09)

证明 如图 2,设 AC,BD 分别交圆 O,圆 I 于 H,K,T,G,连接 DK,AT,BH,CG,由

$\angle AOB=\angle CID\Rightarrow\angle AHB=\angle DGC=\angle DKC=\angle ATB\Rightarrow$

G,B,C,H 四点共圆和 A,K,T,D 四点共圆$\Rightarrow$

EF,BH,CG 和 AT,DK,EF 分别三弦共点 X,Y

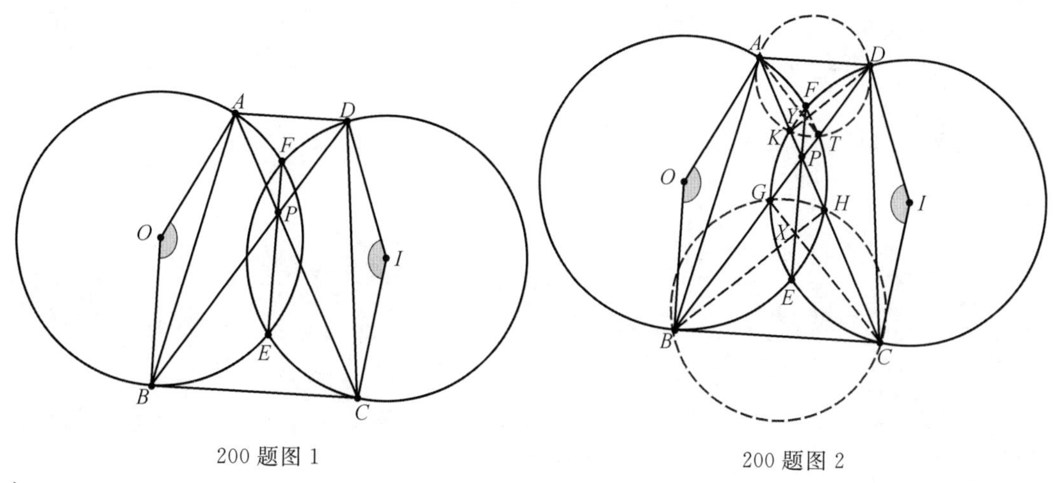

200 题图 1　　　　200 题图 2

由

$$AD /\!/ BC\Rightarrow AT /\!/ GC, DK /\!/ BH, KT /\!/ GH\Rightarrow$$

$$\triangle YKT\backsim\triangle XHG,\triangle KPT\backsim\triangle HPG\Rightarrow\frac{YT}{GX}=\frac{KT}{GH}=\frac{TP}{GP}$$

$$\angle ATB=\angle DGC\Rightarrow\triangle YTP\backsim\triangle XGP\Rightarrow Y,P,X\text{ 三点共线}\Rightarrow E,P,F\text{ 三点共线}$$

由

$$E,P,F\text{ 三点共线}\Rightarrow AP\cdot PH=FP\cdot EP=DP\cdot PG\Rightarrow\frac{AP}{DP}=\frac{PG}{PH}\Rightarrow$$

$\triangle APD \backsim \triangle GPH \Rightarrow A, K, T, D$ 四点共圆$\Rightarrow$

$\triangle APT \backsim \triangle GPK \Rightarrow \angle DKP = \angle ATP \Rightarrow$

$\angle AOB = \angle DIC$

几何研究集八

201. 如图 1,$\triangle ABC$ 内接于圆 O,$AD\perp BC$ 交圆 O 于 D,M 为 BC 中点,DM 交圆 O 于 E,$AF\perp BE$ 于 F,$FG/\!/EC$ 于 G,求证:$AB=AG$.(杨运新)

证明 如图 2,连接 FH 交 EC 于 Q,由 A,F,B,H 四点共圆,得

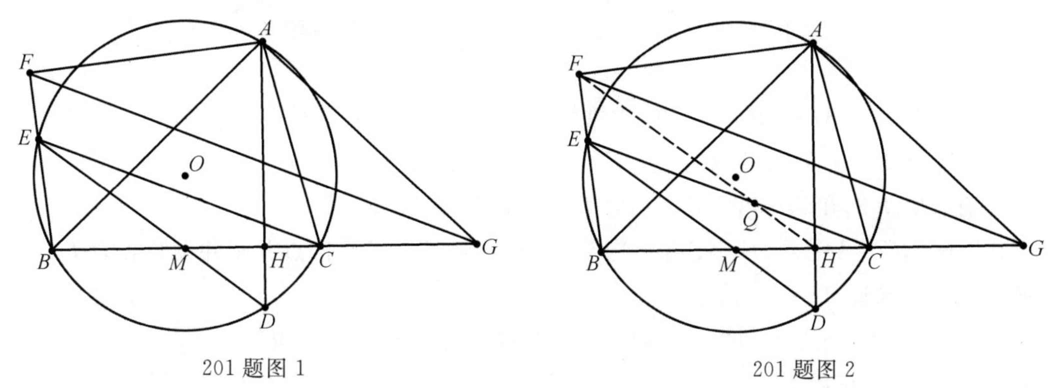

201 题图 1　　201 题图 2

$$\angle AHF=\angle FBA=\angle EDA\Rightarrow FH/\!/ED\Rightarrow\frac{EM}{FH}=\frac{BM}{BH}$$

由

$$EC/\!/FG\Rightarrow\frac{FH}{QH}=\frac{HG}{HC}\Rightarrow\frac{EM}{QH}=\frac{BM}{HC}\cdot\frac{HG}{BH}$$

由

$$\frac{EM}{QH}=\frac{MC}{CH},BM=MC\Rightarrow BH=HG$$

由 $AH\perp BG$,因此 $AB=AG$.

202. 如图 1,$\triangle ABC$ 中,$\angle A=60^\circ$,AD 是高,H,I 分别是垂心和内心,M 为 AI 中点,求证:$\angle AHI+\angle DMI=90^\circ$.(叶中豪,2022－06－14)

证明 如图 2,作$\triangle ABC$ 的九点圆,延长 AM 交九点圆于 F,连接 CH 交 AB 于 Q,连接 DF,由

$$\angle A=60^\circ\Rightarrow 2AQ=AC$$

$$AM\cdot AF=\frac{1}{2}AB\cdot AQ=\frac{1}{4}AB\cdot AC,\quad AF=\frac{AB\cdot AC}{4AM}$$

$$AH\cdot AD=AQ\cdot AB=\frac{1}{2}AC\cdot AB=2AM\cdot\frac{AB\cdot AC}{4AM}=AI\cdot AF$$

I,H,D,F 四点共圆

$$\angle DMI+\angle AHI=\angle DMF+\angle MFD=90^\circ$$

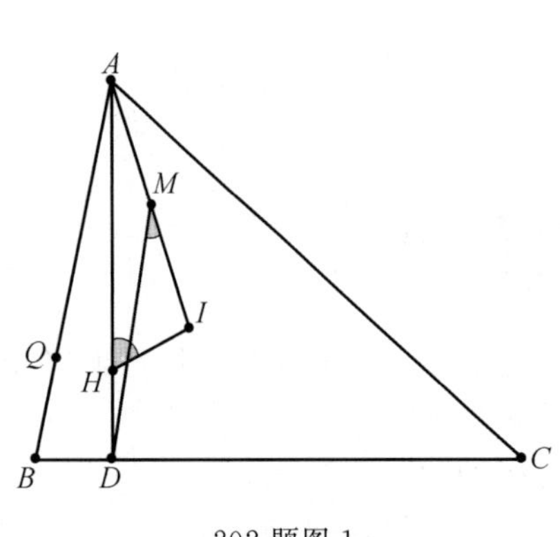

202 题图 1

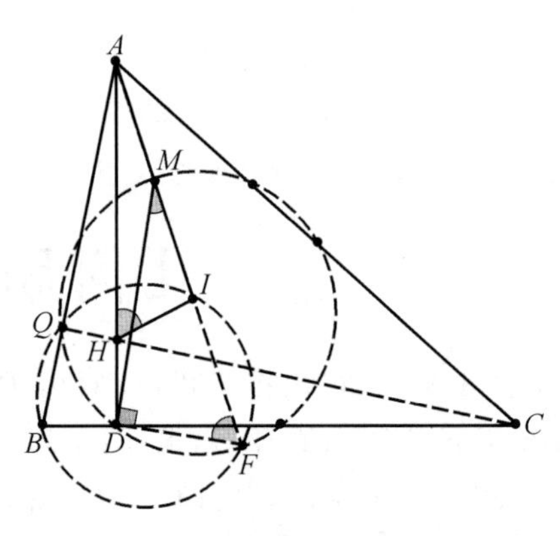

202 题图 2

203. 如图 1，$\triangle ABC$，点 A 在 BC 中垂线上的射影为 D，点 E,F 在 AC,AB 上，且 $AF^2-BF^2=AE^2-CE^2$，求证：$\triangle ABC\backsim\triangle DEF$.（叶中豪，2022－06－15）

证明 如图 2，在 AB,AC 上分别取 J,I 使 $BF=FJ,CE=EI$

$AF^2-BF^2=AE^2-CE^2\Rightarrow AB\cdot AJ=AC\cdot AI\Rightarrow J,B,C,I$ 四点共圆并设圆心为 T 连接 TF,TE，易证

$$\angle BAC=\angle FDE,\quad \angle FED=\angle DAF=\angle ABC$$

因此$\triangle ABC\backsim\triangle DEF$.

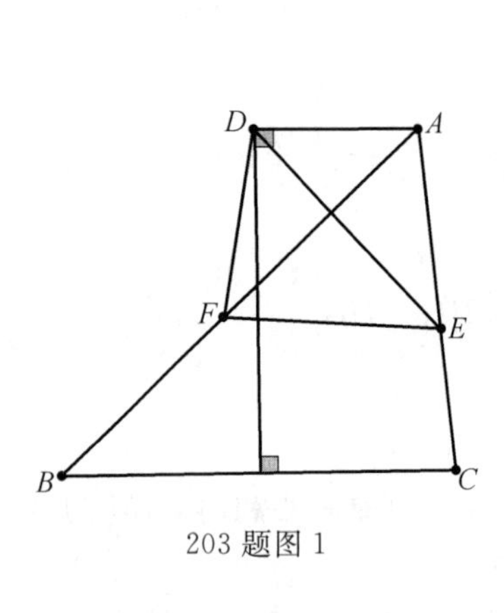

203 题图 1

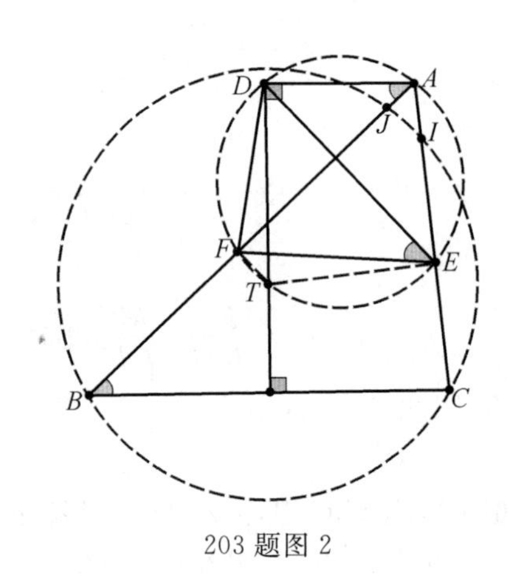

203 题图 2

204. 如图 1，$ABCD$ 是调和四边形，E,F 分别是$\triangle ABD$，$\triangle BCD$ 的类似重心，M 是 BD 中点，求证：$\angle EMD=\angle FMD$.（叶中豪，2022－06－15）

证明 如图 2，设 AC,BD 交于 H，由调和四边形 $ABCD\Rightarrow\angle BAM=\angle DAC$，$\angle BCM=\angle DCA\Rightarrow\triangle ABD$ 和$\triangle CBD$ 的类似重心都在 AC 上，设 K,G 为$\triangle ABD$，$\triangle BCD$ 的重心，DK,DG 分别交 AC 于 T,W，连接 AM,CM,DE,DF，易知：$\angle AMH=\angle CMH$，DE,DW 为等角线$\Rightarrow\dfrac{AE}{EH}\cdot\dfrac{AT}{TH}=\dfrac{AD^2}{HD^2}$，同理

$$\frac{FC}{FH}\cdot\frac{CW}{WH}=\frac{CD^2}{HD^2}$$

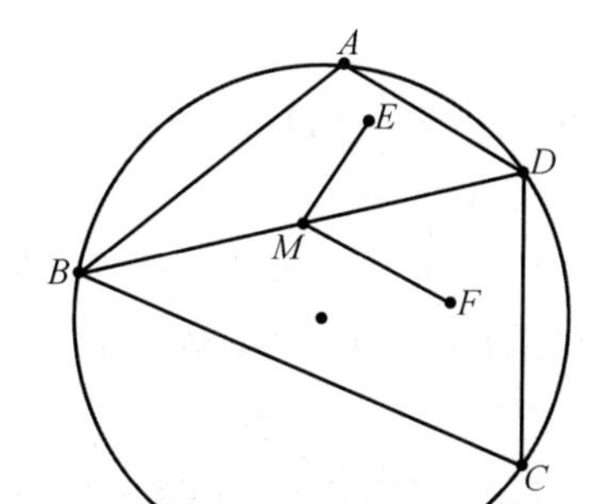

204 题图 1

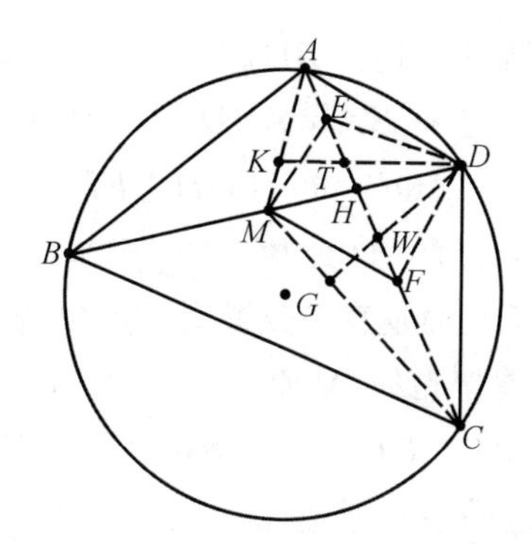

204 题图 2

由梅氏定理得

$$\frac{AK}{KM}\cdot\frac{MD}{DH}\cdot\frac{HT}{TA}=1,\quad \frac{CG}{GM}\cdot\frac{MD}{DH}\cdot\frac{HW}{WC}=1\Rightarrow\frac{HT}{TA}=\frac{HW}{WC}\Rightarrow\frac{AE}{FC}\cdot\frac{FH}{EH}=\frac{AD^2}{CD^2}$$

易证

$$\frac{AD^2}{CD^2}=\frac{AB^2}{BC^2}=\frac{AM}{CM}\Rightarrow\frac{AE}{FC}\cdot\frac{FH}{EH}=\frac{AM}{CM}$$

由面积得

$$\frac{AE}{EH}=\frac{AM\cdot\sin\angle AME}{MH\cdot\sin(\angle AMH-\angle AME)}$$

$$\frac{FH}{FC}=\frac{MH\cdot\sin(\angle CMH-\angle CMF)}{MC\cdot\sin\angle CMF}\Rightarrow$$

$$\frac{\sin\angle AME}{\sin(\angle AMH-\angle AME)}=\frac{\sin\angle CMF}{\sin(\angle CMH-\angle CMF)}\Rightarrow$$

$$\angle AME=\angle CMF\Rightarrow\angle EMD=\angle FMD$$

205. 如图 1,一圆过矩形 $ABCD$ 的顶点 B,D,与 AB,AD 边各交于 E,F;G 是圆上任一点,$ACGH$ 是平行四边形,求证:H 是$\triangle EFG$ 的垂心.(叶中豪,2022－06－22)

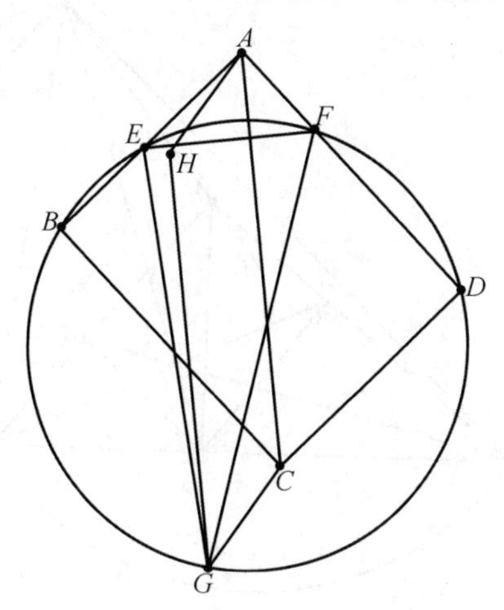

205 题图 1

证明 如图 2,连接 BD;AC 交 EF 于 Q,则

$$\angle AFE=\angle ABD,\angle DAC=\angle DBC\Rightarrow\angle AFE+\angle DAC=90^\circ\Rightarrow$$
$$\angle AQF=90^\circ\Rightarrow GH\perp EF$$

作 $MF/\!/AB$,$ET/\!/AD$ 交 BC,DC 于 M,T,ET 交 MF 于 N,AN 交 EF 于 S,NC 交 MT 于 O,显然 BE,DF 的垂直平分线交于点 O,故 O 为圆($EBDF$)的圆心,GO,GH 交圆 O 于 K,W;GK,GW 是等角线,易证

$$2SO=AC=HG,SO/\!/HG\Rightarrow HS=SK\Rightarrow KF=EW=EH\Rightarrow EF\text{ 垂直平分 }WH\Rightarrow$$
$$H\text{ 是}\triangle EFG\text{ 的垂心}$$

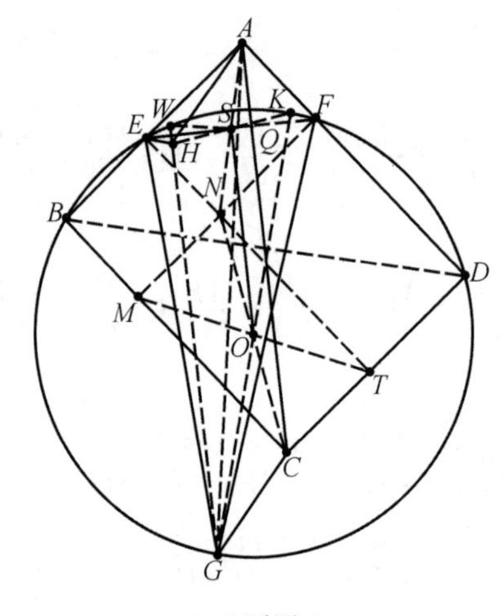

205 题图 2

206. 如图 1,在$\triangle ABC$ 中,O 是外心,AD 是$\angle BAC$ 的平分线,过 D 垂直于 BC 的直线交 AO 于 K,D 在 BK,CK 上的射影分别是 P,Q,求证:AD,BQ,CP 三线共点.

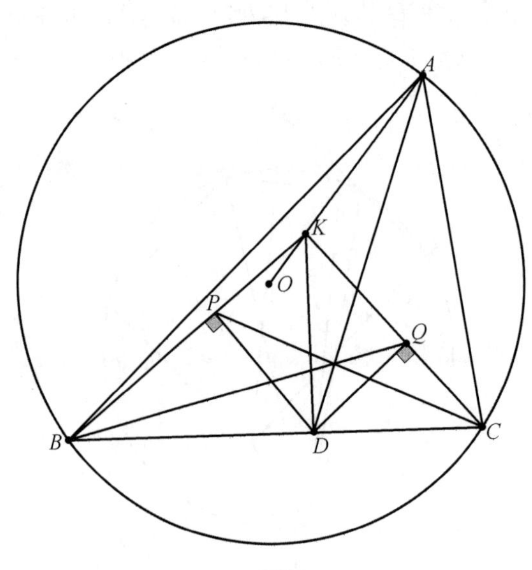

206 题图 1

证明 如图 2,延长 AD 交圆 O 于 F,FO 交圆 O 于 S,SK 交 AF 于 T,DK 交 AS 于 E,由 $EK=KD$,$DK/\!/SF$(调和性质)$\Rightarrow A,T,D,F$ 调和点列圆 OA,OT(交 KD 为 I),OD,OF 调和线束,由 $KD/\!/OF\Rightarrow I$ 为 DK 的中点,即圆($PDQK$)的圆心,分别连接 TQ,TP,TB,TC 交圆 O 于 W,N,X,Y,则

$$\frac{IT}{OT}=\frac{ID}{OF}\Rightarrow\frac{TX}{TB}=\frac{ID}{OF},\frac{TY}{TC}=\frac{ID}{OF}$$

$$\frac{TH}{TA}=\frac{ID}{OF}\Rightarrow\triangle HXY\text{ 和 }\triangle ABC\text{ 位似}$$

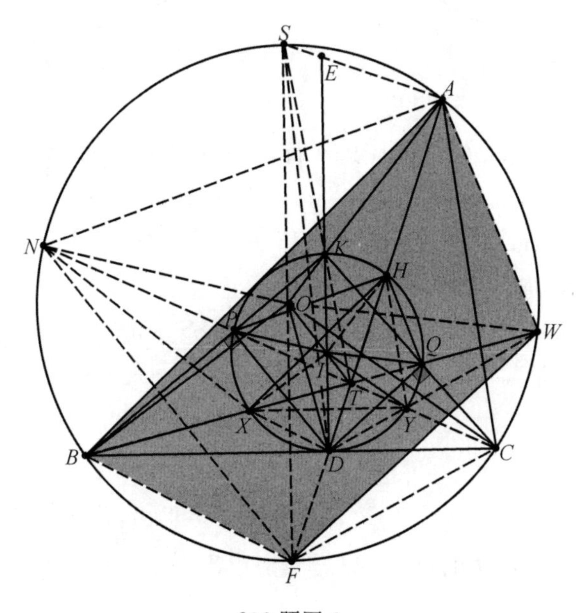

206 题图 2

同理,四边形 $HXDQ$ 和四边形 $ABFW$ 位似,四边形 $ANFC$ 和四边形 $HPDY$ 位似,它们的位似中心都是 T,因此 AD,BQ,CP 三线共点 T.

207. 如图 1,令 $ABCDE$ 为一凸五边形满足 $BC=DE$,假设在 $ABCDE$ 内部存在一点 T 使得 $TB=TD$,$TC=TE$ 且 $\angle ABT=\angle TEA$,令直线 AB 分别与直线 CD 和 CT 交于点 P 和 Q,假设 P,B,A,Q 在同一直线上按照此顺序排列,令直线 AE 分别与直线 CD 和 DT 交于点 R 和 S,假设 R,E,S 在同一直线上按照此顺序排列,求证:P,S,Q,R 四点共圆.(2022 年国际数学奥林匹克)

证明 如图 2,设 SR 交 QC 于 M,QP 交 SD 于 N,显然

$$\triangle TBD\backsim\triangle TEC\Rightarrow\angle MCE=\angle NDB,\angle MEC=\angle NBD\Rightarrow$$

$$\triangle MEC\backsim\triangle NBD,\triangle NBT\backsim\triangle MET,\triangle SNA\backsim\triangle QMA\Rightarrow$$

$$\frac{NT}{MT}=\frac{BN}{EM}=\frac{ND}{MC}\Rightarrow NM/\!/PR\Rightarrow$$

$$\angle SQA=\angle AMN=\angle ARP\Rightarrow$$

P,S,Q,R 四点共圆

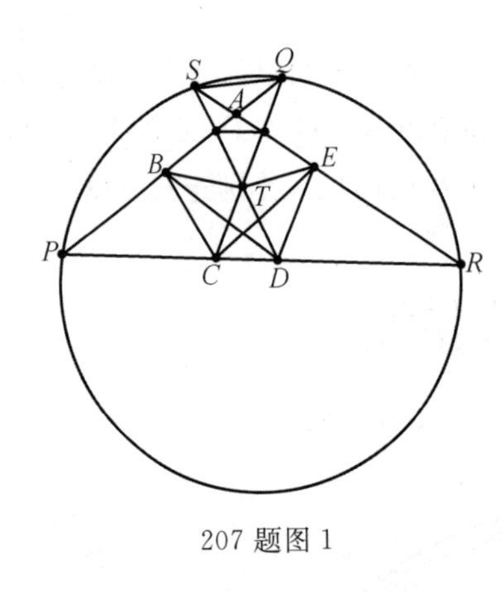

207 题图 1

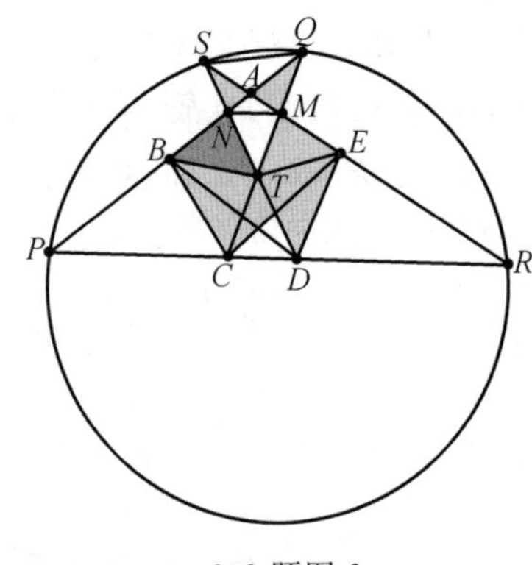

208 题图 2

208. 如图 1，$\triangle DEF$，$\triangle GHI$ 的对应边平行，且分别内接、外接于$\triangle ABC$，J 是$\triangle GHI$ 的重心，求证：$S_{四边形ADJF}=S_{四边形BEJD}=S_{四边形CFJE}$.（叶中豪，2022－07－11）

证明 如图 2，连接 HD，HF；连接 HJ，GE 并延长交 GI，HI 于 K，U；连接 GJ，HF 并延长交 HI，GI 于 M，N. 连接 EM，FM，DN，则

$$DE /\!/ GH, DF /\!/ GI, EF /\!/ HI \Rightarrow S_{\triangle BED}=S_{\triangle EDG}$$

$$S_{\triangle GDF}=S_{\triangle DAF}, S_{\triangle ECF}=S_{\triangle EUF} \Rightarrow S_{\triangle GUF}=S_{\triangle ABC}$$

同理

$$S_{\triangle DHN}=S_{\triangle ABC}$$

由

$$J\text{ 为}\triangle GHI\text{ 的重心} \Rightarrow S_{四边形ADJF}=S_{四边形DJFK}=\frac{1}{3}S_{\triangle DHN}$$

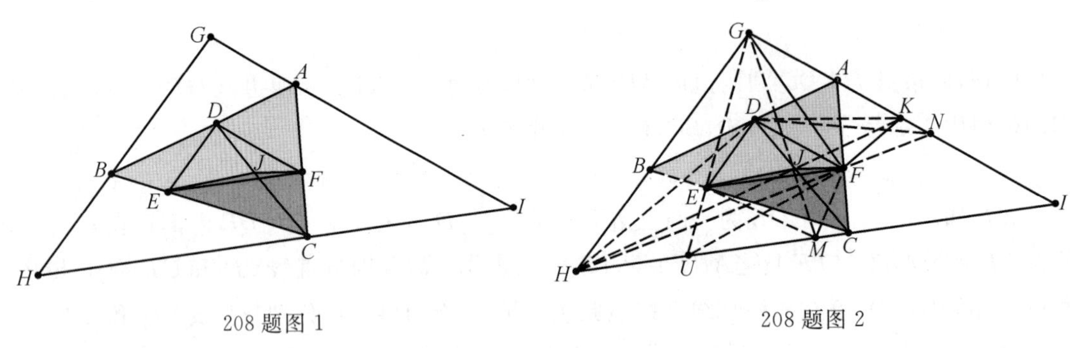

208 题图 1　　208 题图 2

同理

$$S_{四边形CEJF}=\frac{1}{3}S_{\triangle GUF} \Rightarrow S_{四边形ADJF}=S_{四边形CFJE}$$

同理

$$S_{四边形ADJF}=S_{四边形BEJD}=S_{四边形CFJE}$$

209. 如图 1，E，F 为边 AC，AB 上的垂足，M，G 分别为 BC，EF 的中点，M 和 K 关于 D 对称，求证：A，G，H，K 四点共圆.（数学通报 2667 问题）

证明 如图 2，延长 AK，KH，延长 EF 交 CB 延长线于 N，NH 交 AM 于 Q，MH 交

AN 于 P,连接 PQ,PM,显然 N,B,D,C 为调和点列,则

$$M\text{ 为 }BC\text{ 中点}\Rightarrow\frac{ND}{BD}=\frac{CD}{DM}\Rightarrow ND\cdot DM=CD\cdot BD=AD\cdot HD\Rightarrow$$

$$\triangle DAN\backsim\triangle DMH\Rightarrow H\text{ 也是}\triangle ANM\text{ 的垂心}\Rightarrow$$

$$\angle ANH=\angle AMH=\angle AKH\Rightarrow A,N,K,H\text{ 四点共圆}$$

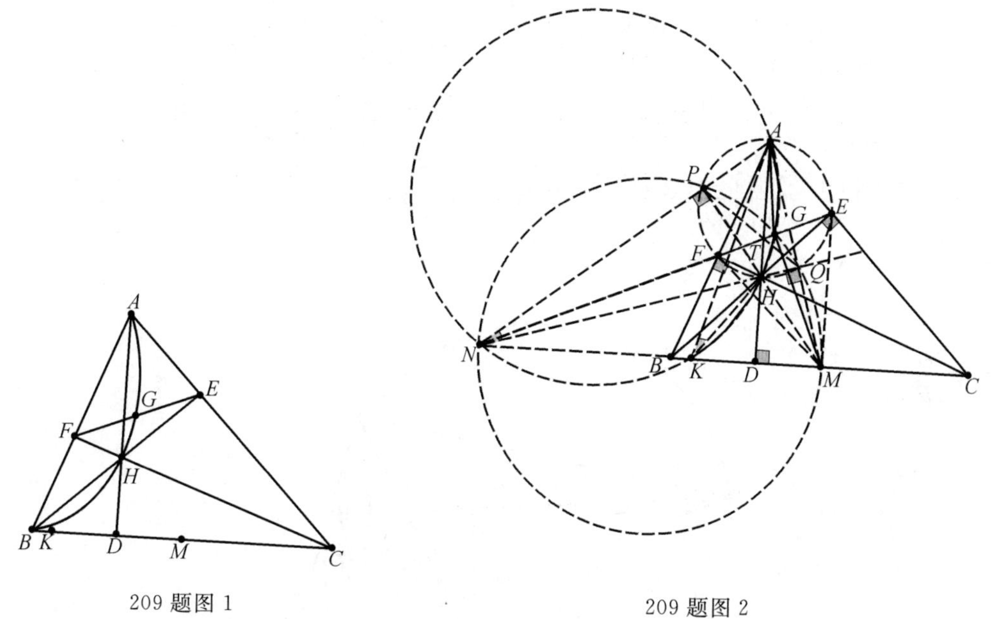

209 题图 1

209 题图 2

设圆($ANKH$)交 NE 于 G,由

$$A,P,F,H,Q,E\text{ 六点共圆}\Rightarrow A\to F\to E\to H\to P\to Q\to A\Rightarrow$$

$$PQ,FE,AH\text{ 共点 }T$$

由

$$AT\cdot TH=PT\cdot TQ=NT\cdot TG\Rightarrow P,N,G,Q\text{ 四点共圆}$$

即 G 在 PNQ 圆上$\Rightarrow MG\perp NG$,而 $MF=ME\Rightarrow G$ 为 EF 的中点,因此 A,G,H,K 四点共圆.

210. 如图 1,在$\triangle ABC$ 内,且$\angle A=\angle DBC=\angle DCB$,$E,F$ 分别在 AB,AC 上,且$\angle AEF=\angle BFC$,$\angle AFE=\angle BFC$,M 是中点,$DN\perp EF$ 于 N,求证:$\frac{MN}{BC}=\sin A$.(叶中豪,2022-07-06)

210 题图 1

证明 如图 2,设 EC 交 FB 于 T

$$180^\circ-2\angle AEF=\angle FET,180^\circ-2\angle AFE=\angle EFT$$

$$360^\circ-2\angle AEF-2\angle AFE=\angle FET+\angle EFT$$

$$\angle BTC=180^\circ-(\angle FET+\angle EFT)=2\angle AEF+2\angle AFE-180^\circ$$

$$180^\circ-(\angle AEF+\angle AFE)=\angle EAF$$

$$\angle BTC=\angle BDC\Rightarrow T,B,C,D\text{ 四点共圆}$$

延长 DT 交 AB 于 Q，易证 DQ 平分 $\angle ETB$，延长 FE 交 AT，CB 延长线于 K，W，连接 AW，作 $\angle TFE$ 平分线交 AT 于 Z，显然 A,K,Z,T 为调和点列，同理 $\angle TEF$ 平分线也交 AT 于 Z，由 Z 为 $\triangle TEF$ 的内心 $\Rightarrow AT$ 平分 $\angle ETF$ 且 $AT\perp DQ\Rightarrow A,E,Q,B$ 调和点列 $\Rightarrow W,Q,T,D$ 四点共线，而显然

$$N,W,M,D\text{ 四点共圆}\Rightarrow NM=WD\sin\angle FWC$$

$$\frac{CF}{\sin\angle FWC}=\frac{WC}{\sin\angle EFC}\Rightarrow\frac{WC}{WD}=\frac{\sin\angle TDC}{\sin\angle DCB}=\frac{CF\sin\angle EFC}{NM}$$

$$\frac{\sin\angle FBC}{\sin\angle DCB}=\frac{CF\sin\angle EFC}{NM}\Rightarrow NM=\frac{CF\sin\angle EFC\sin\angle DCB}{\sin\angle FBC}=$$

$$\frac{CF\sin\angle BFC\sin\angle DCB}{\sin\angle FBC}=BC\sin\angle DCB\Rightarrow$$

$$\frac{MN}{BC}=\sin A$$

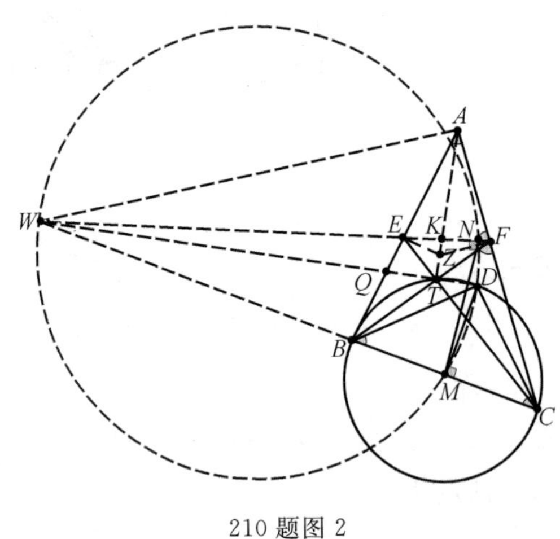

210 题图 2

211. 如图 1，E,F 为 BC 上两点，圆(AEF)交 AB 于 K，D 为 A 关于 BC 的对称点，DE，DF 分别交圆(BDC)于 G,H，CK 交 HG 于 I，求证：$BI/\!/AC$.（雪恋，2022－03－14）

证明 如图 2，延长 GH 交 AC 于 T，设 AC,IC 分别交圆(AEF)，圆(BDC)于 Q,Z，连接 BG 并延长交 AC 于 M，连接 FQ,KQ,KF,BQ,BZ,ZG，有

$$\angle GCB=\angle GDB=\angle BAE=\angle KFE\Rightarrow FK/\!/GC$$

$$\angle HGC=\angle CDF=\angle CAF=\angle QKF\Rightarrow IH/\!/KQ$$

同理：$BG/\!/FQ$

$$\angle ZCB=\angle ZGB,\angle BZG+\angle BDG=180^\circ,\angle KFE+\angle KFC=180^\circ$$

$$\angle KFE=\angle KAE=\angle BDG\Rightarrow\triangle GZB\backsim\triangle CFK\Rightarrow\frac{CK}{CF}=\frac{\sin\angle GCB}{\sin\angle ICG}\Rightarrow$$

$$\frac{CQ}{CF\cdot\sin\angle GCB}=\frac{CQ}{CK\cdot\sin\angle ICG}\Rightarrow\frac{CM}{CB\cdot\sin\angle GCB}=\frac{CT}{IC\cdot\sin\angle ICG}\Rightarrow$$

$$\frac{CM\cdot\sin\angle MCG}{CB\cdot\sin\angle GCB}=\frac{CT\cdot\sin\angle MCG}{IC\cdot\sin\angle ICG}\Rightarrow\frac{MG}{BG}=\frac{TG}{IT}\Rightarrow BI/\!/AC$$

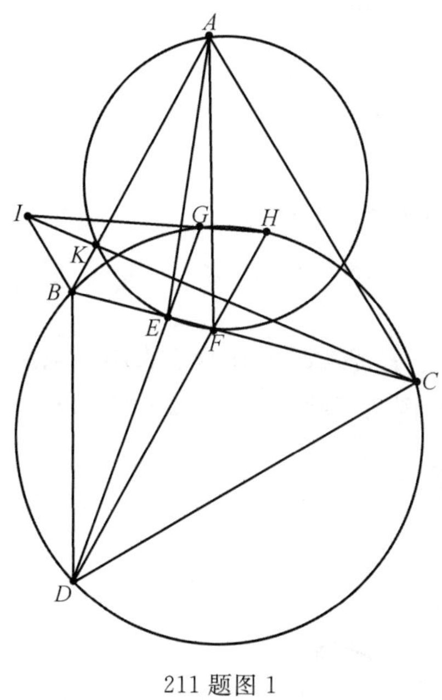

211 题图 1

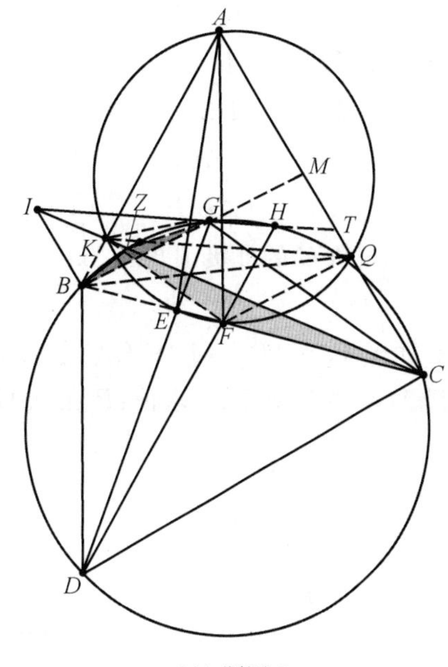

211 题图 2

212. 如图 1,在$\triangle ABC$中,$AC>AB$,点 D,E 分别在边 AB,AC 上,满足 DE 与 BC 平行,线段 BE,CD 交于F,设 H 为点A 关于直线BC 的对称点,连接 HF 与$\triangle ADE$ 的外接圆交于点 G,求证:$\triangle BCG$ 的外接圆与$\triangle ADE$ 的外接圆相切.(第三届百年老校数学竞赛,2022—08—02)

证明 如图 2,设 FH 交 BC,圆(ADE)(记作圆 O)于 W,T,连接 AT,TE,WD,AH 交 BC 为 I,由 $DE/\!/BC$,AF 交 DE,BC 的中点 N,M,因此 A,N,F,M 为调和点列,WA,WN,WF,WM 为调和线束,I 为 AH 的中点由调和线束性质可知

$$AH/\!/NW\Rightarrow NW\perp BC\Rightarrow\angle AWN=\angle FWN\Rightarrow AT/\!/BC$$

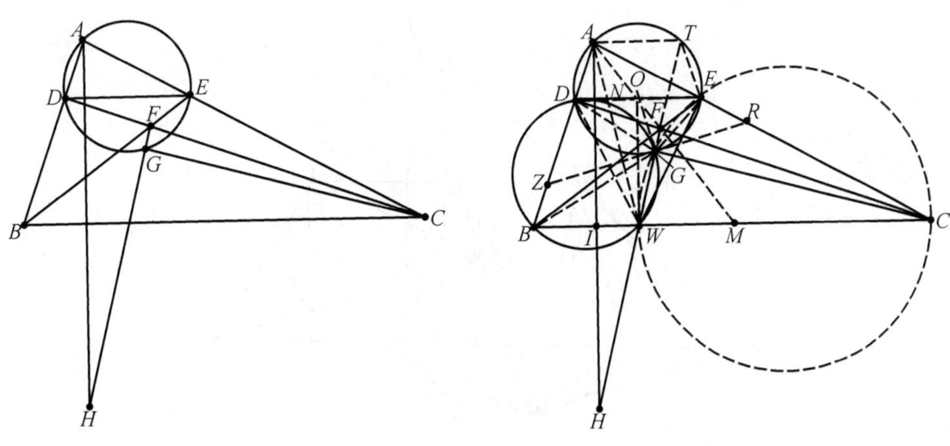

212 题图 1　　212 题图 2

连接 GB,GD,由

$\angle ATG=\angle AEG=\angle TWC\Rightarrow E,G,W,C$ 四点共圆$\Rightarrow D,B,W,G$ 四点也共圆(G 为密克点)

$$DW=EW\Rightarrow\angle DGB=\angle DWB=\angle EWC=\angle EGC$$

作 $ZR\perp OG$ 交 AB，AC 于 Z，R

$$\angle ZGB=\angle DGB-\angle DGZ=\angle DGB-\angle DEG=\angle EGC-\angle DEG=$$
$$\angle EGC-(\angle AEG-\angle ACB)=$$
$$\angle EGC-\angle AEG+\angle ECG+\angle GCB=\angle GCB\Rightarrow$$

$\triangle BCG$ 的外接圆与$\triangle ADE$ 的外接圆相切（弦切角）

213. 如图 1，$\triangle ABC$，M，N 分别是 AB，AC 中点，E 是 BC 上任意点，$BW\perp AE$，$CF\perp AE$，直线 MW，NF 交于 P，求证：P 在$\triangle ABC$ 的九点圆上.（叶中豪，2022－08－06）

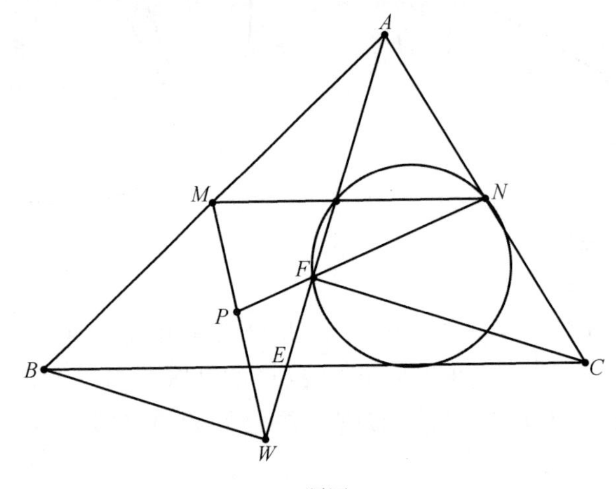

213 题图 1

证明 如图 2，设 AW 交 MN 为 X，则 X 为 AE 中点，取 BE 中点 V，连接 VM，VW，则 $MV/\!/AW$，由

$$MN/\!/BC\Rightarrow MX=VE=VW\Rightarrow MVWX\text{ 为等腰梯形}$$

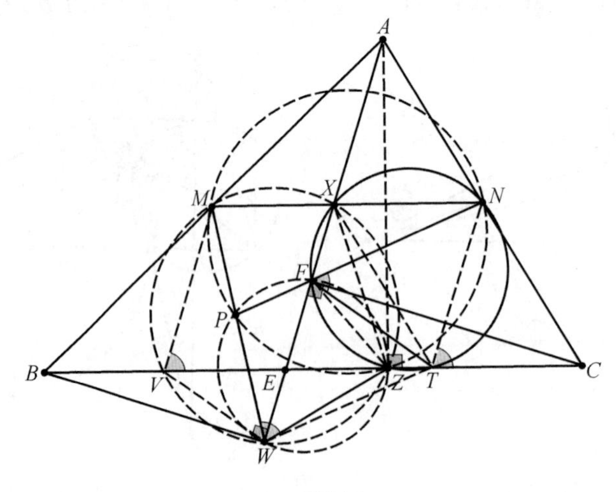

213 题图 2

$MPWFNX$ 为完全四边形，圆（$MVWX$）与圆（MPN）另外一个交点 Z 为密克点，取 EC 中点 T，连接 NT，TX，TW，则

$$XN=ET=FT（直角三角形斜边中线）$$

X,F,T,N 四点共圆，因此 T 也在圆(XFN)上$\Rightarrow Z$ 在 BC 上，连接 XZ，则 $XZ=MV=XE\Rightarrow AZ\perp BC$，因此 P 在$\triangle ABC$ 的九点圆上.

214. 如图 1，$\triangle DEF$ 内接于$\triangle ABC$，$\triangle DEF\backsim\triangle ABC$，过 A 作割线分别交圆(ABD)，圆(ACD)于 P,Q，直线 PF,QE 交于点 R，求证：D,E,F,R 四点共圆.（叶中豪，2022—08—06）

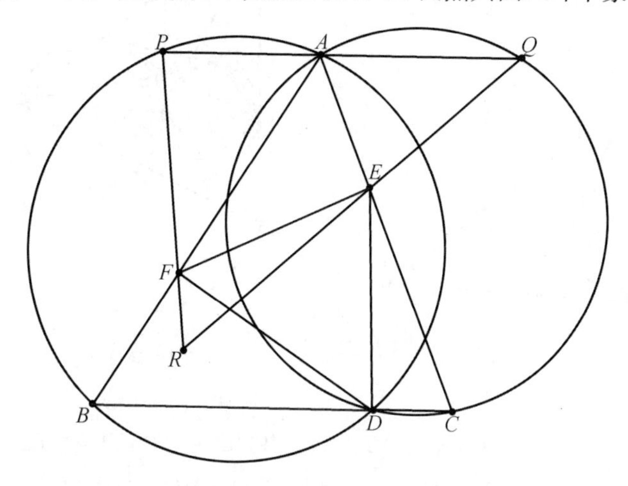

214 题图 1

证明 如图 2，连接 $PD,QD,RD\Rightarrow\triangle DPQ\backsim\triangle FDE$，则$\dfrac{DF}{DE}=\dfrac{DP}{PQ}$，由

$$\angle FDE=\angle PDQ\Rightarrow\angle FDP=\angle EDQ\Rightarrow\triangle PFD\backsim\triangle QED\Rightarrow$$
$$\angle RFD=\angle RED\Rightarrow D,E,F,R\text{ 四点共圆}$$

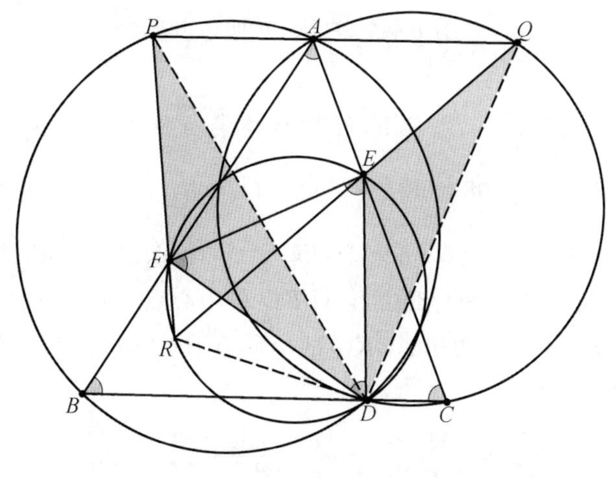

214 题图 2

215. 如图 1，D 为 BC 上一点且 $AD<AB<AC$，E,F 分别在 AC,AB 上，且 $AD^2=AE\cdot AC=AF\cdot AB$，$BE$ 交 CF 于 K，延长 CA 至 V，使 $AV=AD$，求证 V,E,K,F 四点共圆.（改编题）

证明 如图 2,连接 ED 交圆$(EFBC)$于 W,连接 VF 交 BC 于 M,WB 交 DV 于 R,DV 交圆(EDC)于 O,连接 OC,WC,EF,DF,则

$$\angle ODC=\angle DCV+\angle CVD=\angle DCV+\angle VDA=\angle WDO\Rightarrow\angle VDC=\angle VDW$$

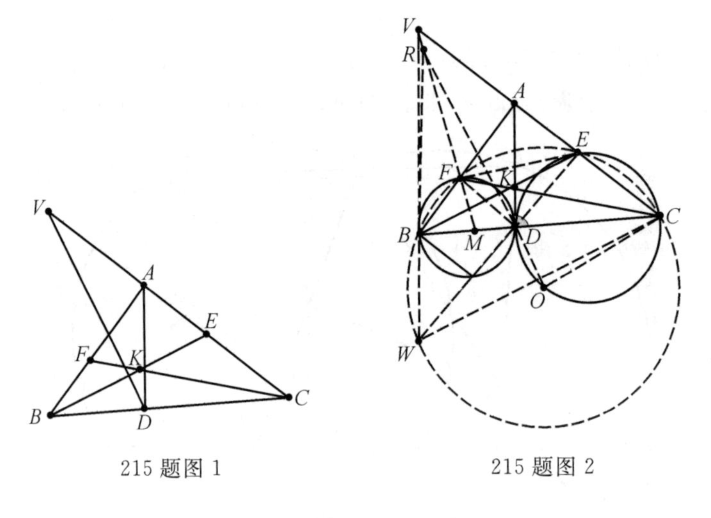

215 题图 1　　215 题图 2

以及

$$\angle RWD=\angle VCD\Rightarrow\triangle RWD\backsim\triangle VDC\Rightarrow\angle WRD=\angle CVD\Rightarrow\triangle RBD\backsim\triangle VED$$

$$\triangle WBD\backsim\triangle CED\text{ 由相似比}\Rightarrow BE/\!/WC\Rightarrow BD=DE\Rightarrow V,R\text{ 重合}$$

由

$$AV^2=AD^2=AF\cdot AB\Rightarrow\angle FVA=\angle VBA$$

$$\angle AFC=\angle FBC+\angle BCF=\angle AEF+\angle FEB=\angle VEB=\angle VBE=$$

$$\angle VBA+\angle ABC=\angle EVF+\angle VCF=\angle MFC\Rightarrow$$

$$\angle VFC=\angle BFC=\angle BEC\Rightarrow V,E,K,F\text{ 四点共圆}$$

216. 如图 1,梯形 $ABCD$ 中,T,E,F,H 四点共线,TH 与 BC 不平行且 $TE=FH$,求证:$\frac{AD}{BC}=\frac{TE}{EH}$.(叶中豪,2022-08-05)

证明 如图 2,过 H 作 $GK/\!/AB$ 交 AD,BC 于 G,K,连接 GB,取 O 为 TH 的中点;由 TH 与 BC 不平行,假设 O 不是平行四边形 $ABKG$ 的中心点,则 T 关于 O 的对称点就不是 $H\Rightarrow TE\neq FH$,因此 O 为平行四边形 $ABKG$ 的中心点,过 E,F 作 $MN/\!/AD/\!/PQ$ 交 AB,GK 于 M,P,N,Q,则

$$\frac{ME}{AD}=\frac{BM}{AB},\frac{BC}{PF}=\frac{AB}{AP}\Rightarrow\frac{ME}{PF}\cdot\frac{BC}{AD}=\frac{BM}{AP}$$

事实上

$$BM=AP,\frac{ME}{PF}=\frac{ME}{EN}=\frac{TE}{EH}\Rightarrow\frac{AD}{BC}=\frac{TE}{EH}$$

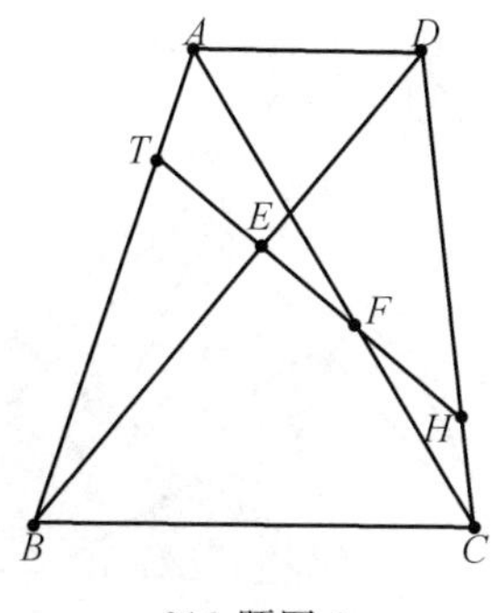

216 题图 1

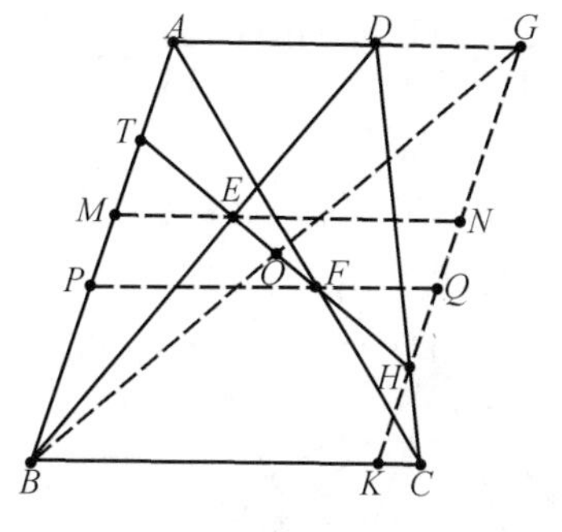

216 题图 2

217. 如图 1,圆 I,圆 O 交于 E,F 两点,过 E 任作一直线再次交圆 I,圆 O 分别于 B,C 两点,B,C 处切线交于 A,D 在 BC 上,且 $BE=DC$,求证:$\angle BAF=\angle CAD$.

证明 如图 2,由$\angle ABC=\angle BFE$;$\angle ACB=\angle CFE\Rightarrow A,B,F,C$ 四点共圆,易证

$$\triangle BFE\backsim\triangle AFC,\triangle EFC\backsim\triangle DAC\Rightarrow\angle BAF=\angle CAD$$

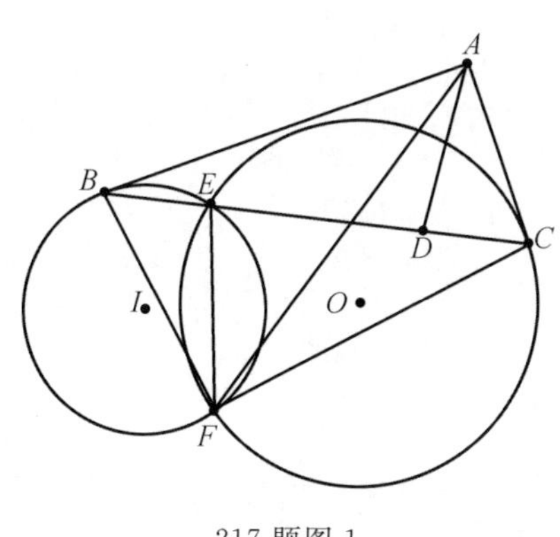

217 题图 1

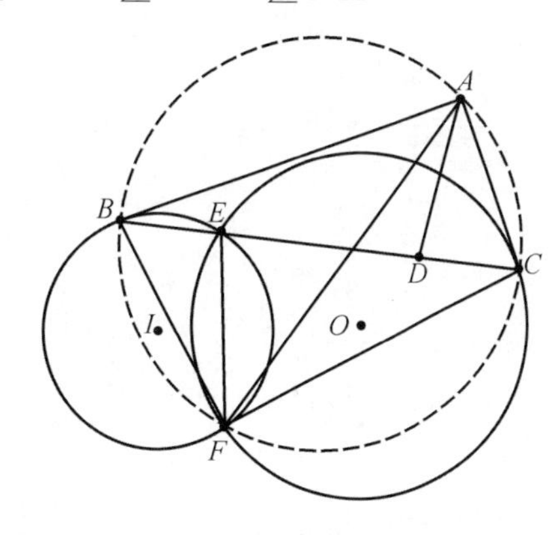

217 题图 2

218. 如图 1,$\triangle ABC$ 的内心 H,过 A 作 $AD/\!/CH$,$AE/\!/BH$ 分别交射线 BH,CH 于 D,E;F,G 在直线 BC 上,满足:$\angle DFB+\angle HCB=\angle EGC+\angle HBC=90^\circ$,求证:$AF=AG$.

证明 如图 2,作 $BK\perp BH$,$CK\perp CH$ 交于 K,则 H,B,K,C 四点共圆,AH 交 BC 于 I,由调和线束得

$$BA,BH,BI,BK;CA,CH,CI,CK\Rightarrow A,H,I,K\text{ 四点共线}$$

由已知易得

$$\angle DFB=\angle ICK\Rightarrow\triangle CIK\backsim\triangle DBF\Rightarrow D,H,I,K\text{ 四点共圆}$$

同理:E,G,I,H 四点共圆,AG,AF 交圆$(EGIH)$,圆$(FDHI)$于 N,M,则

$$AH\cdot AI=AN\cdot AG=AM\cdot AF\Rightarrow N,G,F,M\text{ 四点共圆}$$

连接 MN,NH,MH,则

$$\angle AHM=\angle IFM,\angle AHN=\angle IGN\Rightarrow A,N,H,M\text{ 四点共圆}$$

$$\frac{NH}{GI}=\frac{AH}{AG},\frac{MH}{FI}=\frac{AH}{AF}$$

$$\frac{AG}{AF}=\frac{MH}{FI}\cdot\frac{GI}{NH}=\frac{\sin\angle MIA}{\sin\angle AMI}\cdot\frac{\sin\angle ANI}{\sin\angle NIH}=\frac{AM}{AI}\cdot\frac{AI}{AN}=\frac{AM}{AN}\Rightarrow AF=AG$$

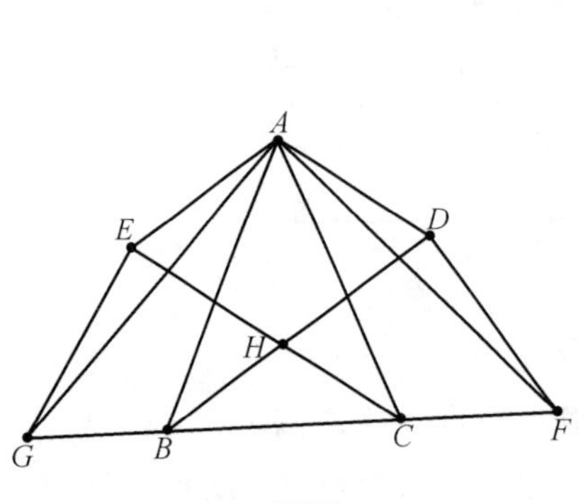

218 题图 1

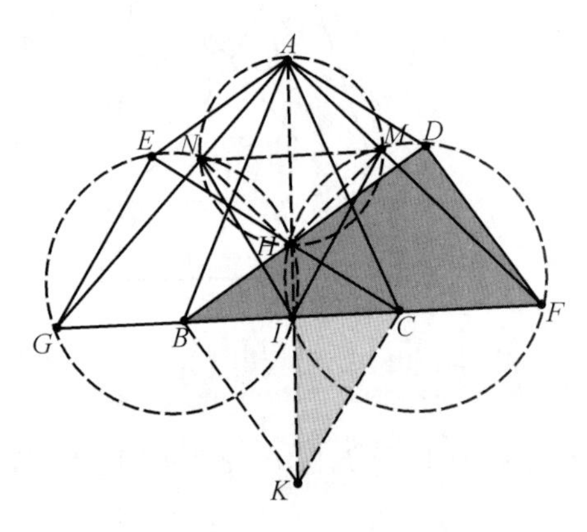

218 题图 2

刘培杰数学工作室

已出版(即将出版)图书目录——初等数学

书　　名	出版时间	定　价	编号
新编中学数学解题方法全书(高中版)上卷(第2版)	2018－08	58.00	951
新编中学数学解题方法全书(高中版)中卷(第2版)	2018－08	68.00	952
新编中学数学解题方法全书(高中版)下卷(一)(第2版)	2018－08	58.00	953
新编中学数学解题方法全书(高中版)下卷(二)(第2版)	2018－08	58.00	954
新编中学数学解题方法全书(高中版)下卷(三)(第2版)	2018－08	68.00	955
新编中学数学解题方法全书(初中版)上卷	2008－01	28.00	29
新编中学数学解题方法全书(初中版)中卷	2010－07	38.00	75
新编中学数学解题方法全书(高考复习卷)	2010－01	48.00	67
新编中学数学解题方法全书(高考真题卷)	2010－01	38.00	62
新编中学数学解题方法全书(高考精华卷)	2011－03	68.00	118
新编平面解析几何解题方法全书(专题讲座卷)	2010－01	18.00	61
新编中学数学解题方法全书(自主招生卷)	2013－08	88.00	261
数学奥林匹克与数学文化(第一辑)	2006－05	48.00	4
数学奥林匹克与数学文化(第二辑)(竞赛卷)	2008－01	48.00	19
数学奥林匹克与数学文化(第二辑)(文化卷)	2008－07	58.00	36′
数学奥林匹克与数学文化(第三辑)(竞赛卷)	2010－01	48.00	59
数学奥林匹克与数学文化(第四辑)(竞赛卷)	2011－08	58.00	87
数学奥林匹克与数学文化(第五辑)	2015－06	98.00	370
世界著名平面几何经典著作钩沉——几何作图专题卷(共3卷)	2022－01	198.00	1460
世界著名平面几何经典著作钩沉(民国平面几何老课本)	2011－03	38.00	113
世界著名平面几何经典著作钩沉(建国初期平面三角老课本)	2015－08	38.00	507
世界著名解析几何经典著作钩沉——平面解析几何卷	2014－01	38.00	264
世界著名数论经典著作钩沉(算术卷)	2012－01	28.00	125
世界著名数学经典著作钩沉——立体几何卷	2011－02	28.00	88
世界著名三角学经典著作钩沉(平面三角卷Ⅰ)	2010－06	28.00	69
世界著名三角学经典著作钩沉(平面三角卷Ⅱ)	2011－01	38.00	78
世界著名初等数论经典著作钩沉(理论和实用算术卷)	2011－07	38.00	126
世界著名几何经典著作钩沉(解析几何卷)	2022－10	68.00	1564
发展你的空间想象力(第3版)	2021－01	98.00	1464
空间想象力进阶	2019－05	68.00	1062
走向国际数学奥林匹克的平面几何试题诠释.第1卷	2019－07	88.00	1043
走向国际数学奥林匹克的平面几何试题诠释.第2卷	2019－09	78.00	1044
走向国际数学奥林匹克的平面几何试题诠释.第3卷	2019－03	78.00	1045
走向国际数学奥林匹克的平面几何试题诠释.第4卷	2019－09	98.00	1046
平面几何证明方法全书	2007－08	48.00	1
平面几何证明方法全书习题解答(第2版)	2006－12	18.00	10
平面几何天天练上卷·基础篇(直线型)	2013－01	58.00	208
平面几何天天练中卷·基础篇(涉及圆)	2013－01	28.00	234
平面几何天天练下卷·提高篇	2013－01	58.00	237
平面几何专题研究	2013－07	98.00	258
平面几何解题之道.第1卷	2022－05	38.00	1494
几何学习题集	2020－10	48.00	1217
通过解题学习代数几何	2021－04	88.00	1301
圆锥曲线的奥秘	2022－06	88.00	1541

刘培杰数学工作室

已出版(即将出版)图书目录——初等数学

书名	出版时间	定价	编号
最新世界各国数学奥林匹克中的平面几何试题	2007—09	38.00	14
数学竞赛平面几何典型题及新颖解	2010—07	48.00	74
初等数学复习及研究(平面几何)	2008—09	68.00	38
初等数学复习及研究(立体几何)	2010—06	38.00	71
初等数学复习及研究(平面几何)习题解答	2009—01	58.00	42
几何学教程(平面几何卷)	2011—03	68.00	90
几何学教程(立体几何卷)	2011—07	68.00	130
几何变换与几何证题	2010—06	88.00	70
计算方法与几何证题	2011—06	28.00	129
立体几何技巧与方法(第2版)	2022—10	168.00	1572
几何瑰宝——平面几何500名题暨1500条定理(上、下)	2021—07	168.00	1358
三角形的解法与应用	2012—07	18.00	183
近代的三角形几何学	2012—07	48.00	184
一般折线几何学	2015—08	48.00	503
三角形的五心	2009—06	28.00	51
三角形的六心及其应用	2015—10	68.00	542
三角形趣谈	2012—08	28.00	212
解三角形	2014—01	28.00	265
探秘三角形:一次数学旅行	2021—10	68.00	1387
三角学专门教程	2014—09	28.00	387
图天下几何新题试卷.初中(第2版)	2017—11	58.00	855
圆锥曲线习题集(上册)	2013—06	68.00	255
圆锥曲线习题集(中册)	2015—01	78.00	434
圆锥曲线习题集(下册·第1卷)	2016—10	78.00	683
圆锥曲线习题集(下册·第2卷)	2018—01	98.00	853
圆锥曲线习题集(下册·第3卷)	2019—10	128.00	1113
圆锥曲线的思想方法	2021—08	48.00	1379
圆锥曲线的八个主要问题	2021—10	48.00	1415
论九点圆	2015—05	88.00	645
近代欧氏几何学	2012—03	48.00	162
罗巴切夫斯基几何学及几何基础概要	2012—07	28.00	188
罗巴切夫斯基几何学初步	2015—06	28.00	474
用三角、解析几何、复数、向量计算解数学竞赛几何题	2015—03	48.00	455
用解析法研究圆锥曲线的几何理论	2022—05	48.00	1495
美国中学几何教程	2015—04	88.00	458
三线坐标与三角形特征点	2015—04	98.00	460
坐标几何学基础.第1卷,笛卡儿坐标	2021—08	48.00	1398
坐标几何学基础.第2卷,三线坐标	2021—09	28.00	1399
平面解析几何方法与研究(第1卷)	2015—05	28.00	471
平面解析几何方法与研究(第2卷)	2015—06	38.00	472
平面解析几何方法与研究(第3卷)	2015—07	28.00	473
解析几何研究	2015—01	38.00	425
解析几何学教程.上	2016—01	38.00	574
解析几何学教程.下	2016—01	38.00	575
几何学基础	2016—01	58.00	581
初等几何研究	2015—02	58.00	444
十九和二十世纪欧氏几何学中的片段	2017—01	58.00	696
平面几何中考.高考.奥数一本通	2017—07	28.00	820
几何学简史	2017—08	28.00	833
四面体	2018—01	48.00	880
平面几何证明方法思路	2018—12	68.00	913
折纸中的几何练习	2022—09	48.00	1559
中学新几何学(英文)	2022—10	98.00	1562
线性代数与几何	2023—04	68.00	1633
四面体几何学引论	2023—06	68.00	1648

刘培杰数学工作室

已出版(即将出版)图书目录——初等数学

书　　名	出版时间	定　价	编号
平面几何图形特性新析.上篇	2019－01	68.00	911
平面几何图形特性新析.下篇	2018－06	88.00	912
平面几何范例多解探究.上篇	2018－04	48.00	910
平面几何范例多解探究.下篇	2018－12	68.00	914
从分析解题过程学解题:竞赛中的几何问题研究	2018－07	68.00	946
从分析解题过程学解题:竞赛中的向量几何与不等式研究(全2册)	2019－06	138.00	1090
从分析解题过程学解题:竞赛中的不等式问题	2021－01	48.00	1249
二维、三维欧氏几何的对偶原理	2018－12	38.00	990
星形大观及闭折线论	2019－03	68.00	1020
立体几何的问题和方法	2019－11	58.00	1127
三角代换论	2021－05	58.00	1313
俄罗斯平面几何问题集	2009－08	88.00	55
俄罗斯立体几何问题集	2014－03	58.00	283
俄罗斯几何大师——沙雷金论数学及其他	2014－01	48.00	271
来自俄罗斯的5000道几何习题及解答	2011－03	58.00	89
俄罗斯初等数学问题集	2012－05	38.00	177
俄罗斯函数问题集	2011－03	38.00	103
俄罗斯组合分析问题集	2011－01	48.00	79
俄罗斯初等数学万题选——三角卷	2012－11	38.00	222
俄罗斯初等数学万题选——代数卷	2013－08	68.00	225
俄罗斯初等数学万题选——几何卷	2014－01	68.00	226
俄罗斯《量子》杂志数学征解问题100题选	2018－08	48.00	969
俄罗斯《量子》杂志数学征解问题又100题选	2018－08	48.00	970
俄罗斯《量子》杂志数学征解问题	2020－05	48.00	1138
463个俄罗斯几何老问题	2012－01	28.00	152
《量子》数学短文精粹	2018－09	38.00	972
用三角、解析几何等计算解来自俄罗斯的几何题	2019－11	88.00	1119
基谢廖夫平面几何	2022－01	48.00	1461
基谢廖夫立体几何	2023－04	48.00	1599
数学:代数、数学分析和几何(10－11年级)	2021－01	48.00	1250
直观几何学:5—6年级	2022－04	58.00	1508
几何学:第2版.7—9年级	2023－08	68.00	1684
平面几何:9—11年级	2022－10	48.00	1571
立体几何.10—11年级	2022－01	58.00	1472
谈谈素数	2011－03	18.00	91
平方和	2011－03	18.00	92
整数论	2011－05	38.00	120
从整数谈起	2015－10	28.00	538
数与多项式	2016－01	38.00	558
谈谈不定方程	2011－05	28.00	119
质数漫谈	2022－07	68.00	1529
解析不等式新论	2009－06	68.00	48
建立不等式的方法	2011－03	98.00	104
数学奥林匹克不等式研究(第2版)	2020－07	68.00	1181
不等式研究(第三辑)	2023－08	198.00	1673
不等式的秘密(第一卷)(第2版)	2014－02	38.00	286
不等式的秘密(第二卷)	2014－01	38.00	268
初等不等式的证明方法	2010－06	38.00	123
初等不等式的证明方法(第二版)	2014－11	38.00	407
不等式・理论・方法(基础卷)	2015－07	38.00	496
不等式・理论・方法(经典不等式卷)	2015－07	38.00	497
不等式・理论・方法(特殊类型不等式卷)	2015－07	48.00	498
不等式探究	2016－03	38.00	582
不等式探秘	2017－01	88.00	689
四面体不等式	2017－01	68.00	715
数学奥林匹克中常见重要不等式	2017－09	38.00	845

刘培杰数学工作室

已出版(即将出版)图书目录——初等数学

书　　名	出版时间	定　价	编号
三正弦不等式	2018—09	98.00	974
函数方程与不等式:解法与稳定性结果	2019—04	68.00	1058
数学不等式.第1卷,对称多项式不等式	2022—05	78.00	1455
数学不等式.第2卷,对称有理不等式与对称无理不等式	2022—05	88.00	1456
数学不等式.第3卷,循环不等式与非循环不等式	2022—05	88.00	1457
数学不等式.第4卷,Jensen不等式的扩展与加细	2022—05	88.00	1458
数学不等式.第5卷,创建不等式与解不等式的其他方法	2022—05	88.00	1459
不定方程及其应用.上	2018—12	58.00	992
不定方程及其应用.中	2019—01	78.00	993
不定方程及其应用.下	2019—02	98.00	994
Nesbitt不等式加强式的研究	2022—06	128.00	1527
最值定理与分析不等式	2023—02	78.00	1567
一类积分不等式	2023—02	88.00	1579
邦费罗尼不等式及概率应用	2023—05	58.00	1637
同余理论	2012—05	38.00	163
[x]与{x}	2015—04	48.00	476
极值与最值.上卷	2015—06	28.00	486
极值与最值.中卷	2015—06	38.00	487
极值与最值.下卷	2015—06	28.00	488
整数的性质	2012—11	38.00	192
完全平方数及其应用	2015—08	78.00	506
多项式理论	2015—10	88.00	541
奇数、偶数、奇偶分析法	2018—01	98.00	876
历届美国中学生数学竞赛试题及解答(第一卷)1950—1954	2014—07	18.00	277
历届美国中学生数学竞赛试题及解答(第二卷)1955—1959	2014—04	18.00	278
历届美国中学生数学竞赛试题及解答(第三卷)1960—1964	2014—06	18.00	279
历届美国中学生数学竞赛试题及解答(第四卷)1965—1969	2014—04	28.00	280
历届美国中学生数学竞赛试题及解答(第五卷)1970—1972	2014—06	18.00	281
历届美国中学生数学竞赛试题及解答(第六卷)1973—1980	2017—07	18.00	768
历届美国中学生数学竞赛试题及解答(第七卷)1981—1986	2015—01	18.00	424
历届美国中学生数学竞赛试题及解答(第八卷)1987—1990	2017—05	18.00	769
历届国际数学奥林匹克试题集	2023—09	158.00	1701
历届中国数学奥林匹克试题集(第3版)	2021—10	58.00	1440
历届加拿大数学奥林匹克试题集	2012—08	38.00	215
历届美国数学奥林匹克试题集	2023—08	98.00	1681
历届波兰数学竞赛试题集.第1卷,1949~1963	2015—03	18.00	453
历届波兰数学竞赛试题集.第2卷,1964~1976	2015—03	18.00	454
历届巴尔干数学奥林匹克试题集	2015—05	38.00	466
保加利亚数学奥林匹克	2014—10	38.00	393
圣彼得堡数学奥林匹克试题集	2015—01	38.00	429
匈牙利奥林匹克数学竞赛题解.第1卷	2016—05	28.00	593
匈牙利奥林匹克数学竞赛题解.第2卷	2016—05	28.00	594
历届美国数学邀请赛试题集(第2版)	2017—10	78.00	851
普林斯顿大学数学竞赛	2016—06	38.00	669
亚太地区数学奥林匹克竞赛题	2015—07	18.00	492
日本历届(初级)广中杯数学竞赛试题及解答.第1卷(2000~2007)	2016—05	28.00	641
日本历届(初级)广中杯数学竞赛试题及解答.第2卷(2008~2015)	2016—05	38.00	642
越南数学奥林匹克题选:1962—2009	2021—07	48.00	1370
360个数学竞赛问题	2016—08	58.00	677
奥数最佳实战题.上卷	2017—06	38.00	760
奥数最佳实战题.下卷	2017—05	58.00	761
哈尔滨市早期中学数学竞赛试题汇编	2016—07	28.00	672
全国高中数学联赛试题及解答:1981—2019(第4版)	2020—07	138.00	1176
2024年全国高中数学联合竞赛模拟题集	2024—01	38.00	1702

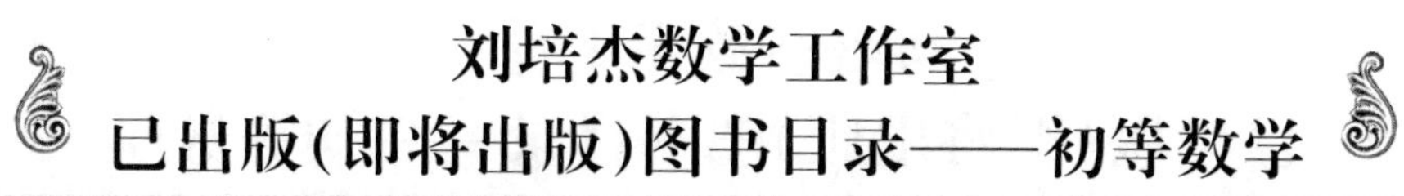

刘培杰数学工作室
已出版(即将出版)图书目录——初等数学

书　　名	出版时间	定　价	编号
20 世纪 50 年代全国部分城市数学竞赛试题汇编	2017－07	28.00	797
国内外数学竞赛题及精解:2018～2019	2020－08	45.00	1192
国内外数学竞赛题及精解:2019～2020	2021－11	58.00	1439
许康华竞赛优学精选集.第一辑	2018－08	68.00	949
天问叶班数学问题征解 100 题.Ⅰ,2016－2018	2019－05	88.00	1075
天问叶班数学问题征解 100 题.Ⅱ,2017－2019	2020－07	98.00	1177
美国初中数学竞赛:AMC8 准备(共 6 卷)	2019－07	138.00	1089
美国高中数学竞赛:AMC10 准备(共 6 卷)	2019－08	158.00	1105
王连笑教你怎样学数学:高考选择题解题策略与客观题实用训练	2014－01	48.00	262
王连笑教你怎样学数学:高考数学高层次讲座	2015－02	48.00	432
高考数学的理论与实践	2009－08	38.00	53
高考数学核心题型解题方法与技巧	2010－01	28.00	86
高考思维新平台	2014－03	38.00	259
高考数学压轴题解题诀窍(上)(第 2 版)	2018－01	58.00	874
高考数学压轴题解题诀窍(下)(第 2 版)	2018－01	48.00	875
北京市五区文科数学三年高考模拟题详解:2013～2015	2015－08	48.00	500
北京市五区理科数学三年高考模拟题详解:2013～2015	2015－09	68.00	505
向量法巧解数学高考题	2009－08	28.00	54
高中数学课堂教学的实践与反思	2021－11	48.00	791
数学高考参考	2016－01	78.00	589
新课程标准高考数学解答题各种题型解法指导	2020－08	78.00	1196
全国及各省市高考数学试题审题要津与解法研究	2015－02	48.00	450
高中数学章节起始课的教学研究与案例设计	2019－05	28.00	1064
新课标高考数学——五年试题分章详解(2007～2011)(上、下)	2011－10	78.00	140,141
全国中考数学压轴题审题要津与解法研究	2013－04	78.00	248
新编全国及各省市中考数学压轴题审题要津与解法研究	2014－05	58.00	342
全国及各省市 5 年中考数学压轴题审题要津与解法研究(2015 版)	2015－04	58.00	462
中考数学专题总复习	2007－04	28.00	6
中考数学较难题常考题型解题方法与技巧	2016－09	48.00	681
中考数学难题常考题型解题方法与技巧	2016－09	48.00	682
中考数学中档题常考题型解题方法与技巧	2017－08	68.00	835
中考数学选择填空压轴好题妙解 365	2024－01	80.00	1698
中考数学:三类重点考题的解法例析与习题	2020－04	48.00	1140
中小学数学的历史文化	2019－11	48.00	1124
初中平面几何百题多思创新解	2020－01	58.00	1125
初中数学中考备考	2020－01	58.00	1126
高考数学之九章演义	2019－08	68.00	1044
高考数学之难题谈笑间	2022－06	68.00	1519
化学可以这样学:高中化学知识方法智慧感悟疑难辨析	2019－07	58.00	1103
如何成为学习高手	2019－09	58.00	1107
高考数学:经典真题分类解析	2020－04	78.00	1134
高考数学解答题破解策略	2020－11	58.00	1221
从分析解题过程学解题:高考压轴题与竞赛题之关系探究	2020－08	88.00	1179
教学新思考:单元整体视角下的初中数学教学设计	2021－03	58.00	1278
思维再拓展:2020 年经典几何题的多解探究与思考	即将出版		1279
中考数学小压轴汇编初讲	2017－07	48.00	788
中考数学大压轴专题微言	2017－09	48.00	846
怎么解中考平面几何探索题	2019－06	48.00	1093
北京中考数学压轴题解题方法突破(第 9 版)	2024－01	78.00	1645
助你高考成功的数学解题智慧:知识是智慧的基础	2016－01	58.00	596
助你高考成功的数学解题智慧:错误是智慧的试金石	2016－04	58.00	643
助你高考成功的数学解题智慧:方法是智慧的推手	2016－04	68.00	657
高考数学奇思妙解	2016－04	38.00	610
高考数学解题策略	2016－05	48.00	670
数学解题泄天机(第 2 版)	2017－10	48.00	850

刘培杰数学工作室
已出版(即将出版)图书目录——初等数学

书　　名	出版时间	定　价	编号
高中物理教学讲义	2018－01	48.00	871
高中物理教学讲义:全模块	2022－03	98.00	1492
高中物理答疑解惑 65 篇	2021－11	48.00	1462
中学物理基础问题解析	2020－08	48.00	1183
初中数学、高中数学脱节知识补缺教材	2017－06	48.00	766
高考数学客观题解题方法和技巧	2017－10	38.00	847
十年高考数学精品试题审题要津与解法研究	2021－10	98.00	1427
中国历届高考数学试题及解答.1949－1979	2018－01	38.00	877
历届中国高考数学试题及解答.第二卷,1980—1989	2018－10	28.00	975
历届中国高考数学试题及解答.第三卷,1990—1999	2018－10	48.00	976
跟我学解高中数学题	2018－07	58.00	926
中学数学研究的方法及案例	2018－05	58.00	869
高考数学抢分技能	2018－07	68.00	934
高一新生常用数学方法和重要数学思想提升教材	2018－06	38.00	921
高考数学全国卷六道解答题常考题型解题诀窍:理科(全 2 册)	2019－07	78.00	1101
高考数学全国卷 16 道选择、填空题常考题型解题诀窍.理科	2018－09	88.00	971
高考数学全国卷 16 道选择、填空题常考题型解题诀窍.文科	2020－01	88.00	1123
高中数学一题多解	2019－06	58.00	1087
历届中国高考数学试题及解答:1917－1999	2021－08	98.00	1371
2000～2003 年全国及各省市高考数学试题及解答	2022－05	88.00	1499
2004 年全国及各省市高考数学试题及解答	2023－08	78.00	1500
2005 年全国及各省市高考数学试题及解答	2023－08	78.00	1501
2006 年全国及各省市高考数学试题及解答	2023－08	88.00	1502
2007 年全国及各省市高考数学试题及解答	2023－08	98.00	1503
2008 年全国及各省市高考数学试题及解答	2023－08	88.00	1504
2009 年全国及各省市高考数学试题及解答	2023－08	88.00	1505
2010 年全国及各省市高考数学试题及解答	2023－08	98.00	1506
2011～2017 年全国及各省市高考数学试题及解答	2024－01	78.00	1507
2018～2023 年全国及各省市高考数学试题及解答	2024－03	78.00	1709
突破高原:高中数学解题思维探究	2021－08	48.00	1375
高考数学中的"取值范围"	2021－10	48.00	1429
新课程标准高中数学各种题型解法大全.必修一分册	2021－06	58.00	1315
新课程标准高中数学各种题型解法大全.必修二分册	2022－01	68.00	1471
高中数学各种题型解法大全.选择性必修一分册	2022－06	68.00	1525
高中数学各种题型解法大全.选择性必修二分册	2023－01	58.00	1600
高中数学各种题型解法大全.选择性必修三分册	2023－04	48.00	1643
历届全国初中数学竞赛经典试题详解	2023－04	88.00	1624
孟祥礼高考数学精刷精解	2023－06	98.00	1663
新编 640 个世界著名数学智力趣题	2014－01	88.00	242
500 个最新世界著名数学智力趣题	2008－06	48.00	3
400 个最新世界著名数学最值问题	2008－09	48.00	36
500 个世界著名数学征解问题	2009－06	48.00	52
400 个中国最佳初等数学征解老问题	2010－01	48.00	60
500 个俄罗斯数学经典老题	2011－01	28.00	81
1000 个国外中学物理好题	2012－04	48.00	174
300 个日本高考数学题	2012－05	38.00	142
700 个早期日本高考数学试题	2017－02	88.00	752
500 个前苏联早期高考数学试题及解答	2012－05	28.00	185
546 个早期俄罗斯大学生数学竞赛题	2014－03	38.00	285
548 个来自美苏的数学好问题	2014－11	28.00	396
20 所苏联著名大学早期入学试题	2015－02	18.00	452
161 道德国工科大学生必做的微分方程习题	2015－05	28.00	469
500 个德国工科大学生必做的高数习题	2015－06	28.00	478
360 个数学竞赛问题	2016－08	58.00	677
200 个趣味数学故事	2018－02	48.00	857
470 个数学奥林匹克中的最值问题	2018－10	88.00	985
德国讲义日本考题.微积分卷	2015－04	48.00	456
德国讲义日本考题.微分方程卷	2015－04	38.00	457
二十世纪中叶中、英、美、日、法、俄高考数学试题精选	2017－06	38.00	783

刘培杰数学工作室

已出版(即将出版)图书目录——初等数学

书　　名	出版时间	定　价	编号
中国初等数学研究　2009 卷(第 1 辑)	2009－05	20.00	45
中国初等数学研究　2010 卷(第 2 辑)	2010－05	30.00	68
中国初等数学研究　2011 卷(第 3 辑)	2011－07	60.00	127
中国初等数学研究　2012 卷(第 4 辑)	2012－07	48.00	190
中国初等数学研究　2014 卷(第 5 辑)	2014－02	48.00	288
中国初等数学研究　2015 卷(第 6 辑)	2015－06	68.00	493
中国初等数学研究　2016 卷(第 7 辑)	2016－04	68.00	609
中国初等数学研究　2017 卷(第 8 辑)	2017－01	98.00	712
初等数学研究在中国.第 1 辑	2019－03	158.00	1024
初等数学研究在中国.第 2 辑	2019－10	158.00	1116
初等数学研究在中国.第 3 辑	2021－05	158.00	1306
初等数学研究在中国.第 4 辑	2022－06	158.00	1520
初等数学研究在中国.第 5 辑	2023－07	158.00	1635
几何变换(Ⅰ)	2014－07	28.00	353
几何变换(Ⅱ)	2015－06	28.00	354
几何变换(Ⅲ)	2015－01	38.00	355
几何变换(Ⅳ)	2015－12	38.00	356
初等数论难题集(第一卷)	2009－05	68.00	44
初等数论难题集(第二卷)(上、下)	2011－02	128.00	82,83
数论概貌	2011－03	18.00	93
代数数论(第二版)	2013－08	58.00	94
代数多项式	2014－06	38.00	289
初等数论的知识与问题	2011－02	28.00	95
超越数论基础	2011－03	28.00	96
数论初等教程	2011－03	28.00	97
数论基础	2011－03	18.00	98
数论基础与维诺格拉多夫	2014－03	18.00	292
解析数论基础	2012－08	28.00	216
解析数论基础(第二版)	2014－01	48.00	287
解析数论问题集(第二版)(原版引进)	2014－05	88.00	343
解析数论问题集(第二版)(中译本)	2016－04	88.00	607
解析数论基础(潘承洞,潘承彪著)	2016－07	98.00	673
解析数论导引	2016－07	58.00	674
数论入门	2011－03	38.00	99
代数数论入门	2015－03	38.00	448
数论开篇	2012－07	28.00	194
解析数论引论	2011－03	48.00	100
Barban Davenport Halberstam 均值和	2009－01	40.00	33
基础数论	2011－03	28.00	101
初等数论 100 例	2011－05	18.00	122
初等数论经典例题	2012－07	18.00	204
最新世界各国数学奥林匹克中的初等数论试题(上、下)	2012－01	138.00	144,145
初等数论(Ⅰ)	2012－01	18.00	156
初等数论(Ⅱ)	2012－01	18.00	157
初等数论(Ⅲ)	2012－01	28.00	158

刘培杰数学工作室
已出版(即将出版)图书目录——初等数学

书　　名	出版时间	定　价	编号
平面几何与数论中未解决的新老问题	2013－01	68.00	229
代数数论简史	2014－11	28.00	408
代数数论	2015－09	88.00	532
代数、数论及分析习题集	2016－11	98.00	695
数论导引提要及习题解答	2016－01	48.00	559
素数定理的初等证明. 第 2 版	2016－09	48.00	686
数论中的模函数与狄利克雷级数(第二版)	2017－11	78.00	837
数论:数学导引	2018－01	68.00	849
范氏大代数	2019－02	98.00	1016
解析数学讲义. 第一卷,导来式及微分、积分、级数	2019－04	88.00	1021
解析数学讲义. 第二卷,关于几何的应用	2019－04	68.00	1022
解析数学讲义. 第三卷,解析函数论	2019－04	78.00	1023
分析·组合·数论纵横谈	2019－04	58.00	1039
Hall 代数:民国时期的中学数学课本:英文	2019－08	88.00	1106
基谢廖夫初等代数	2022－07	38.00	1531
数学精神巡礼	2019－01	58.00	731
数学眼光透视(第 2 版)	2017－06	78.00	732
数学思想领悟(第 2 版)	2018－01	68.00	733
数学方法溯源(第 2 版)	2018－08	68.00	734
数学解题引论	2017－05	58.00	735
数学史话览胜(第 2 版)	2017－01	48.00	736
数学应用展观(第 2 版)	2017－08	68.00	737
数学建模尝试	2018－04	48.00	738
数学竞赛采风	2018－01	68.00	739
数学测评探营	2019－05	58.00	740
数学技能操握	2018－03	48.00	741
数学欣赏拾趣	2018－02	48.00	742
从毕达哥拉斯到怀尔斯	2007－10	48.00	9
从迪利克雷到维斯卡尔迪	2008－01	48.00	21
从哥德巴赫到陈景润	2008－05	98.00	35
从庞加莱到佩雷尔曼	2011－08	138.00	136
博弈论精粹	2008－03	58.00	30
博弈论精粹. 第二版(精装)	2015－01	88.00	461
数学 我爱你	2008－01	28.00	20
精神的圣徒　别样的人生——60 位中国数学家成长的历程	2008－09	48.00	39
数学史概论	2009－06	78.00	50
数学史概论(精装)	2013－03	158.00	272
数学史选讲	2016－01	48.00	544
斐波那契数列	2010－02	28.00	65
数学拼盘和斐波那契魔方	2010－07	38.00	72
斐波那契数列欣赏(第 2 版)	2018－08	58.00	948
Fibonacci 数列中的明珠	2018－06	58.00	928
数学的创造	2011－02	48.00	85
数学美与创造力	2016－01	48.00	595
数海拾贝	2016－01	48.00	590
数学中的美(第 2 版)	2019－04	68.00	1057
数论中的美学	2014－12	38.00	351

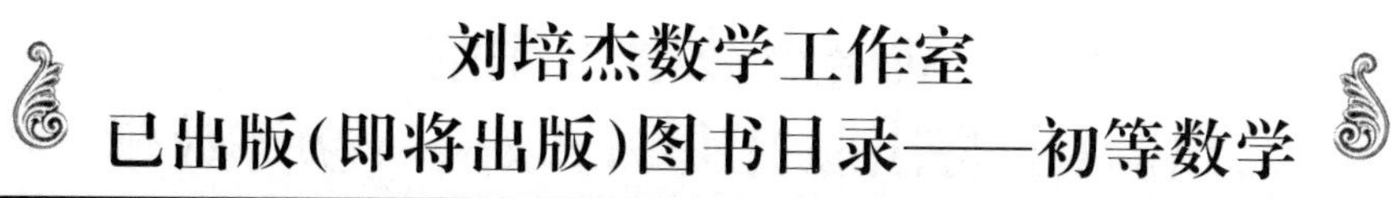

刘培杰数学工作室
已出版(即将出版)图书目录——初等数学

书　名	出版时间	定　价	编号
数学王者　科学巨人——高斯	2015—01	28.00	428
振兴祖国数学的圆梦之旅:中国初等数学研究史话	2015—06	98.00	490
二十世纪中国数学史料研究	2015—10	48.00	536
数字谜、数阵图与棋盘覆盖	2016—01	58.00	298
数学概念的进化:一个初步的研究	2023—07	68.00	1683
数学发现的艺术:数学探索中的合情推理	2016—07	58.00	671
活跃在数学中的参数	2016—07	48.00	675
数海趣史	2021—05	98.00	1314
玩转幻中之幻	2023—08	88.00	1682
数学艺术品	2023—09	98.00	1685
数学博弈与游戏	2023—10	68.00	1692

书　名	出版时间	定　价	编号
数学解题——靠数学思想给力(上)	2011—07	38.00	131
数学解题——靠数学思想给力(中)	2011—07	48.00	132
数学解题——靠数学思想给力(下)	2011—07	38.00	133
我怎样解题	2013—01	48.00	227
数学解题中的物理方法	2011—06	28.00	114
数学解题的特殊方法	2011—06	48.00	115
中学数学计算技巧(第2版)	2020—10	48.00	1220
中学数学证明方法	2012—01	58.00	117
数学趣题巧解	2012—03	28.00	128
高中数学教学通鉴	2015—05	58.00	479
和高中生漫谈:数学与哲学的故事	2014—08	28.00	369
算术问题集	2017—03	38.00	789
张教授讲数学	2018—07	38.00	933
陈永明实话实说数学教学	2020—04	68.00	1132
中学数学学科知识与教学能力	2020—06	58.00	1155
怎样把课讲好:大罕数学教学随笔	2022—03	58.00	1484
中国高考评价体系下高考数学探秘	2022—03	48.00	1487
数苑漫步	2024—01	58.00	1670

书　名	出版时间	定　价	编号
自主招生考试中的参数方程问题	2015—01	28.00	435
自主招生考试中的极坐标问题	2015—04	28.00	463
近年全国重点大学自主招生数学试题全解及研究.华约卷	2015—02	38.00	441
近年全国重点大学自主招生数学试题全解及研究.北约卷	2016—05	38.00	619
自主招生数学解证宝典	2015—09	48.00	535
中国科学技术大学创新班数学真题解析	2022—03	48.00	1488
中国科学技术大学创新班物理真题解析	2022—03	58.00	1489

书　名	出版时间	定　价	编号
格点和面积	2012—07	18.00	191
射影几何趣谈	2012—04	28.00	175
斯潘纳尔引理——从一道加拿大数学奥林匹克试题谈起	2014—01	28.00	228
李普希兹条件——从几道近年高考数学试题谈起	2012—10	18.00	221
拉格朗日中值定理——从一道北京高考试题的解法谈起	2015—10	18.00	197
闵科夫斯基定理——从一道清华大学自主招生试题谈起	2014—01	28.00	198
哈尔测度——从一道冬令营试题的背景谈起	2012—08	28.00	202
切比雪夫逼近问题——从一道中国台北数学奥林匹克试题谈起	2013—04	38.00	238
伯恩斯坦多项式与贝齐尔曲面——从一道全国高中数学联赛试题谈起	2013—03	38.00	236
卡塔兰猜想——从一道普特南竞赛试题谈起	2013—06	18.00	256
麦卡锡函数和阿克曼函数——从一道前南斯拉夫数学奥林匹克试题谈起	2012—08	18.00	201
贝蒂定理与拉姆贝克莫斯尔定理——从一个拣石子游戏谈起	2012—08	18.00	217
皮亚诺曲线和豪斯道夫分球定理——从无限集谈起	2012—08	18.00	211
平面凸图形与凸多面体	2012—10	28.00	218
斯坦因豪斯问题——从一道二十五省市自治区中学数学竞赛试题谈起	2012—07	18.00	196

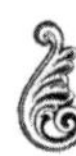

刘培杰数学工作室
已出版(即将出版)图书目录——初等数学

书　名	出版时间	定　价	编号
纽结理论中的亚历山大多项式与琼斯多项式——从一道北京市高一数学竞赛试题谈起	2012－07	28.00	195
原则与策略——从波利亚"解题表"谈起	2013－04	38.00	244
转化与化归——从三大尺规作图不能问题谈起	2012－08	28.00	214
代数几何中的贝祖定理(第一版)——从一道 IMO 试题的解法谈起	2013－08	18.00	193
成功连贯理论与约当块理论——从一道比利时数学竞赛试题谈起	2012－04	18.00	180
素数判定与大数分解	2014－08	18.00	199
置换多项式及其应用	2012－10	18.00	220
椭圆函数与模函数——从一道美国加州大学洛杉矶分校(UCLA)博士资格考题谈起	2012－10	28.00	219
差分方程的拉格朗日方法——从一道 2011 年全国高考理科试题的解法谈起	2012－08	28.00	200
力学在几何中的一些应用	2013－01	38.00	240
从根式解到伽罗华理论	2020－01	48.00	1121
康托洛维奇不等式——从一道全国高中联赛试题谈起	2013－03	28.00	337
西格尔引理——从一道第 18 届 IMO 试题的解法谈起	即将出版		
罗斯定理——从一道前苏联数学竞赛试题谈起	即将出版		
拉克斯定理和阿廷定理——从一道 IMO 试题的解法谈起	2014－01	58.00	246
毕卡大定理——从一道美国大学数学竞赛试题谈起	2014－07	18.00	350
贝齐尔曲线——从一道全国高中联赛试题谈起	即将出版		
拉格朗日乘子定理——从一道 2005 年全国高中联赛试题的高等数学解法谈起	2015－05	28.00	480
雅可比定理——从一道日本数学奥林匹克试题谈起	2013－04	48.00	249
李天岩－约克定理——从一道波兰数学竞赛试题谈起	2014－06	28.00	349
受控理论与初等不等式:从一道 IMO 试题的解法谈起	2023－03	48.00	1601
布劳维不动点定理——从一道前苏联数学奥林匹克试题谈起	2014－01	38.00	273
伯恩赛德定理——从一道英国数学奥林匹克试题谈起	即将出版		
布查特－莫斯特定理——从一道上海市初中竞赛试题谈起	即将出版		
数论中的同余数问题——从一道普特南竞赛试题谈起	即将出版		
范・德蒙行列式——从一道美国数学奥林匹克试题谈起	即将出版		
中国剩余定理:总数法构建中国历史年表	2015－01	28.00	430
牛顿程序与方程求根——从一道全国高考试题解法谈起	即将出版		
库默尔定理——从一道 IMO 预选试题谈起	即将出版		
卢丁定理——从一道冬令营试题的解法谈起	即将出版		
沃斯滕霍姆定理——从一道 IMO 预选试题谈起	即将出版		
卡尔松不等式——从一道莫斯科数学奥林匹克试题谈起	即将出版		
信息论中的香农熵——从一道近年高考压轴题谈起	即将出版		
约当不等式——从一道希望杯竞赛试题谈起	即将出版		
拉比诺维奇定理	即将出版		
刘维尔定理——从一道《美国数学月刊》征解问题的解法谈起	即将出版		
卡塔兰恒等式与级数求和——从一道 IMO 试题的解法谈起	即将出版		
勒让德猜想与素数分布——从一道爱尔兰竞赛试题谈起	即将出版		
天平称重与信息论——从一道基辅市数学奥林匹克试题谈起	即将出版		
哈密尔顿－凯莱定理:从一道高中数学联赛试题的解法谈起	2014－09	18.00	376
艾思特曼定理——从一道 CMO 试题的解法谈起	即将出版		

刘培杰数学工作室
已出版(即将出版)图书目录——初等数学

书　　名	出版时间	定　价	编号
阿贝尔恒等式与经典不等式及应用	2018－06	98.00	923
迪利克雷除数问题	2018－07	48.00	930
幻方、幻立方与拉丁方	2019－08	48.00	1092
帕斯卡三角形	2014－03	18.00	294
蒲丰投针问题——从 2009 年清华大学的一道自主招生试题谈起	2014－01	38.00	295
斯图姆定理——从一道“华约”自主招生试题的解法谈起	2014－01	18.00	296
许瓦兹引理——从一道加利福尼亚大学伯克利分校数学系博士生试题谈起	2014－08	18.00	297
拉姆塞定理——从王诗宬院士的一个问题谈起	2016－04	48.00	299
坐标法	2013－12	28.00	332
数论三角形	2014－04	38.00	341
毕克定理	2014－07	18.00	352
数林掠影	2014－09	48.00	389
我们周围的概率	2014－10	38.00	390
凸函数最值定理:从一道华约自主招生题的解法谈起	2014－10	28.00	391
易学与数学奥林匹克	2014－10	38.00	392
生物数学趣谈	2015－01	18.00	409
反演	2015－01	28.00	420
因式分解与圆锥曲线	2015－01	18.00	426
轨迹	2015－01	28.00	427
面积原理:从常庚哲命的一道 CMO 试题的积分解法谈起	2015－01	48.00	431
形形色色的不动点定理:从一道 28 届 IMO 试题谈起	2015－01	38.00	439
柯西函数方程:从一道上海交大自主招生的试题谈起	2015－02	28.00	440
三角恒等式	2015－02	28.00	442
无理性判定:从一道 2014 年“北约”自主招生试题谈起	2015－01	38.00	443
数学归纳法	2015－03	18.00	451
极端原理与解题	2015－04	28.00	464
法雷级数	2014－08	18.00	367
摆线族	2015－01	38.00	438
函数方程及其解法	2015－05	38.00	470
含参数的方程和不等式	2012－09	28.00	213
希尔伯特第十问题	2016－01	38.00	543
无穷小量的求和	2016－01	28.00	545
切比雪夫多项式:从一道清华大学金秋营试题谈起	2016－01	38.00	583
泽肯多夫定理	2016－03	38.00	599
代数等式证题法	2016－01	28.00	600
三角等式证题法	2016－01	28.00	601
吴大任教授藏书中的一个因式分解公式:从一道美国数学邀请赛试题的解法谈起	2016－06	28.00	656
易卦——类万物的数学模型	2017－08	68.00	838
“不可思议”的数与数系可持续发展	2018－01	38.00	878
最短线	2018－01	38.00	879
数学在天文、地理、光学、机械力学中的一些应用	2023－03	88.00	1576
从阿基米德三角形谈起	2023－01	28.00	1578
幻方和魔方(第一卷)	2012－05	68.00	173
尘封的经典——初等数学经典文献选读(第一卷)	2012－07	48.00	205
尘封的经典——初等数学经典文献选读(第二卷)	2012－07	38.00	206
初级方程式论	2011－03	28.00	106
初等数学研究(Ⅰ)	2008－09	68.00	37
初等数学研究(Ⅱ)(上、下)	2009－05	118.00	46,47
初等数学专题研究	2022－10	68.00	1568

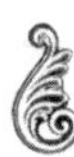

刘培杰数学工作室
已出版(即将出版)图书目录——初等数学

书　　名	出版时间	定　价	编号
趣味初等方程妙题集锦	2014－09	48.00	388
趣味初等数论选美与欣赏	2015－02	48.00	445
耕读笔记(上卷):一位农民数学爱好者的初数探索	2015－04	28.00	459
耕读笔记(中卷):一位农民数学爱好者的初数探索	2015－05	28.00	483
耕读笔记(下卷):一位农民数学爱好者的初数探索	2015－05	28.00	484
几何不等式研究与欣赏.上卷	2016－01	88.00	547
几何不等式研究与欣赏.下卷	2016－01	48.00	552
初等数列研究与欣赏・上	2016－01	48.00	570
初等数列研究与欣赏・下	2016－01	48.00	571
趣味初等函数研究与欣赏.上	2016－09	48.00	684
趣味初等函数研究与欣赏.下	2018－09	48.00	685
三角不等式研究与欣赏	2020－10	68.00	1197
新编平面解析几何解题方法研究与欣赏	2021－10	78.00	1426
火柴游戏(第2版)	2022－05	38.00	1493
智力解谜.第1卷	2017－07	38.00	613
智力解谜.第2卷	2017－07	38.00	614
故事智力	2016－07	48.00	615
名人们喜欢的智力问题	2020－01	48.00	616
数学大师的发现、创造与失误	2018－01	48.00	617
异曲同工	2018－09	48.00	618
数学的味道(第2版)	2023－10	68.00	1686
数学千字文	2018－10	68.00	977
数贝偶拾——高考数学题研究	2014－04	28.00	274
数贝偶拾——初等数学研究	2014－04	38.00	275
数贝偶拾——奥数题研究	2014－04	48.00	276
钱昌本教你快乐学数学(上)	2011－12	48.00	155
钱昌本教你快乐学数学(下)	2012－03	58.00	171
集合、函数与方程	2014－01	28.00	300
数列与不等式	2014－01	38.00	301
三角与平面向量	2014－01	28.00	302
平面解析几何	2014－01	38.00	303
立体几何与组合	2014－01	28.00	304
极限与导数、数学归纳法	2014－01	38.00	305
趣味数学	2014－03	28.00	306
教材教法	2014－04	68.00	307
自主招生	2014－05	58.00	308
高考压轴题(上)	2015－01	48.00	309
高考压轴题(下)	2014－10	68.00	310
从费马到怀尔斯——费马大定理的历史	2013－10	198.00	Ⅰ
从庞加莱到佩雷尔曼——庞加莱猜想的历史	2013－10	298.00	Ⅱ
从切比雪夫到爱尔特希(上)——素数定理的初等证明	2013－07	48.00	Ⅲ
从切比雪夫到爱尔特希(下)——素数定理100年	2012－12	98.00	Ⅲ
从高斯到盖尔方特——二次域的高斯猜想	2013－10	198.00	Ⅳ
从库默尔到朗兰兹——朗兰兹猜想的历史	2014－01	98.00	Ⅴ
从比勃巴赫到德布朗斯——比勃巴赫猜想的历史	2014－02	298.00	Ⅵ
从麦比乌斯到陈省身——麦比乌斯变换与麦比乌斯带	2014－02	298.00	Ⅶ
从布尔到豪斯道夫——布尔方程与格论漫谈	2013－10	198.00	Ⅷ
从开普勒到阿诺德——三体问题的历史	2014－05	298.00	Ⅸ
从华林到华罗庚——华林问题的历史	2013－10	298.00	Ⅹ

刘培杰数学工作室
已出版(即将出版)图书目录——初等数学

书 名	出版时间	定 价	编号
美国高中数学竞赛五十讲.第1卷(英文)	2014-08	28.00	357
美国高中数学竞赛五十讲.第2卷(英文)	2014-08	28.00	358
美国高中数学竞赛五十讲.第3卷(英文)	2014-09	28.00	359
美国高中数学竞赛五十讲.第4卷(英文)	2014-09	28.00	360
美国高中数学竞赛五十讲.第5卷(英文)	2014-10	28.00	361
美国高中数学竞赛五十讲.第6卷(英文)	2014-11	28.00	362
美国高中数学竞赛五十讲.第7卷(英文)	2014-12	28.00	363
美国高中数学竞赛五十讲.第8卷(英文)	2015-01	28.00	364
美国高中数学竞赛五十讲.第9卷(英文)	2015-01	28.00	365
美国高中数学竞赛五十讲.第10卷(英文)	2015-02	38.00	366
三角函数(第2版)	2017-04	38.00	626
不等式	2014-01	38.00	312
数列	2014-01	38.00	313
方程(第2版)	2017-04	38.00	624
排列和组合	2014-01	28.00	315
极限与导数(第2版)	2016-04	38.00	635
向量(第2版)	2018-08	58.00	627
复数及其应用	2014-08	28.00	318
函数	2014-01	38.00	319
集合	2020-01	48.00	320
直线与平面	2014-01	28.00	321
立体几何(第2版)	2016-04	38.00	629
解三角形	即将出版		323
直线与圆(第2版)	2016-11	38.00	631
圆锥曲线(第2版)	2016-09	48.00	632
解题通法(一)	2014-07	38.00	326
解题通法(二)	2014-07	38.00	327
解题通法(三)	2014-05	38.00	328
概率与统计	2014-01	28.00	329
信息迁移与算法	即将出版		330
IMO 50年.第1卷(1959-1963)	2014-11	28.00	377
IMO 50年.第2卷(1964-1968)	2014-11	28.00	378
IMO 50年.第3卷(1969-1973)	2014-09	28.00	379
IMO 50年.第4卷(1974-1978)	2016-04	38.00	380
IMO 50年.第5卷(1979-1984)	2015-04	38.00	381
IMO 50年.第6卷(1985-1989)	2015-04	58.00	382
IMO 50年.第7卷(1990-1994)	2016-01	48.00	383
IMO 50年.第8卷(1995-1999)	2016-06	38.00	384
IMO 50年.第9卷(2000-2004)	2015-04	58.00	385
IMO 50年.第10卷(2005-2009)	2016-01	48.00	386
IMO 50年.第11卷(2010-2015)	2017-03	48.00	646

刘培杰数学工作室

已出版(即将出版)图书目录——初等数学

书　　名	出版时间	定　价	编号
数学反思(2006—2007)	2020—09	88.00	915
数学反思(2008—2009)	2019—01	68.00	917
数学反思(2010—2011)	2018—05	58.00	916
数学反思(2012—2013)	2019—01	58.00	918
数学反思(2014—2015)	2019—03	78.00	919
数学反思(2016—2017)	2021—03	58.00	1286
数学反思(2018—2019)	2023—01	88.00	1593
历届美国大学生数学竞赛试题集.第一卷(1938—1949)	2015—01	28.00	397
历届美国大学生数学竞赛试题集.第二卷(1950—1959)	2015—01	28.00	398
历届美国大学生数学竞赛试题集.第三卷(1960—1969)	2015—01	28.00	399
历届美国大学生数学竞赛试题集.第四卷(1970—1979)	2015—01	18.00	400
历届美国大学生数学竞赛试题集.第五卷(1980—1989)	2015—01	28.00	401
历届美国大学生数学竞赛试题集.第六卷(1990—1999)	2015—01	28.00	402
历届美国大学生数学竞赛试题集.第七卷(2000—2009)	2015—08	18.00	403
历届美国大学生数学竞赛试题集.第八卷(2010—2012)	2015—01	18.00	404
新课标高考数学创新题解题诀窍:总论	2014—09	28.00	372
新课标高考数学创新题解题诀窍:必修1～5分册	2014—08	38.00	373
新课标高考数学创新题解题诀窍:选修2－1,2－2,1－1,1－2分册	2014—09	38.00	374
新课标高考数学创新题解题诀窍:选修2－3,4－4,4－5分册	2014—09	18.00	375
全国重点大学自主招生英文数学试题全攻略:词汇卷	2015—07	48.00	410
全国重点大学自主招生英文数学试题全攻略:概念卷	2015—01	28.00	411
全国重点大学自主招生英文数学试题全攻略:文章选读卷(上)	2016—09	38.00	412
全国重点大学自主招生英文数学试题全攻略:文章选读卷(下)	2017—01	58.00	413
全国重点大学自主招生英文数学试题全攻略:试题卷	2015—07	38.00	414
全国重点大学自主招生英文数学试题全攻略:名著欣赏卷	2017—03	48.00	415
劳埃德数学趣题大全.题目卷.1:英文	2016—01	18.00	516
劳埃德数学趣题大全.题目卷.2:英文	2016—01	18.00	517
劳埃德数学趣题大全.题目卷.3:英文	2016—01	18.00	518
劳埃德数学趣题大全.题目卷.4:英文	2016—01	18.00	519
劳埃德数学趣题大全.题目卷.5:英文	2016—01	18.00	520
劳埃德数学趣题大全.答案卷:英文	2016—01	18.00	521
李成章教练奥数笔记.第1卷	2016—01	48.00	522
李成章教练奥数笔记.第2卷	2016—01	48.00	523
李成章教练奥数笔记.第3卷	2016—01	38.00	524
李成章教练奥数笔记.第4卷	2016—01	38.00	525
李成章教练奥数笔记.第5卷	2016—01	38.00	526
李成章教练奥数笔记.第6卷	2016—01	38.00	527
李成章教练奥数笔记.第7卷	2016—01	38.00	528
李成章教练奥数笔记.第8卷	2016—01	48.00	529
李成章教练奥数笔记.第9卷	2016—01	28.00	530

刘培杰数学工作室

已出版(即将出版)图书目录——初等数学

书　　名	出版时间	定　价	编号
第19～23届"希望杯"全国数学邀请赛试题审题要津详细评注(初一版)	2014－03	28.00	333
第19～23届"希望杯"全国数学邀请赛试题审题要津详细评注(初二、初三版)	2014－03	38.00	334
第19～23届"希望杯"全国数学邀请赛试题审题要津详细评注(高一版)	2014－03	28.00	335
第19～23届"希望杯"全国数学邀请赛试题审题要津详细评注(高二版)	2014－03	38.00	336
第19～25届"希望杯"全国数学邀请赛试题审题要津详细评注(初一版)	2015－01	38.00	416
第19～25届"希望杯"全国数学邀请赛试题审题要津详细评注(初二、初三版)	2015－01	58.00	417
第19～25届"希望杯"全国数学邀请赛试题审题要津详细评注(高一版)	2015－01	48.00	418
第19～25届"希望杯"全国数学邀请赛试题审题要津详细评注(高二版)	2015－01	48.00	419
物理奥林匹克竞赛大题典——力学卷	2014－11	48.00	405
物理奥林匹克竞赛大题典——热学卷	2014－04	28.00	339
物理奥林匹克竞赛大题典——电磁学卷	2015－07	48.00	406
物理奥林匹克竞赛大题典——光学与近代物理卷	2014－06	28.00	345
历届中国东南地区数学奥林匹克试题集(2004～2012)	2014－06	18.00	346
历届中国西部地区数学奥林匹克试题集(2001～2012)	2014－07	18.00	347
历届中国女子数学奥林匹克试题集(2002～2012)	2014－08	18.00	348
数学奥林匹克在中国	2014－06	98.00	344
数学奥林匹克问题集	2014－01	38.00	267
数学奥林匹克不等式散论	2010－06	38.00	124
数学奥林匹克不等式欣赏	2011－09	38.00	138
数学奥林匹克超级题库(初中卷上)	2010－01	58.00	66
数学奥林匹克不等式证明方法和技巧(上、下)	2011－08	158.00	134,135
他们学什么:原民主德国中学数学课本	2016－09	38.00	658
他们学什么:英国中学数学课本	2016－09	38.00	659
他们学什么:法国中学数学课本.1	2016－09	38.00	660
他们学什么:法国中学数学课本.2	2016－09	28.00	661
他们学什么:法国中学数学课本.3	2016－09	38.00	662
他们学什么:苏联中学数学课本	2016－09	28.00	679
高中数学题典——集合与简易逻辑・函数	2016－07	48.00	647
高中数学题典——导数	2016－07	48.00	648
高中数学题典——三角函数・平面向量	2016－07	48.00	649
高中数学题典——数列	2016－07	58.00	650
高中数学题典——不等式・推理与证明	2016－07	38.00	651
高中数学题典——立体几何	2016－07	48.00	652
高中数学题典——平面解析几何	2016－07	78.00	653
高中数学题典——计数原理・统计・概率・复数	2016－07	48.00	654
高中数学题典——算法・平面几何・初等数论・组合数学・其他	2016－07	68.00	655

刘培杰数学工作室
已出版(即将出版)图书目录——初等数学

书　　名	出版时间	定　价	编号
台湾地区奥林匹克数学竞赛试题.小学一年级	2017－03	38.00	722
台湾地区奥林匹克数学竞赛试题.小学二年级	2017－03	38.00	723
台湾地区奥林匹克数学竞赛试题.小学三年级	2017－03	38.00	724
台湾地区奥林匹克数学竞赛试题.小学四年级	2017－03	38.00	725
台湾地区奥林匹克数学竞赛试题.小学五年级	2017－03	38.00	726
台湾地区奥林匹克数学竞赛试题.小学六年级	2017－03	38.00	727
台湾地区奥林匹克数学竞赛试题.初中一年级	2017－03	38.00	728
台湾地区奥林匹克数学竞赛试题.初中二年级	2017－03	38.00	729
台湾地区奥林匹克数学竞赛试题.初中三年级	2017－03	28.00	730
不等式证题法	2017－04	28.00	747
平面几何培优教程	2019－08	88.00	748
奥数鼎级培优教程.高一分册	2018－09	88.00	749
奥数鼎级培优教程.高二分册.上	2018－04	68.00	750
奥数鼎级培优教程.高二分册.下	2018－04	68.00	751
高中数学竞赛冲刺宝典	2019－04	68.00	883
初中尖子生数学超级题典.实数	2017－07	58.00	792
初中尖子生数学超级题典.式、方程与不等式	2017－08	58.00	793
初中尖子生数学超级题典.圆、面积	2017－08	38.00	794
初中尖子生数学超级题典.函数、逻辑推理	2017－08	48.00	795
初中尖子生数学超级题典.角、线段、三角形与多边形	2017－07	58.00	796
数学王子——高斯	2018－01	48.00	858
坎坷奇星——阿贝尔	2018－01	48.00	859
闪烁奇星——伽罗瓦	2018－01	58.00	860
无穷统帅——康托尔	2018－01	48.00	861
科学公主——柯瓦列夫斯卡娅	2018－01	48.00	862
抽象代数之母——埃米·诺特	2018－01	48.00	863
电脑先驱——图灵	2018－01	58.00	864
昔日神童——维纳	2018－01	48.00	865
数坛怪侠——爱尔特希	2018－01	68.00	866
传奇数学家徐利治	2019－09	88.00	1110
当代世界中的数学.数学思想与数学基础	2019－01	38.00	892
当代世界中的数学.数学问题	2019－01	38.00	893
当代世界中的数学.应用数学与数学应用	2019－01	38.00	894
当代世界中的数学.数学王国的新疆域(一)	2019－01	38.00	895
当代世界中的数学.数学王国的新疆域(二)	2019－01	38.00	896
当代世界中的数学.数林撷英(一)	2019－01	38.00	897
当代世界中的数学.数林撷英(二)	2019－01	48.00	898
当代世界中的数学.数学之路	2019－01	38.00	899

刘培杰数学工作室

已出版(即将出版)图书目录——初等数学

书　　名	出版时间	定　价	编号
105 个代数问题:来自 AwesomeMath 夏季课程	2019—02	58.00	956
106 个几何问题:来自 AwesomeMath 夏季课程	2020—07	58.00	957
107 个几何问题:来自 AwesomeMath 全年课程	2020—07	58.00	958
108 个代数问题:来自 AwesomeMath 全年课程	2019—01	68.00	959
109 个不等式:来自 AwesomeMath 夏季课程	2019—04	58.00	960
110 个几何问题:选自各国数学奥林匹克竞赛	2024—04	58.00	961
111 个代数和数论问题	2019—05	58.00	962
112 个组合问题:来自 AwesomeMath 夏季课程	2019—05	58.00	963
113 个几何不等式:来自 AwesomeMath 夏季课程	2020—08	58.00	964
114 个指数和对数问题:来自 AwesomeMath 夏季课程	2019—09	48.00	965
115 个三角问题:来自 AwesomeMath 夏季课程	2019—09	58.00	966
116 个代数不等式:来自 AwesomeMath 全年课程	2019—04	58.00	967
117 个多项式问题:来自 AwesomeMath 夏季课程	2021—09	58.00	1409
118 个数学竞赛不等式	2022—08	78.00	1526
紫色彗星国际数学竞赛试题	2019—02	58.00	999
数学竞赛中的数学:为数学爱好者、父母、教师和教练准备的丰富资源.第一部	2020—04	58.00	1141
数学竞赛中的数学:为数学爱好者、父母、教师和教练准备的丰富资源.第二部	2020—07	48.00	1142
和与积	2020—10	38.00	1219
数论:概念和问题	2020—12	68.00	1257
初等数学问题研究	2021—03	48.00	1270
数学奥林匹克中的欧几里得几何	2021—10	68.00	1413
数学奥林匹克题解新编	2022—01	58.00	1430
图论入门	2022—09	58.00	1554
新的、更新的、最新的不等式	2023—07	58.00	1650
数学竞赛中奇妙的多项式	2024—01	78.00	1646
120 个奇妙的代数问题及 20 个奖励问题	2024—04	48.00	1647
澳大利亚中学数学竞赛试题及解答(初级卷)1978～1984	2019—02	28.00	1002
澳大利亚中学数学竞赛试题及解答(初级卷)1985～1991	2019—02	28.00	1003
澳大利亚中学数学竞赛试题及解答(初级卷)1992～1998	2019—02	28.00	1004
澳大利亚中学数学竞赛试题及解答(初级卷)1999～2005	2019—02	28.00	1005
澳大利亚中学数学竞赛试题及解答(中级卷)1978～1984	2019—03	28.00	1006
澳大利亚中学数学竞赛试题及解答(中级卷)1985～1991	2019—03	28.00	1007
澳大利亚中学数学竞赛试题及解答(中级卷)1992～1998	2019—03	28.00	1008
澳大利亚中学数学竞赛试题及解答(中级卷)1999～2005	2019—03	28.00	1009
澳大利亚中学数学竞赛试题及解答(高级卷)1978～1984	2019—05	28.00	1010
澳大利亚中学数学竞赛试题及解答(高级卷)1985～1991	2019—05	28.00	1011
澳大利亚中学数学竞赛试题及解答(高级卷)1992～1998	2019—05	28.00	1012
澳大利亚中学数学竞赛试题及解答(高级卷)1999～2005	2019—05	28.00	1013
天才中小学生智力测验题.第一卷	2019—03	38.00	1026
天才中小学生智力测验题.第二卷	2019—03	38.00	1027
天才中小学生智力测验题.第三卷	2019—03	38.00	1028
天才中小学生智力测验题.第四卷	2019—03	38.00	1029
天才中小学生智力测验题.第五卷	2019—03	38.00	1030
天才中小学生智力测验题.第六卷	2019—03	38.00	1031
天才中小学生智力测验题.第七卷	2019—03	38.00	1032
天才中小学生智力测验题.第八卷	2019—03	38.00	1033
天才中小学生智力测验题.第九卷	2019—03	38.00	1034
天才中小学生智力测验题.第十卷	2019—03	38.00	1035
天才中小学生智力测验题.第十一卷	2019—03	38.00	1036
天才中小学生智力测验题.第十二卷	2019—03	38.00	1037
天才中小学生智力测验题.第十三卷	2019—03	38.00	1038

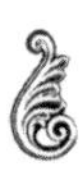

刘培杰数学工作室

已出版(即将出版)图书目录——初等数学

书　　名	出版时间	定　价	编号
重点大学自主招生数学备考全书:函数	2020—05	48.00	1047
重点大学自主招生数学备考全书:导数	2020—08	48.00	1048
重点大学自主招生数学备考全书:数列与不等式	2019—10	78.00	1049
重点大学自主招生数学备考全书:三角函数与平面向量	2020—08	68.00	1050
重点大学自主招生数学备考全书:平面解析几何	2020—07	58.00	1051
重点大学自主招生数学备考全书:立体几何与平面几何	2019—08	48.00	1052
重点大学自主招生数学备考全书:排列组合·概率统计·复数	2019—09	48.00	1053
重点大学自主招生数学备考全书:初等数论与组合数学	2019—08	48.00	1054
重点大学自主招生数学备考全书:重点大学自主招生真题.上	2019—04	68.00	1055
重点大学自主招生数学备考全书:重点大学自主招生真题.下	2019—04	58.00	1056
高中数学竞赛培训教程:平面几何问题的求解方法与策略.上	2018—05	68.00	906
高中数学竞赛培训教程:平面几何问题的求解方法与策略.下	2018—06	78.00	907
高中数学竞赛培训教程:整除与同余以及不定方程	2018—01	88.00	908
高中数学竞赛培训教程:组合计数与组合极值	2018—04	48.00	909
高中数学竞赛培训教程:初等代数	2019—04	78.00	1042
高中数学讲座:数学竞赛基础教程(第一册)	2019—06	48.00	1094
高中数学讲座:数学竞赛基础教程(第二册)	即将出版		1095
高中数学讲座:数学竞赛基础教程(第三册)	即将出版		1096
高中数学讲座:数学竞赛基础教程(第四册)	即将出版		1097
新编中学数学解题方法 1000 招丛书.实数(初中版)	2022—05	58.00	1291
新编中学数学解题方法 1000 招丛书.式(初中版)	2022—05	48.00	1292
新编中学数学解题方法 1000 招丛书.方程与不等式(初中版)	2021—04	58.00	1293
新编中学数学解题方法 1000 招丛书.函数(初中版)	2022—05	38.00	1294
新编中学数学解题方法 1000 招丛书.角(初中版)	2022—05	48.00	1295
新编中学数学解题方法 1000 招丛书.线段(初中版)	2022—05	48.00	1296
新编中学数学解题方法 1000 招丛书.三角形与多边形(初中版)	2021—04	48.00	1297
新编中学数学解题方法 1000 招丛书.圆(初中版)	2022—05	48.00	1298
新编中学数学解题方法 1000 招丛书.面积(初中版)	2021—07	28.00	1299
新编中学数学解题方法 1000 招丛书.逻辑推理(初中版)	2022—06	48.00	1300
高中数学题典精编.第一辑.函数	2022—01	58.00	1444
高中数学题典精编.第一辑.导数	2022—01	68.00	1445
高中数学题典精编.第一辑.三角函数·平面向量	2022—01	68.00	1446
高中数学题典精编.第一辑.数列	2022—01	58.00	1447
高中数学题典精编.第一辑.不等式·推理与证明	2022—01	58.00	1448
高中数学题典精编.第一辑.立体几何	2022—01	58.00	1449
高中数学题典精编.第一辑.平面解析几何	2022—01	68.00	1450
高中数学题典精编.第一辑.统计·概率·平面几何	2022—01	58.00	1451
高中数学题典精编.第一辑.初等数论·组合数学·数学文化·解题方法	2022—01	58.00	1452
历届全国初中数学竞赛试题分类解析.初等代数	2022—09	98.00	1555
历届全国初中数学竞赛试题分类解析.初等数论	2022—09	48.00	1556
历届全国初中数学竞赛试题分类解析.平面几何	2022—09	38.00	1557
历届全国初中数学竞赛试题分类解析.组合	2022—09	38.00	1558

刘培杰数学工作室
已出版(即将出版)图书目录——初等数学

书　　名	出版时间	定　价	编号
从三道高三数学模拟题的背景谈起:兼谈傅里叶三角级数	2023-03	48.00	1651
从一道日本东京大学的入学试题谈起:兼谈 π 的方方面面	即将出版		1652
从两道 2021 年福建高三数学测试题谈起:兼谈球面几何学与球面三角学	即将出版		1653
从一道湖南高考数学试题谈起:兼谈有界变差数列	2024-01	48.00	1654
从一道高校自主招生试题谈起:兼谈詹森函数方程	即将出版		1655
从一道上海高考数学试题谈起:兼谈有界变差函数	即将出版		1656
从一道北京大学金秋营数学试题的解法谈起:兼谈伽罗瓦理论	即将出版		1657
从一道北京高考数学试题的解法谈起:兼谈毕克定理	即将出版		1658
从一道北京大学金秋营数学试题的解法谈起:兼谈帕塞瓦尔恒等式	即将出版		1659
从一道高三数学模拟测试题的背景谈起:兼谈等周问题与等周不等式	即将出版		1660
从一道 2020 年全国高考数学试题的解法谈起:兼谈斐波那契数列和纳卡穆拉定理及奥斯图达定理	即将出版		1661
从一道高考数学附加题谈起:兼谈广义斐波那契数列	即将出版		1662
代数学教程. 第一卷,集合论	2023-08	58.00	1664
代数学教程. 第二卷,抽象代数基础	2023-08	68.00	1665
代数学教程. 第三卷,数论原理	2023-08	58.00	1666
代数学教程. 第四卷,代数方程式论	2023-08	48.00	1667
代数学教程. 第五卷,多项式理论	2023-08	58.00	1668

联系地址:哈尔滨市南岗区复华四道街 10 号　哈尔滨工业大学出版社刘培杰数学工作室
邮　　编:150006
联系电话:0451-86281378　　13904613167
E-mail:lpj1378@163.com